权威·前沿·原创

皮书系列为
"十二五""十三五"国家重点图书出版规划项目

BLUE BOOK

智 库 成 果 出 版 与 传 播 平 台

北极蓝皮书
BLUE BOOK OF ARCTIC REGION

北极地区发展报告 (2020)

REPORT ON ARCTIC REGION DEVELOPMENT (2020)

主　编 / 刘惠荣
副主编 / 陈奕彤　孙　凯

社会科学文献出版社
SOCIAL SCIENCES ACADEMIC PRESS (CHINA)

图书在版编目（CIP）数据

北极地区发展报告. 2020 / 刘惠荣主编. -- 北京：
社会科学文献出版社，2021.10
　（北极蓝皮书）
　ISBN 978 - 7 - 5201 - 8815 - 9

　Ⅰ. ①北⋯　Ⅱ. ①刘⋯　Ⅲ. ①北极 - 区域发展 - 研究
报告 - 2020　Ⅳ. ①P941. 62

中国版本图书馆 CIP 数据核字（2021）第 162952 号

北极蓝皮书
北极地区发展报告（2020）

主　　编 / 刘惠荣
副 主 编 / 陈奕彤　孙　凯

出 版 人 / 王利民
责任编辑 / 黄金平
责任印制 / 王京美

出　　版 / 社会科学文献出版社·政法传媒分社 （010）59367156
　　　　　地址：北京市北三环中路甲 29 号院华龙大厦　邮编：100029
　　　　　网址：www. ssap. com. cn
发　　行 / 市场营销中心 （010）59367081　59367083
印　　装 / 天津千鹤文化传播有限公司

规　　格 / 开　本：787mm × 1092mm　1/16
　　　　　印　张：20　字　数：296 千字
版　　次 / 2021 年 10 月第 1 版　2021 年 10 月第 1 次印刷
书　　号 / ISBN 978 - 7 - 5201 - 8815 - 9
定　　价 / 158. 00 元

中国海洋大学极地研究中心简介

中国海洋大学极地研究中心始于 2009 年，依托法学和政治学两个一级学科，建立极地法律与政治研究所，专注于极地问题的国际法和国际关系问题的研究。2017 年，极地法律与政治研究所升格为教育部国别与区域研究基地（培育），正式成立中国海洋大学极地研究中心。2020 年 12 月，经教育部国别与区域研究工作评估，中心被认定为高水平建设单位备案 I 类。

中心致力于建设成为国家极地法律与战略核心智库和国家海洋与极地管理事业的人才培养高地；就国家极地立法与政策制定提供权威性的政策咨询和最新的动态分析，提出具有决策影响力的咨询报告；以极地社会科学研究为重心建设国际知名、中国特色的跨学科研究中心；强化和拓展与涉极地国家的高校、智库以及原住民等非政府组织的交往，通过二轨外交，建设极地问题的国际学术交流中心。

主编简介

刘惠荣 中国海洋大学法学院教授、博士生导师，中国海洋大学极地研究中心主任、中国海洋大学海洋发展研究院高级研究员、中国海洋法研究会常务理事、中国太平洋学会理事、中国太平洋学会海洋管理分会常务理事、中国海洋发展研究会理事、最高人民法院"一带一路"司法研究中心研究员、最高人民法院涉外商事海事审判专家库专家、第六届山东省法学会副会长及学术委员会副主任。2012年获"山东省十大优秀中青年法学家"称号，2019年获"山东省十大法治人物"称号。主要研究领域为国际法、南北极法律问题。2013年、2017年分别入选中国北极黄河站科学考察队和中国南极长城站科学考察队。主持国家社会科学基金"新时代海洋强国建设"重大专项"全球海洋治理的基本理论研究"、国家社会科学基金重点项目"国际法视角下的中国北极航道战略研究"、国家社会科学基金一般项目"海洋法视角下的北极法律问题研究"等多项国家级课题，主持多项省部级极地研究课题，并多次获得省部级社会科学优秀成果奖。自2007年以来在极地研究领域开展了一系列具有开拓性的研究，代表作有《海洋法视角下的北极法律问题研究》（著作获教育部社会科学优秀成果三等奖和山东省社会科学优秀成果三等奖）、《国际法视角下的中国北极航线战略研究》、《北极生态保护法律问题研究》、《国际法视野下的北极环境法律问题研究》等。

摘　要

2020年新冠肺炎疫情席卷全球，北极地区同样未能幸免。从疫情暴发至今，北极各国疫情防控已步入正轨并且逐步常态化。新冠肺炎疫情大流行对于北极地区的发展产生了冲击，不同程度地影响了北极各国的安全、经济、科学等诸多方面的发展。

本卷总报告对北极国家防疫工作进行梳理和汇总。疫情暴发后，北极理事会发布了北极高级官员简报，各国也采取了旅行限制等防疫工作。新冠肺炎疫情对北极地区的教育、经济、军事、科学研究等方面均带来了深远影响。虽然疫苗接种已经展开，但北极地区目前仍面临疫苗短缺的问题。疫情暴露了北极地区在防疫和经济、教育、军事、科技韧性方面存在的一系列问题，也为一些新兴行业如在线教育、物流、网络等带来了新的发展契机。在后疫情时代，北极各国应当着眼于北极治理在疫情挑战下所存在的突出问题，加强卫生、科学等相关领域的合作，共同促进北极地区的发展与繁荣。

北极地区的有效治理对该地区和全球的发展均起到了至关重要的作用。挪威在斯匹次卑尔根群岛与海域的新近活动影响了《斯匹次卑尔根群岛条约》其他缔约国和利益攸关国的相关权益。经过近年来的发展，北极经济理事会组织框架愈发健全，发展方向和关注重点领域也更加明晰，中国应对此有所关注。随着新冠肺炎疫情蔓延至北极地区，北极地区公共卫生安全问题凸显。俄罗斯、美国、加拿大和挪威四个国家在北极地区油气资源开发方面的政策与实践，彰显了油气开发的复杂形势。

北极地区已成为中美俄大国竞争的新场域。美国与俄罗斯同为北极国家，也同为具有全球影响力的世界大国，两国在北极地区的安全博弈对于北极地区的和平与稳定产生重要影响。北约作为北极事务的重要参与方、北极治理的重要行为体、北极秩序的重要建构者、北极安全的重要维系者，其战略和实践对于北极地区格局演变的影响是独特的。在大变局背景之下，瑞典、挪威、丹麦等北极国家的战略选择同样值得关注。中国应利用好现有机会，加强与北极国家的合作往来，共同维护北极地区的和平与发展。

关键词： 北极法律　北极治理　北极战略　北极政策

目 录 ▶▷◈◈◈◈◈

Ⅰ 总报告

Ⅱ 治理篇

VI　附录

皮书数据库阅读**使用指南**

总 报 告

General Report

B.1
新冠肺炎疫情冲击下的北极地区

刘惠荣 孙 凯 陈奕彤*

摘 要： 新冠病毒在全球传播，北极地区亦未能幸免。新冠肺炎疫情暴发后，北极理事会发布了北极高级官员简报，各国也采取了旅行限制等防疫工作。新冠肺炎疫情对北极地区的教育、经济、军事、科学研究等方面均带来了深远影响。虽然疫苗接种已经展开，但北极目前仍面临疫苗短缺的问题。疫情暴露了北极地区在防疫和经济、教育、军事、科学研究的韧性方面存在的一系列问题，也为一些新兴行业如在线教育、物流、网络等带来了新的发展契机。在后疫情时代，北极各国应当着眼于北极治理在疫情挑战下所存在的突出问题，加强卫生、科学等相关领域的合作，共同促进北极地区的发展与繁荣。

* 刘惠荣，女，中国海洋大学法学院教授、博士生导师，中国海洋大学海洋发展研究院高级研究员；孙凯，男，中国海洋大学国际事务与公共管理学院教授、博士生导师，中国海洋大学海洋发展研究院高级研究员；陈奕彤，女，中国海洋大学法学院讲师、硕士生导师，中国海洋大学海洋发展研究院研究员。

关键词： 北极地区　新冠肺炎疫情　疫苗

自 2019 年底出现首例确诊病例以来，新冠病毒在世界范围内迅速传播，新冠肺炎成为人类历史上致死人数最多的流行病之一。在全球化的今天，北极地区也未能幸免于难。2020 年 2 月，北极地区出现首例确诊病例，新冠肺炎疫情开始在该地区蔓延，对北极地区教育、经济、军事和科学研究等方面造成沉重影响。目前，北极地区的新冠病毒疫苗接种工作已经展开，但仍面临着疫苗短缺的问题。新冠肺炎疫情终将过去，北极各国应该从此次疫情中深刻反思，在后疫情时代加强北极合作，共同促进北极地区的发展。

一　北极地区新冠肺炎疫情的暴发与现状

2020 年 2 月 21 日，挪威特罗姆斯 – 芬马克郡（Troms and Finnmark）登记了北极地区首例新冠肺炎确诊病例。到 2020 年 3 月，北极地区开始大范围发现新冠肺炎确诊病例。3 月 1 日，冰岛和芬兰确诊了新的病例，3 月 16 日，格陵兰岛通报了首例新冠肺炎确诊病例。此后几个月，北极地区的疫情迅速蔓延，北极地区疫情由此大规模暴发。

据北艾奥瓦大学北极中心（Arctic Center）数据，截至 2021 年 3 月 26 日，北极地区新冠肺炎确诊病例 473951 例，其中死亡病例 8641 例。在北极各国中，受新冠肺炎疫情影响最严重的是俄罗斯、美国和瑞典。俄罗斯北极地区新冠肺炎确诊病例为北极各国之最，确诊人数高达 365000 例，美国北极地区新冠肺炎确诊病例达到 60000 余例，而瑞典北极地区新冠肺炎确诊病例也达到 33000 余例。此外，冰岛、芬兰、挪威三国北极地区的新冠肺炎确诊病例也都在 2000 例以上。① 按地区划分，北极地区新冠肺炎确诊病例数量排名前 10

---

① Arctic，Remote and Cold Territories Interdisciplinary Center，"COVID – 19 Confirmed Cases in the Arctic，" https：//univnortherniowa. maps. arcgis. com/apps/opsdashboard/index. html #/b790e8f4 d97d44414b10c03d5139ea5d5.

的地区中有 7 个来自俄罗斯，反映出俄罗斯北极地区新冠病毒传播程度的广泛，俄罗斯北极地区在应对新冠肺炎大流行上面临着较大的挑战。

疫情暴发之后，北极理事会积极采取相应举措。2020 年 6 月，北极理事会发布北极高级官员简报，以更好地了解新冠肺炎疫情在北极地区的影响。该报告在环北极地区现有的公共卫生行动和活动、新冠肺炎大流行的后果和公共卫生对策、北极理事会核心议题三个方面对北极地区新冠肺炎疫情进行概述，目的在于希望北极理事会能够在短期、中期和长期三个时间区域内带头开展对该流行病的应对。

表 1   北极地区新冠肺炎确诊病例最多的十个地区

单位：例

地区（中文）	地区（英文）	确诊病例	死亡病例	国家
克拉斯诺亚尔斯克	Krasnoyarsk	66290	3120	俄罗斯
阿尔汉格尔斯克	Arkhangelsk	59365	816	俄罗斯
汉特－曼西自治区	Khanty-Mansiy	53880	781	俄罗斯
摩尔曼斯克	Murmansk	48773	1067	俄罗斯
科米共和国	Komi	41350	797	俄罗斯
亚马尔－涅涅茨自治区	Yamal-Nenets	37899	407	俄罗斯
萨哈共和国	Sakha	33462	544	俄罗斯
安克雷奇	Anchorage	28119	165	美 国
西博滕省	Vasterbotten	17812	165	瑞 典
北博滕省	Norrbotten	15913	236	瑞 典

资料来源：Arctic，Remote and Cold Territories Interdisciplinary Center，截至 2021 年 3 月 26 日。

新冠肺炎作为大流行传染病，防疫工作成为全球各国当前最为重要的课题。新冠肺炎疫情暴发以来，北极各国采取了包括旅行限制和新冠病毒检测在内的诸多措施。北极各国政府增加医疗资金，以支持新冠肺炎相关医疗资源的提升，包括监测、诊断等相关医疗能力。此外，北极各国建立了关注病毒感染的公共信息渠道和网站，并定期更新这些渠道的感染病例、死亡病例和重症监护病例的数量。然而就北极地区新冠肺炎疫情控制的效果来看，各国存在着一定差距。

美国众议院和参议院于 2020 年 3 月 4 日分别投票通过应对新冠肺炎疫情的应急资金法案，同月 6 日，美国总统特朗普在 H. R. 6074 号法案上签

字，拨款 83 亿美元应急资金用于对抗疫情。① 2020 年 3 月 12 日，美国宣布进入国家紧急状态，国会大厦、参众两院关闭。② 同日起，各州学校开始接连宣布停课。美国体制弊病所带来的医疗资源分配不均问题，加之新冠肺炎疫情适逢美国大选，特朗普政府为维持社会稳定，弱化疫情严重性，美国新冠肺炎疫情开始失控。拜登上台后，2021 年 1 月 22 日颁布美国抗疫国家战略，至此美国抗疫工作开始逐步进入正轨。③

作为北极地区受疫情影响最为严重的俄罗斯，自 2020 年 1 月新冠肺炎疫情暴发初期便成立防止新冠病毒感染输入扩散行动总部，3 月成立国务委员会新冠肺炎疫情防控工作组，10 月普京签署成立跨部门委员会，专门负责对新冠病毒进行评估和监测工作。2020 年 10 月第二波疫情来临之时，俄罗斯政府采取更为严格的防疫政策。自 10 月 28 日起，俄罗斯全境所有人员在公共交通、停车场、电梯及其他人员密集场所内，必须佩戴口罩；俄罗斯还下令餐厅和酒吧等场所在 23∶00 至 6∶00 期间关闭，加强对交通工具及场所、商店、餐馆和剧院进行消毒。④ 由于人口基数多，管控难度大，即便政策上较为合理，但俄罗斯仍成为北极地区受新冠肺炎疫情影响最为严重的国家。

2020 年 1 月 25 日加拿大确诊首例新冠肺炎病例，到 4 月初，旨在遏制这一流行病的公共卫生措施开始逐步实施，如针对非必要旅行的建议、边境筛查措施、旅行者公共卫生信息、检疫措施和旅行限制，有效减少了与旅行有关病例的输入。加拿大应对新冠肺炎大流行的公共卫生措施是制订《加拿大大流行性流感计划：卫生部门规划指南》，该计划的目标有两个方面：第一，最大限度地减少严重疾病和总死亡人数；第二，最大限度地减少加拿

① H. R. 6074, 116th Congress 2nd Session, https：//www. congress. gov/116/bills/hr6074/BILLS － 116hr6074eh. pdf.
② "Congress Shuts Down U. S. Capitol, House, Senate Offices Until April 1, Amid Coronavirus Spread", https：//saraacarter. com/congress － shuts － down － u － s － capitol － house － senate － offices － until － april － 1 － amid － coronavirus － spread/.
③ "National Strategy for the COVID － 19 Response and Pandemic Preparedness".
④ 《俄罗斯宣布新一轮防疫措施 10 月 28 日起实施》，环球网，https：//world. huanqiu. com/article/40SJ1HGw5HS。

大的社会混乱。①

芬兰于 2020 年 3 月 16 日宣布，COVID - 19 疫情构成紧急状态。4 月 8 日，总理办公室任命工作组，负责制定芬兰疫情控制相关战略计划。直至 7 月，芬兰成立边界过境点健康安全合作小组，确保芬兰边界当局在与疫情有关的情况下进行有效的工作与合作。② 为确保尽快摆脱危机，并尽可能减少损失，芬兰采取了一系列限制措施，包括与他人保持两米距离、在公共场所佩戴口罩、勤洗双手、用纸巾或袖子捂住嘴咳嗽、尽快接种疫苗等。

2020 年 3 月疫情开始出现蔓延，冰岛政府采取了一系列预防措施，并与冰岛生物技术公司 DeCode Genetics 进行合作，对新冠病毒的传播进行评估。③ 2020 年 4 月，根据冰岛首席流行病学家的建议，由于疫情大肆流行，冰岛对国际入境者实行临时申根边境管制和 14 天检疫。④ 2020 年 10 月，冰岛卫生部部长批准了首席流行病学家提出的有关采取更严厉措施应对疫情大流行的建议，例如，将群众聚会的最大人数从 20 人减少到 10 人，所有体育活动和舞台表演均暂停。⑤ 2021 年 2 月 23 日，冰岛政府宣布放宽疫情限制措施。⑥ 但是至 2021 年 3 月 23 日，冰岛卫生部决定采取更严格的边境防控

① "From Risk to Resilience: An Equity Approach to COVID - 19," https://www.canada.ca/content/dam/phac - aspc/documents/corporate/publications/chief - public - health - officer - reports - state - public - health - canada/from - risk - resilience - equity - approach - covid - 19/cpho - covid - report - eng. pdf.

② "Ministries Set up Working Group to Coordinate Fight Against COVID - 19 Epidemic at Border Crossing Points ," https://valtioneuvosto. fi/en/ - /10616/ministries - set - up - working - group - to - coordinate - fight - against - covid - 19 - epidemic - at - border - crossing - points - /.

③ "Response to COVID - 19 in Iceland," https://www.govern ment. is/news/article/2020/03/09/response - to - COVID - 19 - in - Iceland/.

④ "Iceland Introduces Temporary Schengen Border Controls and 14 - day Quarantine for International Arrivals," https://www.government. is/news/article/2020/04/22/Iceland - Introduces - Temporary - Schengen - Border - Controls - and - 14 - day - Quarantine - for - International - Arrivals/.

⑤ "Stricter anti - COVID - 19 Measures Taking Effect as from 31 October 2020," https://www.government. is/news/article/2020/10/30/Stricter - anti - COVID - 19 - measures - taking - effect - as - from - 31 - October - 2020/.

⑥ "Significant Easing of Domestic Restrictions in Iceland to Take Effect Tomorrow," https://www. government. is/news/article/2021/02/23/Significant - easing - of - domestic - restrictions - in - Iceland - to - take - effect - tomorrow - /.

措施，即儿童与成年人一样受到相同的边境措施的限制。冰岛政府对疫情防控及时，因此在冰岛地区新冠肺炎疫情并未大肆蔓延。

鉴于丹麦确诊新冠肺炎病例数量开始增加，丹麦政府实行了一系列限制措施，包括扩大社交距离，限制商场聚集人数，要求居民佩戴防疫面罩，减少宗教仪式等措施。丹麦首相梅特·弗雷泽里克森宣布从 2020 年 3 月 14 日 12 时至 4 月 13 日实施边境管控，出入境客运航空、轮渡和铁路运输将全部或部分关闭。4 月 12 日，丹麦议会通过紧急立法，赋予国内相关部门包括强制检查、治疗、隔离，禁止百人以上聚会，限制或禁止使用公共交通工具等诸多方面权力。自 2020 年 8 月 22 日起，12 岁以上乘客在全天所有时段乘坐公共交通必须佩戴口罩。[①] 2021 年 4 月 6 日，丹麦国家卫生局发表声明，丹麦即日起开始试行"新冠通行证"，进入一些公共场所需要进行出示。[②]

瑞典政府在 2020 年 4 月初通过一项法案，以期能够在《传染病法》中引入新的权力，具体措施包括暂时限制集会、暂时关闭购物中心和其他贸易中心、暂时停止运输，以及暂时允许药品和医疗设备的重新分配。[③] 2020 年 5 月 14 日，瑞典首相勒文宣布，将对非欧盟公民进入该国的临时禁令延长至 6 月 15 日。2021 年 2 月 3 日，瑞典政府决定，境外人员进入瑞典境内，都必须进行新冠病毒核酸检测并提供阴性结果的证明。

挪威为控制新冠肺炎疫情采取了一系列严格举措。挪威政府依据《传染病控制法》进行传染性评估，自 2020 年 3 月 12 日起颁布了一系列法令用以抑制新冠肺炎疫情的蔓延，包括立即关闭包括幼儿园、小学在内的所有教育机构；关闭所有国境；严格检查所有入境人员，驱逐没有居留权的人士；禁止所有文化、体育活动，关闭所有健身房、游泳池、足球场及游乐场等；同时请求

① 《丹麦新冠疫情进一步反弹　全国实行公共交通"口罩令"》，新华网，http：//www. xinhuanet. com/politics/2020 – 08/15/c_1126372477. htm。
② 《丹麦开始试行"新冠通行证"》，新华网，http：//www. xinhuanet. com/2021 – 04/06/c_1127300314. htm。
③ "About the COVID – 19 Virus：Extensions of National Restrictions," https：//government. se/articles/2021/02/about – the – covid – 19 – virus – extensions – of – national – restrictions/.

所有民众避免不必要的外出，鼓励民众如非必要，避免乘坐公共交通工具。①

为加强疫情防控的协作，芬兰、瑞典和挪威的卫生保健当局将原本每月一次的会议改为每周一次。在通报首例新冠肺炎确诊病例后的第二天，格陵兰自治政府就实施了为期两周的空中旅行禁令，并关闭了所有小学，建议城镇之间的地面运输不再进行。在格陵兰自治政府的严格防控下，格陵兰岛的疫情防控取得了较为良好的效果。在加拿大，虽然南部一些地区（特别是魁北克省）受到了严重打击，但北部地区已设法遏制了这一流行病，实施了严格的旅行限制。然而在北欧国家，就确诊病例而言，南部和北部之间的差距并不大。② 新冠肺炎疫情的暴发对北极地区造成了深刻的影响，包括教育、经济、军事等方面，以下将对此具体展开分析。

二　新冠肺炎疫情对北极地区的影响

（一）新冠肺炎疫情对北极地区教育的影响

新冠肺炎疫情导致世界各地的学校关闭。全球有超过 12 亿儿童失学。为控制疫情，北极地区各国政府在新冠肺炎疫情暴发初期纷纷关闭学校，北极地区原有的线下教育被迫中断。2020 年 3 月 12 日，挪威首相埃尔娜·索尔贝格（Erna Solberg）在新闻发布会上宣布：“全国所有的幼儿园、小学、中学、技术学院和大学都将关闭。”2020 年 3 月 13 日，美国阿拉斯加州政府官员宣布公立学校将于 3 月 16 日至 3 月 30 日关闭。2020 年 3 月 16 日，芬兰政府也宣布将关闭除幼儿园以外的所有学校。③ 在关闭学校的同时，北

---

① "Regulations Relating to Amendments to the COVID‐19 Regulations," https：//www. regjeringen. no/ en/dokumenter/regulations‐relating‐to‐amendments‐to‐the‐covid‐19‐regulations/ id2784193/.

② Pauline Pic, "Geography of Economic Recovery Strategies in Nordic Countries," https：//www. thearcticinstitute. org/geography‐economic‐recovery‐strategies‐nordic‐countries/.

③ Victoria Herrmann, "COVID‐19 Forces Arctic Schools to Go Virtual," https：//www. highnorth news. com/en/covid‐19‐forces‐arctic‐schools‐go‐virtual.

极地区相关学校的课程转到线上进行。例如，为防止新冠肺炎疫情蔓延，阿拉斯加大学费尔班克斯分校（University of Alaska Fairbanks）及其全州各校区授课方式都改为在线课程。

在新冠肺炎疫情冲击下被迫进行的线上课程，对于北极地区教育而言无疑是一把双刃剑。一方面，线上课程在一定程度上弥补了北极地区教育被迫中断的影响，促进了北极地区教育的发展；另一方面，北极地区网络覆盖率和网络质量的问题，在技术条件上阻碍了线上课程的普及，线上课程的授课效果也将受到影响。

线上教育对于改变北极地区落后的教育而言可能是一大机遇。以格陵兰岛为例，在18~25岁的人中，每10人中就有6人尚未完成或仍在接受高中或职业教育。教育水平落后与学生接受教育的难度有很大关系，一些居住在偏远地区的学生接受教育往往需要到离家很远的地方。格陵兰岛只有4个城镇有高中，职业教育也主要由6所职业学院提供，这就使许多年轻人不得不搬到另一个城镇去继续接受教育。[①] 教育资源集中在少数几个城镇无疑在一定程度上阻滞了格陵兰岛教育水平的发展。

在新冠肺炎疫情冲击之下，大量学习资源转为线上，线上教育的盛行使在线教育市场不断扩大。2019年全球共186.6亿美元投资于线上教育技术，预计2025年达到3500亿美元。不管是语言应用程序、虚拟辅导、视频会议工具或在线学习软件，自新冠肺炎疫情暴发以来，使用量大幅上升。[②]线上教育的发展，对于本就难以在线下获得学习资源的北极地区而言，也可能带来新的机遇。例如，格陵兰岛作为北极的偏远地区，在教育方面，整个格陵兰岛仅有一所创建于1987年的格陵兰大学，教育资源十分匮乏。"格陵兰的4G基础设施覆盖了所有人口密集的地区，新的水下电缆将

① "Greenland in Figures," https：//naalakkersuisut. gl/ ~ /media/Nanoq/Files/Publications/Udenrigs/ Greenland%20in%20Figures%202018. pdf.

② "The COVID – 19 Pandemic Has Changed Education Forever," World Economic Forum, https：// www. weforum. org/agenda/2020/04/coronavirus – education – global – covid19 – online – digital – learning/.

在未来几年将高速互联网覆盖到 92% 的人口"①，学习平台的拓展和学习资源的更易获取，无疑对提高北极地区的教育水平和加强北极地区的人才培养而言大有裨益。

从另一个角度讲，由于北极地区恶劣的气候、环境条件以及居住地之间距离较远等，北极地区长期以来面临着网络覆盖不足、网络质量较低等问题。"改善互联网基础设施，尽管被认为是许多北极国家政府发展政策的重点，但互联网基础设施仍落后于世界许多其他地区。"② 据 Nordregio 网站数据，俄罗斯北极地区宽带接入的比例较低，马加丹（Magadan）、楚科奇自治区（Chukotka）、萨哈共和国（Sakha）以及涅涅茨自治区（Nenets）宽带接入的家庭比例都不超过 60%。③ 而加拿大农村地区的宽带接入率则仅有45.6%。④ 直到 2020 年底，为满足德国研究船"极星"号（Polarstern）的需求，第一个真正的高速互联网才以卫星系统的形式到达北极。船上的多国考察队由此能够利用超过 100Mbps（兆比特每秒）的网速来传输数据并与世界其他地方进行通信。北极地区的网络覆盖不足无疑成为限制在线教育发挥作用的一大阻碍。

新冠肺炎疫情引发的教育方式的转变，为北极地区的教育发展提供了机遇，也暴露出北极地区基础设施建设不足的问题。对于北极国家而言，应当对疫情暴露出的自身不足进行深刻反思。疫情终将过去，但疫情期间作为补充选择的在线教育，未来或许可以成为助力北极地区教育发展的一大途径。

① Abby Conyers, "How Online Learning is an Opportunity for the Arctic," https：//www. arctictoday. com/how – online – learning – is – an – opportunity – for – the – arctic/? wallit _ nosession = 1.

② Marc Lanteigne, "The Internet in the Arctic：Crucial Connections," https：//overthecircle. com/ 2020/04/05/the – internet – in – the – arctic – crucial – connections/.

③ Eeva Turunen, "Broadband Access in the Arctic," https：//nordregio. org/maps/broadband – access – in – the – arctic/.

④ Canadian Radio-television and Telecommunications Commission, "Broadband Fund Closing the Digital Divide in Canada," https：//crtc. gc. ca/eng/internet/internet. htm.

（二）新冠肺炎疫情对北极地区经济的影响

新冠肺炎疫情对全球贸易往来产生了重大影响。根据联合国贸易和发展会议的一份报告，新冠肺炎疫情带来的国际货物贸易下降甚至比金融危机时期更为严重。[①] 北极地区的一个共同特点是依赖全球贸易，特别是石油、天然气、矿产和鱼类等专业化出口，同时还依赖进口燃料、食品、设备等重要必需品。

疫情对北极地区经济、生活等的影响很大。[②] 北极经济理事会（Arctic Economic Council）主席海达·古德森（Heidar Gudjonsson）更是认为，北极地区是一个小型的同一性出口导向型地区，更易受到国际商业放缓的影响，疫情带来的全球化放缓对北极地区的影响将是世界其他地区的两倍。[③]

除与外部地区的贸易往来受损外，北极地区内部的经济发展也受到疫情的严重影响。出于疫情防控的需要，北极地区原有的经济活动在一定程度上受到了限制。以美国阿拉斯加州为例，2020 年 3 月美国阿拉斯加州州长迈克·邓利维（Mike Dunleavy）下令关闭本州餐馆和酒吧的餐厅服务，非必要的企业也需关闭。据估计，2020 年 4 月，也就是关闭工厂的第一个完整月，阿拉斯加州将失去 2.7 万个工作岗位，工资损失高达 7900 万美元。[④] 疫情在一定程度上限制了北极地区的人口流动，出于对防疫的考量，各国在出入境政策上均采取了相应的限制措施，例如出入境之前的核酸检测、入

---

① 《联合国贸发会议：新冠疫情造成的国际贸易收缩比金融危机时期更严重》，联合国新闻网，https：//news. un. org/zh/story/2020/06/1059512。

② "COVID－19 in the Arctic：Briefing Document for Senior Arctic Officials," https：// oaarchive. arctic－council. org/bitstream/handle/11374/2473/COVID－19－in－the－Arctic－ Briefing－to－SAOs_ For－Public－Release. pdf？sequence＝3&isAllowed＝y.

③ Peter B. Danilov, "If Globalization Slows Down，the Impact is Felt Twice as Hard in the Arctic," https：//www. highnorthnews. com/en/if－globalization－slows－down－impact－felt－twice－ hard－arctic.

④ Abbey Collins, "Alaska Economists Say Containing the Virus is Critical for the State's Long-term Outlook," https：//www. alaskapublic. org/2020/04/03/alaska－economists－say－containing－ the－virus－is－critical－for－the－states－long－term－outlook/.

境后需要自费的隔离期限等，这大大提高了人口流动的成本。从疫情防控的角度来说，在一定程度上限制人口流动是必需的举措，但是大大削弱了北极地区的人口流动性。这影响了北极地区当地居民在疫情大流行期间和之后的日常生活。对于北极地区传统经济来说，流动性是支撑其发展的重要因素。北极地区原住民多以捕鱼业、采掘业以及自然资源的开发为生，自然因素造成了北极地区传统经济在很大程度上依赖于人口的流动。然而，限制人口流动作为新冠肺炎疫情的预防控制措施，不可避免地造成了北极地区传统经济的放缓。新冠肺炎疫情对北极地区内部经济的正常运转造成了严重冲击，带来了企业倒闭和失业率升高等一系列问题。以下将具体展开，分析新冠肺炎疫情对北极地区旅游业、运输业和能源开发的影响。

1. 北极旅游业

新冠肺炎疫情暴发给北极地区的旅游业带来了重大影响，旅游业和酒店业面临旅行限制、需求下降和季节性劳动力减少带来的严重后果。北极地区旅游业者收入大幅减少，众多企业面临着倒闭的风险。

与 2019 年相比，2020 年挪威的国际游客人数下降了 75%，其中 2020 年 4 月到 6 月下降了 95%。同一时期，瑞典国际游客人数下降了 66%，芬兰国际游客人数下降了 61%。[①] 2020 年 3 月，冰岛航空公司的乘客人数为 12.3 万人，相较于 2019 年下降 54%。游客人数大幅减少必然带来旅游业的萧条。冰岛旅游业协会（SAF）的总经理乔恩内斯（Jóhannes þór Skúlason）认为，如果没有采取足够的措施来挽救，冰岛旅游业中一半的公司在本次疫情中都面临倒闭的危险。[②] 挪威酒店协会（Norwegian Hospitality Association）对 880 家成员公司进行的一项调查显示，挪威旅游业的形势同样不容乐观。

---

① "International Tourism and COVID – 19, 2020," https：//www. unwto. org/international – tourism – and – covid – 19.

② Vala Hafstað, "Icelandic Travel Industry in Serious Trouble," https：//icelandmonitor. mbl. is/news/news/2020/04/07/icelandic＿travel＿industry＿in＿serious＿trouble/? fbclid = IwAR1Jfyg NHpsKVg2ue5＿CwKIHOeTV8S＿8VW8 – 6QTRFPxtRi＿5Rl – W4SQBWxo.

2/3 的公司经营者表示他们正处于破产的边缘,近 80% 的公司解雇了 76% ~ 100% 的员工。① 每年的 3 月和 4 月通常是挪威北部最繁忙的旅游月份,而在新冠肺炎疫情大流行的情况下,挪威旅游业损失惨重。同样,加拿大努纳武特地区(Nunavut)的旅游业也深受疫情打击。新冠肺炎疫情大流行之前,努纳武特地区的旅游业每年带来超过 3 亿美元的收入,从业人数超过 3000 人。疫情影响下,2020 年前 3 个月努纳武特地区的收入较 2019 年同期减少 50% 以上。② 北极旅游较为特色的北极探险邮轮也受到新冠肺炎疫情的影响,北极探险邮轮的新冠肺炎疫情事件对国际邮轮的正常运转造成极大威胁。疫情对北极旅游业带来的打击,可能需要几年时间才能逐步恢复。

北极旅游业的前景取决于各国对新冠肺炎疫情防控的下一步计划,从目前来看,情况并不容乐观。2020 年 4 月由于北美疫情蔓延,加拿大为控制疫情,颁布邮轮禁令,对载客超过 12 人的渡船和商业客船采取新措施,防止任何加拿大邮轮在加拿大北极水域(包括努纳武特、努纳维克和拉布拉多海岸)停泊、航行或过境。此外,在该邮轮禁令中还规定,如果任何外国客轮想进入北极水域,必须提前 60 天通知加拿大交通部部长,并遵守交通部部长确定的任何必要条件,以确保对海事人员和当地社区的保护。③ 此项禁令原本计划持续至 2020 年 10 月 31 日,但是鉴于疫情一再加重,出于对第二波疫情的控制,2021 年 2 月加拿大政府将该项禁令延长至 2022 年。④ 加拿大禁止驶往阿拉斯加的邮轮在加拿大水域

① Thomas Nilsen, "Arctic Wilderness Tourism is Hit Especially Hard by the Coronavirus," https://www.arctictoday.com/arctic – wilderness – tourism – is – hit – especially – hard – by – the – coronavirus/? wallit_ nosession = 1.

② Peter B. Danilov, "COVID – 19 in the Arctic: "It Has Pretty Much Decimated the Industry," https://www.highnorthnews.com/en/covid – 19 – arctic – it – has – pretty – much – decimated – industry.

③ "The Government of Canada Announces New Measures for Ferries and Commercial Passenger Vessels Capable of Carrying more than 12 Passengers," https://www.canada.ca/en/transport – canada/news/2020/04/the – government – of – canada – announces – new – measures – for – ferries – and – commercial – passenger – vessels – capable – of – carrying – more – than – 12 – passengers. html.

④ "Canada Extends Cruise Ship Ban to Early 2022 ," https://news.yahoo.com/canada – extends – cruise – ship – ban – 212718100. html.

运营给阿拉斯加旅游业带来巨大的压力，2021 年 2 月阿拉斯加州众议员提出《阿拉斯加旅游复兴法案》来规避加拿大封锁的影响。美国海事法规定，悬挂外国国旗的船舶必须进行国际停靠，这其中包括许多主要邮轮公司的船舶。该法案将允许邮轮航行到阿拉斯加，而无须在加拿大停留。①

此外，疫情防控较好的国家也在积极地促进其旅游业的恢复。例如，冰岛感染率低且核酸检测覆盖面较广，受疫情影响不大，冰岛已于 2020 年 6 月 15 日准许外国游客入境并提供免费的新冠病毒核酸检测，以促进新冠肺炎疫情造成的旅游业短暂停摆能够尽快恢复。

尽管北极国家采取诸多政策刺激旅游业的恢复，但是由于新冠肺炎疫情大流行所造成的全球性恐慌，加之全球疫情控制并不乐观，北极地区旅游业的前景并不明朗。

2. 北极运输业

新冠肺炎作为近几十年来最大的流行病极大地冲击了人们的流动方式的选择，网络行业作为此次大流行事件中为数不多获益的部分，远程技术得到了革新升级，线上办公、远程会议等其他远程协作方式缩短了人们的社交距离，同时也改变了人们对移动方式的选择，这不可避免地对运输行业产生了影响。此外，新冠肺炎疫情暴发后，由于各国旅行限制或禁令，出入北极地区的人员大幅减少。除上述旅游业受到影响外，北极交通运输业也面临着危机，其中受影响最为严重的是航空公司。据欧盟委员会发布的政策简报，新冠肺炎疫情大流行期间，航空业在欧盟的活动减少了 90%。② 据估计，俄罗斯航空公司将至少亏损 700 亿卢布（约合 9.47 亿美元），而旅游运营商将亏损 270 亿卢布（约合 3.65 亿美元）。③

---

① "H. R. 1318 - Alaska Tourism Recovery Act," https：//www.congress.gov/bill/117th - congress/house - bill/1318.

② "Future of Transport：Update on the Economic Impacts of COVID - 19," https：//ec.europa.eu/ jrc/sites/jrcsh/files/202005_ future_ of_ transport_ covid_ sfp. brief_ . pdf.

③ "What is Russia's Economic Response to Coronavirus?" https：//www.rbth.com/business/331864 - economic - response - coronavirus.

北极地区很多定期航班减少或取消，而维持运营的航班也经常处于亏损状态。为了维持出入北极地区的通道，同时维持航空公司的生存，北极各国政府纷纷对航空业采取相应的扶持措施。2020 年 3 月，冰岛政府与冰岛航空公司（Icelandair）签署了一项协议，冰岛航空公司确保每周有两次飞往波士顿、伦敦或斯德哥尔摩的航班，这些航班造成的损失，将由冰岛政府予以补偿，冰岛政府将向冰岛航空公司支付最高 1 亿冰岛克朗。① 挪威航空公司（Norwegian）在疫情暴发后采取了减少航班、大幅裁员等措施，但财政状况仍然陷入困境，最终只能向挪威政府寻求救助。2020 年 3 月，挪威政府宣布将向挪威航空公司提供 30 亿挪威克朗的一揽子救助计划。② 为支持航空公司的流动性，2020 年 5 月，瑞典和丹麦为北欧航空公司（Scandinavian Airlines）提供了 3 亿欧元的担保信贷，其中 90% 由瑞典和丹麦政府担保。③ 同样，芬兰政府也采取措施支持因新冠肺炎疫情而亏损的芬兰航空公司（Finnair），芬兰经济政策部长委员会（Ministerial Committee on Economic Policy）主张议会申请最多 7 亿欧元的授权，以参与芬兰航空公司的资本重组安排，包括计划中的股票发行和任何其他安排。

人口流动的放缓不可避免地影响到客运行业，但同时为物流运输带来了新的机遇。新冠肺炎疫情大流行在电子商务领域的发展历史上留下了不可磨灭的印记，物流行业随之发展，一定程度上改善了客运不景气对于运输业的冲击。作为全球第三大货运机场，泰德·史蒂文斯安克雷奇国际机场 2020 年货运量相较于 2019 年增长了 16%，共有 348 万吨航空货运量。④ 此外，俄罗斯联邦海运和河运局称，仅 2020 年 1 月到 4 月，俄罗斯北部海路货运

---

① Vala Hafstað，"Icelandair and Government Sign Agreement," https：//icelandmonitor. mbl. is/news/politics_ and_ society/2020/03/30/icelandair_ and_ government_ sign_ agreement/.

② Joanna Bailey，"Norwegian to Get ＄275m Bailout to Avoid Collapse," https：//simpleflying. com/norwegian－to－get－275m－bailout－to－avoid－collapse/#.

③ "SAS Got a Guaranteed 300 Million Credit from Sweden and Denmark," https：// www. foreigner. fi/content/print/sas－has－guaranteed－300－million－euros－credit－from－sweden－and－denmark/202005051239295630.

④ "Anchorage Airport Saw Double-Digit Cargo Growth in 2020," https：//simpleflying. com/anchorage－cargo－growth－2020/.

（NSR）同比增长 4.5%，超过 1000 万吨。[①]

在经济活动放缓的背景下，新冠肺炎疫情导致了电子商务的激增和数字转型的加速。随着封锁成为新常态，企业和消费者越来越"数字化"，在线提供和购买更多商品和服务，将电子商务在全球零售贸易中的份额从 2019 年的 14% 提高到 2020 年的 17% 左右。[②] 新冠肺炎疫情大流行期间及之后一段时间，电子商务的发展见证了远程技术的进步，同时促进了物流与配送行业，对于北极地区来说，也将会改善长途货运的环境。

3. 北极能源开发

油价的快速和深度下跌造成了北极石油和天然气生产的中断和减少。例如，康菲石油公司将北坡的产量削减了 20%，诺瓦克公司的出口下降了 28.4%。[③] 由于与新冠肺炎疫情有关的限制，以及需求下降和运输问题，采矿作业已经缩小规模、关闭或难以恢复。矿井工人（FIFO Workers）受到新冠肺炎疫情的严重影响，造成中断（例如，Sabetta、Varandei、Chayanda 和 Belokamenka），并引起对新冠病毒向当地人口传播的担忧。[④] 一些公司发现运营成本上升。例如，红狗矿 2020 年第一季度的运营成本增加了 11%。[⑤] 此外，公司停止或减少勘探可能会造成直接损失（例如，努纳武特地区的勘探支出在 2020 年约为 1.157 亿美元），钻井公司的大规模裁员也破坏了北极采掘业的长期活力。阿拉斯加依靠石油的经济也受到了油价下跌以及资金撤出的影响。此前，瑞士联合银行（Union Bank of Switzerland）在北极石油

---

① "Coronavirus Hasn't Slowed Growth on Russia's Northern Sea Route," https：//www. arctictoday. com/coronavirus – hasnt – slowed – growth – on – russias – northern – sea – route/.

② "How COVID – 19 Triggered the Digital and E – commerce Turning Point," https：//unctad. org/ news/how – covid – 19 – triggered – digital – and – e – commerce – turning – point.

③ A. Staalesen, "Novatek Says New Arctic Projects will Proceed as Planned, Despite a Sharp Drop in LNG Exports," https：//www. arctictoday. com/novatek – says – new – arctic – projects – will – proceed – as – planned – despite – a – sharp – drop – in – lng – exports/.

④ E. Quinn, L. Sevunts, M. Leiser, "Roundup of COVID – 19 Response around the Arctic," https：//thebarentsobserver. com/en/node/6581.

⑤ S. Lasley, "Red Dog Zinc Output not Slowed by COVID," https：//www. miningnewsnorth. com/ story/2020/04/24/news – nuggets/red – dog – zinc – output – not – slowed – by – covid/ 6257. html.

和天然气项目上投资了约 3 亿美元，最近该行宣布他们不再承诺为阿拉斯加北极地区的新海上石油项目提供融资。①

新冠肺炎疫情的暴发使全球石油需求大幅下降。2020 年初，石油输出国组织预估全球原油需求增速预期为 122 万桶/日，而到 2020 年 3 月，这一数字被下调到 48 万桶/日，降幅超过 60%。② 能源需求的下降使全球油价大跌，且随着世界各国疫情的反复，全球油价反复跳水。2020 年 3 月 9 日，亚洲油价大幅跳水，美国标普 500 指数同样大跌，并在时隔 23 年后再次触发熔断。全球油价的持续走低也影响到北极地区石油的开采。北极地区石油开采的成本原本就高于世界其他地区，全球油价的走低无疑进一步加剧了北极地区石油开采面临的困境。为稳定石油市场，挪威政府决定 2020 年 6 月 1 日至 12 月 31 日削减挪威石油产量，以 6 月和 7 月为例，挪威的石油产量比参考产量每天减少 5.2 万桶。③ 除经济利润受损外，北极石油开采还面临着新冠肺炎对生命安全的威胁，北极地区原有的石油勘探和开采在疫情背景下被迫推迟。为减少疫情带来的冲击，北极地区的油气公司也采取了相关措施以维持自身生存。以挪威国家石油公司（Equinor）为例，该公司减少了平台上的员工，并将运营成本削减到最低限度。

除企业自救外，一些国家也采取相关政策扶持油气开发。2020 年 3 月 18 日，俄罗斯总理米哈伊尔·米舒斯京（Mikhail Mishustin）批准了一项对北极基础设施投资的国家机制，该机制将为石油行业私营企业的基础设施项目提供 20% 的国家补贴。④ 对于新冠肺炎疫情对北极石油开发的影响，除短期内造成石油减产和利润降低外，也许更为重要的是长期影响。在日益重视

① "How Coronavirus Crippling Us National Security Efforts Arctic," https：//nationalinterest. org/ blog/buzz/how－coronavirus－crippling－us－national－security－efforts－arctic－139132.
② 《新冠疫情下油价雪崩 石油大国减产未谈拢开打"价格战"》，BBC 中文网，https：// www. bbc. com/zhongwen/simp/business－51798917。
③ Norway Government， "Norwegian Oil Production Cuts in July," https：//www. regjeringen. no/ en/aktuelt/norwegian－oil－production－cuts－in－july/id2736491/.
④ Atle Staalesen， "Arctic Oil Plans in Norway and Russia Disrupted Amid COVID－19 Crisis," https：//www. rcinet. ca/eye－on－the－arctic/2020/03/24/arctic－oil－plans－in－norway－ and－russia－disrupted－amid－covid－19－crisis/.

气候变化的今天，新冠肺炎疫情大流行对包括北极地区在内的各国石油开采行业的打击，可能加速全球能源结构向清洁能源调整。

（三）新冠肺炎疫情对北极地区军事的影响

受新冠肺炎疫情大流行的影响，驻北极地区的军队中也出现了感染新冠病毒的病例。以挪威为例，截至 2020 年 11 月 1 日，挪威北部特罗姆瑟的驻军中出现了 21 例新冠病毒感染者，超过 1000 名应征士兵和其他军事人员被迫接受隔离。[1] 为控制新冠肺炎疫情传播和保护士兵的生命安全，原本计划在北极地区举行的军事演习纷纷暂停举行，或者缩小规模举行。2020 年 3 月，原计划在挪威特罗姆瑟举行"寒冷反应"（Cold Response）北约联合军演，来自美国、英国、德国、挪威等国的 1.5 万名士兵将参加此次军演。然而，在演习开始前，出于对新冠病毒的担忧，芬兰军队退出了此次军事演习。最终，由于国内疫情的蔓延，挪威无奈之下宣布取消此次军事演习。[2] 到 2021 年，新冠肺炎疫情对北极地区军事行动的影响还在继续。来自美国、英国、荷兰、德国、挪威等国的约 1 万人的部队原计划于 2021 年 2 月底举行"2021 联合维京演习"（Joint Viking 2021），但由于抵达挪威的美国海军陆战队中新冠病毒感染病例激增，挪威国防大臣弗兰克·巴克-延森（Frank Bakke-Jensen）只能宣布取消此次演习活动。[3] 2021 年 2 月 27 日至 3 月 7 日，加拿大在北极地区举行了"纳诺克"（Nanook-Nunalivut 2020）军事演习。原本该演习的目的之一就在于加强与伙伴在北极地区的联合防御，但为防止军事演习促进新冠肺炎疫情在北极地区的传播，加拿大 2021 年的演习并没有邀请外国部队参加，本国军队中也只有海军参与。往年，加拿大

---

① Atle Staalesen, "COVID Spreads in North Norwegian Garrisons," https://thebarentsobserver. com/en/covid-19/2020/11/covid-spreads-north-norwegian-garrisons.

② 《担忧新冠肺炎疫情 北约暂停"寒冷反应"演习》，中国新闻网，http://www. chinanews. com/gj/2020/03-12/9122250. shtml。

③ Thomas Nilsen, "Norway Cancels Allied Exercise over COVID-19 Safety Concerns," https:// thebarentsobserver. com/en/security/2021/01/norway-cancels-allied-exercise-over-covid-19-safety-concerns.

最多派出 300~400 人参加该军事演习，而 2021 年只有 160 名士兵参与。[①]
疫情之下，相关北极国家在北极地区的军事活动规模较以往有所缩减。

乌克兰危机后，俄罗斯与以美国为首的西方国家的关系恶化，并外溢到北极地区。具体到北极地区的军事层面，体现在俄罗斯同以美国为首的北约之间的对抗。近年来二者在北极地区的军事演习不断增多，且日益针锋相对，北极地区的安全竞争日益激烈。从新冠肺炎疫情限制各国北极军事活动的角度讲，新冠肺炎疫情在一定程度上促进了北极地区的和平与稳定。然而，需要强调的是，各国在北极地区的军事活动只是受疫情影响而暂停。各国军队已经在加紧新冠病毒疫苗的接种工作。2021 年初，随着疫苗供应的开展，加拿大食品药物管理局开始向第一优先群体的成员分发和管理加拿大卫生部批准的新冠病毒现代疫苗。[②] 未来，随着疫苗接种速度的加快和新冠肺炎疫情的日益控制，北极地区的安全竞争仍将继续。

（四）新冠肺炎疫情对北极地区科学研究的影响

受新冠肺炎疫情影响，北极科学部长级会议（Arctic Science Ministerial）被迫延期。北极科学部长级会议是各国和国际组织平等参与北极科学研究和合作的平台，旨在促进北极国家和非北极国家之间的合作，以便更好地了解气候变化对北极的影响。第三届北极科学部长级会议原定于 2020 年 11 月举行，由冰岛和日本共同主办，但由于新冠肺炎疫情大流行，现已被推迟到 2021 年。[③]

---

① Levon Sevunts, "Canada's Military Launches Scaled Down Annual Arctic Exercise," https: // www. rcinet. ca/eye – on – the – arctic/2021/03/02/canadas – military – launches – scaled – down – annual – arctic – exercise/.

② Government of Canada, "COVID – 19 Vaccines for Canadian Armed Forces Members," https: // www. canada. ca/en/department – national – defence/campaigns/covid – 19/covid – 19 – vaccines – for – canadian – armed – forces – members. html.

③ 潘敏、徐理灵：《超越"门罗主义"：北极科学部长级会议与北极治理机制革新》，《太平洋学报》2021 年第 1 期，第 99 页；Eilís Quinn, "Arctic Science Ministerial postponed to 2021 due to COVID – 19," https: //www. rcinet. ca/eye – on – the – arctic/2020/07/22/arctic – science – ministerial – postponed – to – 2021 – due – to – covid – 19/。

新冠肺炎疫情给北极地区科学项目的实施带来了极大的不确定性，为避免感染新冠肺炎，北极地区的科学项目大都暂时搁置。例如，德国"极星"号研究船上的一名船员在德国境内新冠病毒检测呈阳性，且未有测试来证明进行该考察的风险，因此该船推迟原定于 2020 年的考察活动。① 仅在加拿大，努纳武特地区就暂停了所有计划中的野生动物研究项目，剑桥湾（Cambridge Bay）的高北极研究站（High Arctic Research Station）也已关闭。在阿拉斯加，由于缺乏可用的船只和旅行限制，美国国家渔业服务的数据收集工作被推迟。对于一些需要每年更新数据的学科来讲，天气、海冰范围、冻土变化等数据的缺失，将对科学研究和预测、帮助北极原住民适应北极变化等方面产生巨大影响。② 根据美国北极研究联合会称，2020 年的所有极地考察都被推迟到了 2021 年，许多计划于 2020 年召开的北极面对面会议已经转变为网络研讨会。

尽管新冠肺炎疫情对北极科学工作的开展造成了巨大阻碍，但在疫情期间北极科学研究还是取得了一定的成果。其中最为亮眼的是"北极气候研究多学科漂流计划"（MOSAiC）的完成。2019 年 9 月该计划正式启动，德国"极星"号和俄罗斯"费奥多罗夫院士"号（Akademik Fedorov）破冰船，搭载来自 17 个国家的约 300 名科考队员前往中北冰洋中心地区，开展为期一年的北冰洋冰区国际联合观测，以加强对北极生态和地球化学循环过程的了解，提高对北极天气和海冰预报及气候预测能力。2020 年 10 月，"极星"号成功返回，并带回 1000 多份冰块样本。然而在"极星"号进行科考的过程中，也因新冠肺炎疫情而一度面临着后勤供应的挑战。由于旅行限制，原本打算为探险队提供补给的国际破冰船被禁止进行任何人员调动。另外，由于挪威当局将斯瓦尔巴群岛（Svalbard）封锁，从空中调遣人员和补给的方式显然也难以实施。最终，"极星"号只能离开冰面，在斯瓦尔巴

---

① "How Coronavirus Crippling Us National Security Efforts Arctic," https：//nationalinterest. org/blog/buzz/how – coronavirus – crippling – us – national – security – efforts – arctic – 139132.

② Ekaterina Uryupova, "COVID – 19：How the Virus Has Frozen Arctic Research," https：// www. thearcticinstitute. org/covid – 19 – virus – frozen – arctic – research/.

群岛海岸与两艘考察船会合，交换 100 名工作人员并补充补给。①

此次疫情暴露出北极科学研究的"脆弱性"，在新冠肺炎疫情的冲击下，北极科学研究面临着前所未有的中断。如何使北极科学研究在未来更有保障、不受外界影响地开展，成为摆在北极科学家面前的一道难题。安德烈·彼得罗夫（Andrey Petrov）等提出，应当加强北极科学研究的"韧性"。通过与北极当地居民合作，建设本地化的科学基础设施网络，从而使北极科学研究不受干扰地开展。② 或许疫情过后，北极科学界应当加强这方面的考虑。

三 北极地区新冠肺炎疫情的未来走向

新冠肺炎疫情发展到今天，对全球经济、交通、科学研究等方面造成了巨大影响，为早日摆脱疫情，最好的办法莫过于在全球范围内广泛接种新冠病毒疫苗。目前，北极各国也已经开始了新冠病毒疫苗的接种工作。2020年 12 月中旬，美国阿拉斯加州接收了辉瑞公司的第一批新冠病毒疫苗，65岁以上的阿拉斯加人将从 2021 年 1 月开始接种第一批新冠病毒疫苗。2020年 12 月 28 日，冰岛接收了第一批新冠病毒疫苗，并在疫苗接收后的第二天开始疫苗接种工作，根据卫生当局所定义的优先群体，第一批接种疫苗的是前线医护人员以及养老院的居民。冰岛政府计划全国 75% 的人口约 28 万人能够接种疫苗。截至 2021 年 2 月初，格陵兰岛已经进行了四轮疫苗的接收，前两轮疫苗共为 2621 名公民接种，第三轮疫苗用于 65 周岁及以上老人进行接种。③ 另外，2020 年 12 月 9 日，加拿大政府批准了加拿大首个预防新冠

---

① Malte Humpert, "Arctic MOSAiC Expedition Overcomes Logistical Challenges from COVID－19," https://www.highnorthnews.com/en/arctic－mosaic－expedition－overcomes－logistical－challenges－covid－19.

② Andrey N. Petrov, Larry D. Hinzman, Lars Kullerud, Tatiana S. Degai, Liisa Holmberg, Allen Pope & Alona Yefimenko, "Building Resilient Arctic Science Amid the COVID－19 Pandemic," *Nature Communications*, Vol. 11, Issue 1, pp. 2－3.

③ Government of Greenland, "Planlagte COVID－19 Vaccinationer i februar og marts," https://naalakkersuisut.gl/da/Naalakkersuisut/Nyheder/2021/02/0402_vaccineplan.

肺炎的疫苗，截至 2021 年 3 月 6 日，加拿大也已经批准了辉瑞、莫德纳、阿斯利康和强生生产的四款疫苗。① 截至 2021 年 3 月底，瑞典政府称已有 12.3% 的成年公民约 100 万人接种了一剂疫苗，5.3% 的公民约 43 万人接种了两剂疫苗。② 在遭受了新冠肺炎疫情一年的冲击之后，北极地区的新冠病毒疫苗接种工作正在陆续展开。

现阶段，北极地区新冠病毒疫苗接种面临的主要问题是疫苗短缺。由于缺乏足够的疫苗，现阶段北极地区新冠病毒疫苗优先为医护人员和老人接种。格陵兰自治政府卫生服务主管乔亚尼斯·埃里克·科特鲁姆（Joanis Erik Kotlum）承认，格陵兰岛的第一批新冠病毒疫苗剂量有限，因此优先为养老院居民、老年人、护理和卫生部门的一线工作人员以及此前有健康状况的公民接种新冠病毒疫苗。③ 2020 年 12 月 21 日，芬兰首款新冠病毒疫苗获得了欧洲药品管理局（European Medicines Agency）的有条件销售批准，该疫苗将首先提供给治疗新冠肺炎病人的社会福利和卫生保健专业人员，以及在养老院工作的人员。在瑞典，新冠病毒疫苗同样优先向医疗工作人员提供。④ 为防止新冠肺炎疫情继续在北极地区蔓延，北极各国应当通过加强疫苗研发和拓宽疫苗购买渠道等方式，为北极地区新冠病毒疫苗接种提供足够多的疫苗保障。

随着疫苗的广泛接种，新冠肺炎疫情在北极地区必然会得到遏制。对于北极各国政府来说，提振经济将是疫情缓和后的必然举措。新冠肺炎疫情大流行在一定程度上对北极地区经济造成了冲击，人口流动上的限制影响了人

---

① "Vaccines and Treatments for COVID - 19: Progress, Government of Canada," https://www.canada.ca/en/public - health/services/diseases/2019 - novel - coronavirus - infection/prevention - risks/covid - 19 - vaccine - treatment. html.

② "CHARTS: How is Sweden's Vaccination Programme Going?" https://www.thelocal.se/20210329/sweden - postpones - vaccination - target - 2020/.

③ Eilís Quinn, "Greenland Authorities Buoyed by High Demand for COVID - 19 Vaccine," https://www.rcinet.ca/eye - on - the - arctic/2021/01/20/greenland - authorities - buoyed - by - high - demand - for - covid - 19 - vaccine/.

④ Trine Jonassen, "Vaccination in the Arctic Has Begun," https://www.highnorthnews.com/nb/vaccination - arctic - has - begun.

们对商品和服务的需求，燃料、休闲、旅游的需求下降，个人防护用品、药品、食品的需求激增。此外，也导致了工厂关闭、商店关闭、供应链中断以及劳动力问题。各国政府为应对新冠肺炎疫情对经济的影响，纷纷出台政策以恢复经济稳定运行。

2021年1月20日美国总统拜登就任，第二天他便颁布《美国救援计划》，为疫苗接种提供资金，并为遭受新冠肺炎疫情冲击的家庭提供直接救济。拜登的1.9万亿美元救助计划主要面向三个领域：约4000亿美元将用于抗击新冠病毒，推进疫苗的生产和分发，以及重新开放学校；约4400亿美元将用于援助美国社区和企业，这其中包括向州、地方政府提供的3500亿美元的应急资金；剩下超过1万亿美元的资金将用于对美国家庭的直接救助，涵盖了补助金及增加失业保险等福利措施。对于阿拉斯加地区来说，这意味着美国将向阿拉斯加州和地方政府提供14.5亿美元的灵活资金；为地方财政减免2.5亿美元，其中为安克雷奇直接提供5600万美元，为费尔班克斯北极星自治市镇直接提供1900万美元；为12岁以下学校减免3.7亿多美元；为阿拉斯加原住民提供2000万美元的直接资金；延长增加的失业福利；为租房者、房主和无家可归者提供额外4000万美元的住房援助。① 这在一定程度上能够缓解由新冠肺炎疫情对阿拉斯加经济所造成的困难。

位于加拿大北极地区的努纳武特同样为经济上的困难采取相应举措。努纳武特政府为当地受新冠肺炎疫情影响的旅游业经营者、零售商以及其他小企业提供5000万美元的资助方案，以帮助符合条件的企业进行资金周转。从2020年3月该项政策启动后至2020年11月中旬，共向106家努纳武特企业提供439834.75美元的救济资金。② 同样位于北极地区的育空于2021年3月颁布经济弹性计划，以振兴受疫情影响的育空地区，引导育空地区的经

① The White House, " President Biden Announces American Rescue Plan," https：//www. whitehouse. gov/briefing – room/legislation/2021/01/20/president – biden – announces – american – rescue – plan/.

② "Canada's COVID – 19 Economic Response Plan," https：//www. canada. ca/en/department – finance/economic – response – plan. html.

济回到疫情大流行前的生产力水平。根据该弹性计划，加拿大政府将为育空企业实行救济计划，通过为固定成本提供补助，帮助企业实现收支平衡；对于旅游行业，加拿大政府将向非住宿行业提供每月高达 20000 加元的资金减免，最高可达 60000 加元，直至收支平衡；育空地区的餐馆和其他有酒类经营许可证的企业在 2021 年 9 月 30 日之前都有资格享受酒类零售价 25%的折扣。①

由于新冠肺炎疫情和国际原油市场动荡的冲击，俄罗斯经济出现下滑，石油作为俄罗斯支柱型产业，每桶跌破 20 美元。2020 年 6 月以来，在政府积极政策的推动下，俄罗斯经济出现复苏趋势，消费持续增长，包括电力需求和铁路货运量在内的重要指标正逐渐恢复。俄罗斯经济已经初见好转，俄罗斯央行预测，2020 年俄经济将下滑 4.5% ~ 5.5%，但 2021 年将增长3.5% ~ 4.5%，2022 年将增长 2.5% ~ 3.5%。

对于北极地区来说，真正产生影响的是经济方面而非医学上的健康问题，各国针对经济问题出台各项政策，促进经济弹性复苏。或许在短时间内经济难以恢复至疫情之前，但是在疫情控制的基础之上，经济的前景是乐观的。

四　结语

新冠肺炎作为近几十年来影响最大的流行性疾病，对全球都产生了一定的影响，新冠肺炎疫情的防控成为发给世界各地的同一考题。北极地区各国防控举措与力度不尽相同，疫情控制程度也有所差别。北极地区从疫情暴发至今，各国防控已步入正轨并且逐步常态化。新冠肺炎疫情大流行对北极教育、经济、军事、科学研究产生了相当的影响，在一定程度上改变了原有的发展轨迹，同时也为北极地区新型行业如网络、物流行业带来了发展的

---

① "Economic Resilience Plan: Building Yukon's COVID – 19 Economic Resiliency," https://yukon. ca/sites/yukon. ca/files/economicresilienceplan_ en_ march11_ 102021_ finalweb. pdf.

契机。

　　疫情终将过去，春天总会到来。随着北极地区新冠病毒疫苗接种的大范围展开，北极地区的新冠肺炎疫情终将得到控制。然而疫情作为一面"镜子"，暴露出北极地区存在的一系列问题，包括卫生政策的协调欠缺，科学研究的"脆弱性"，基础设施建设的不足等。各国为应对疫情所产生的不利影响，纷纷出台各项政策，以期恢复新冠肺炎疫情大流行之前的生产力水平。后疫情时代，北极各国应当着眼于北极治理在疫情挑战下所存在的突出问题，加强卫生、科学等相关领域的合作，共同促进北极地区的发展与繁荣。

治 理 篇
Governance

B.2
北极地区的治理进程、
态势评估及应对之策*

李振福 李诗悦**

摘　要：　北极问题给北极地区和全球带来的机遇和挑战是不容忽视的，
其有效治理对北极地区和全球的发展也起着至关重要的作用。
面对日趋复杂的全球北极问题，以北极国家和北极理事会为主
导的传统北极治理模式已显得能力不足，全球北极治理时常出
现"失灵"的局面，这种局势也给中国参与北极治理带来了挑
战。在详细梳理北极治理体系发展进程的基础上，本研究从航
线主权争议、规则之争、北极理事会的作用、航运管理制度、
资源能源博弈、科考环保参与、经济发展和军事安全八个方面

---

* 本文为国家社科基金重大项目"中国北极航线战略与海洋强国建设研究"（项目编号：
13&ZD170）、国家社科基金后期资助项目"'通实力'研究"（项目编号：19FZZB013）的阶
段性研究成果。

** 李振福，大连海事大学交通运输工程学院教授，大连海事大学极地海事研究中心主任；李诗
悦，吉林大学东北亚研究院博士研究生。

对北极的相关问题的发展态势进行了重点评估。在此基础上，本研究提出了中国参与北极治理的策略建议，包括推动北极治理机制的完善、积极应对地缘政治威胁、以中俄合作为关键切入点、合理利用北极、营造多元化的北极国际环境，以及推动建设"北极命运共同体"，以期助力中国参与北极事务的深度化进程。

关键词：　北极　北极问题　北极治理

近年来，随着全球气候变暖的加剧，北冰洋海冰的融化速度和范围也在逐渐增大，致使北极航线的商业化步伐逐渐加快，北极能源的大规模开发也逐渐成为可能。因此，相关北极国家陆续出台或更新其与北极地区相关的国家战略，进一步加强对北极的争夺和控制。其他相关国家也积极出台北极相关政策，谋求在北极地区的存在。北极再一次吸引了全世界的目光，这片神秘的区域让人不得不再次审视其价值的重要性。从其地理位置来看，北极位于地球最北端，北冰洋航线是连接欧、亚、美三大洲的最短航线。同时，北极航线也是连接北太平洋与北大西洋的重要交通通道，其军事价值和通道战略价值日益凸显。从其资源储量来看，北极地区蕴藏着极其丰富的油气资源，被誉为"中东的继承者"，同时，北极煤炭资源总体储量也极其丰富，储量占全球煤炭总储量的1/4。在世界资源日益短缺的形势下，北极在资源争夺中的重要性也是不言而喻的。与此同时，随着全球气候变暖，北冰洋海冰逐渐消融，北极地区航道价值也日益显现。

北极问题作为国际公共问题，具有公共性、全球性、综合性等特点，北极问题给北极地区和全球带来的机遇和挑战是不可忽视的，其有效治理对北极地区和全球的发展来说都至关重要。自然环境的不断变化和人类北极活动的增加导致北极问题越来越复杂，影响范围越来越广泛，日渐呈现全球化的发展态势，由此，北极问题自然而然地向全球北极问题方向转变。面对日趋复杂的全球北极问题，以北极国家和北极理事会为主导的传统北极治理模式显得能力不足，全球北极治理时常出现"失灵"现象，对世界地缘政治和地缘经济带来不利影响。

一　北极治理的发展进程

北极问题的治理随着人类对北极的探索和认识的逐渐深入而逐步展开，但要是严格区分，人类在北极活动的时间仅 200 多年，而对北极的治理，确切来说只是近半个世纪的事情。从二战时期开始，北极地区的军事战略地位逐渐凸显，北极也成为二战的战场之一。冷战结束后，北极国家及其他相关国家在北极地区的开发、科考等活动不断增强，由此也引发了北极资源、领土归属等问题的发生，北极也逐渐从旧地缘政治的边陲踏入全球治理的中心区域。①

（一）北极治理的发展阶段

北极治理是从冷战之后逐渐形成的，其演化过程大致可以分为以下几个阶段。首先为冷战时期的北极治理初始阶段，截止时间为冷战结束前的 20 世纪 80 年代。这一阶段的北极治理主要是将北极问题作为一项地区性问题，更多地被国际环境保护倡议运动所关注。总的来看，这一阶段的北极问题被排除在国际地区争端的主要关注范围之外。② 另外，因为北极问题牵涉的利益冲突还不够敏感，在此后的相当长一段时间里，北极治理的重点还是安全治理问题，北极治理呈现一种相对平静的发展状态，处于停滞不前的时期。

其次为 20 世纪 80 年代末至 2007 年的过渡阶段。这一阶段的基调由苏联领导人戈尔巴乔夫 1987 年的"摩尔曼斯克讲话"所奠定，这一讲话标志着北极治理范畴的重大转变，从单一的安全治理开始向内容更为广泛的多维

① 章成、顾兴斌：《论北极治理的制度构建、现实路径与中国参与》，《南昌大学学报（人文社会科学版）》2019 年第 5 期。
② 章成：《全球化视野下的北极事务与中国角色》，《当代世界与社会主义》2019 年第 3 期。

利用和规制方向转变。这一阶段最重要的节点性事件是北极理事会的成立。北极理事会成立之初只有北极圈内八国和北极相关组织作为成员参与北极事务，其后，法国、荷兰、英国等国及多个国际组织进入北极理事会并参与北极事务处理，越来越多的北极域外国家和组织获得参与北极事务的机会并积极参与到北极事务处理的过程中，北极事务的参与者与北极治理主体不再局限于北极八国，呈现多元化的发展趋势。此外，为约束和规范各参与者的行为，实现北极治理的规范化，大量有关北极治理的法律法规逐次出现。这一阶段，在北极理事会的框架下，北极治理机制也在逐渐形成，起到了过渡性的作用。

最后为以俄罗斯"北冰洋底插旗事件"的 2007 年为起点至今的激烈角逐阶段。该事件标志着北极治理的范围从上一个阶段的生态环境和原住民等单向度问题，转向更高层级、更加敏感的高政治议题。[①] 在此之后，北极治理范围进一步扩大，但北极国家和北极理事会在北极治理中仍处于主导地位，北极域外国家和其他国际组织在北极地区的活动受到严格限制。[②] 伴随各国对北极进行的暴风式开发，北极问题日渐复杂、辐射范围日渐广泛，北极治理对象也逐渐多样化，因北极问题引发的全球北极问题也逐渐浮出水面，全球北极问题呈现越来越强的跨区域性和国际公共性特征，有关北极治理的法律法规也更加具体规范，并且日渐形成了软硬法混合的合作治理模式。[③] 北极治理完成了从封闭到开放、从区域向全球转变的发展过程。[④]

（二）北极治理的发展现状

随着北极的冰雪消融，北极在航线航行商业化、能源及资源的开发利

---

① 章成、顾兴斌：《论北极治理的制度构建、现实路径与中国参与》，《南昌大学学报（人文社会科学版）》2019 年第 5 期。
② 阮建平、王哲：《善治视角下的北极治理困境及中国的参与探析》，《理论与改革》2018 年第 5 期。
③ 白佳玉、王琳祥：《中国参与北极治理的多层次合作法律规制研究》，《河北法学》2020 年第 3 期。
④ 徐庆超：《北极全球治理与中国外交：相关研究综述》，《国外社会学》2017 年第 5 期。

用、渔业和旅游业不断兴起等经济发展的强烈刺激下，主权国家、国际组织、相关行业和跨国企业等对北极的兴趣愈加浓厚，这使北极与世界主要地区的地缘经济及地缘政治联系逐渐加强，① 北极治理的压力也与日俱增。

北极治理的主要目的在于促进这一地区的可持续发展，并增进全人类的共同福祉；而各国围绕北极地区海上航线的归属、能源资源开采利用权利等形成的"北极争夺战"，其实更需要形成完善的有效治理机制。面对越来越严重的北极治理挑战，相关国际组织、原住民组织、跨国企业、非政府组织等行为体扮演着越来越重要的角色，但不容置疑的是主权国家在目前北极治理中依然处于主导性地位。② 但需要指出的是，北极治理是有一定机制基础的，包括《联合国海洋法公约》和《联合国气候变化框架公约》等全球性问题治理框架，以及北极理事会和巴伦支海欧洲—北极地区联合理事会等组织的区域性框架协议，还包括《北极冰封水域船只航行指南》等航行规范。

但现有机制安排在北极治理上也存在着一些明显不足：第一，《联合国海洋法公约》不是针对北极及北冰洋的特征和诉求制定的，其更多体现的是国际海洋法的一般性规定，这就很难适用于北极地区的能源资源开采、航线开发利用、极地科学考察、渔业开发、生态环境保护和军事化冲突等特殊问题，《联合国海洋法公约》的 200 海里外大陆架的有关规定更有可能加剧北极争夺战。第二，多边环境与气候框架公约对北极特殊的环境和气候问题缺乏针对性。北极生态环境极其脆弱和敏感，一旦遭受损害，就极难恢复。因此，北极地区的气候和环境需要更为严格的预防和保护措施。第三，美国并未参加《联合国海洋法公约》《关于持久性有机污染物的斯德哥尔摩公约》《京都议定书》等国际公约，这使得北极治理的相关国际法在北极的适用性和权威性严重受损。③ 国际海事组织、北极理事会制定的没有法律约束

---

① 章成：《北极地区大陆架划界争议的法律问题及其应对思路》，《武大国际法评论》2016 年第 1 期。
② 黄德明：《北极地区法律制度的框架及构建模式》，《求索》2015 年第 11 期。
③ 边海、章成、王竞超等：《2017 年边界与海洋研究国际学术研讨会综述》，《边界与海洋研究》2017 年第 6 期。

力的"软法性"文件的执行弹性较大，也难以保证达到预期效果。第四，北极理事会等现有区域治理机制主要解释和处理科研、环保及可持续发展问题，缺乏处理政治、军事问题的功能和机制。现有相关区域机制也无法解决跨区域的环境、气候问题以及航运、能源等这些具有全球特征的问题。①

总之，北极地区目前严重缺乏一种具有更大适用性和支配性的政治和法律机制，不能满足北极区域总体可持续发展的需求，也无法协调各国在北极资源能源以及其他领域的冲突和矛盾。

（三）北极治理的发展趋势

从北极治理的各个发展阶段可以看出，北极治理总体围绕两方面展开，一是北极地区的经济开发，其中包括北极航线的开发和北极资源的开发；二是北极秩序的维护，重点针对的是北极国家主权纠纷、军事部署和北极环境保护。而未来的北极治理也将以此为基础进行拓展补充，并根据各国北极发展战略体现出相应的侧重。

在北极地区的经济开发方面，首先体现出来的是北极航线的开发问题。从航运距离角度来看，北极航线较传统航线具有更高的经济性，然而将航行风险、航行成本等因素结合分析，北极航线航行整体经济性远不如传统航线。因此，若要实现其经济价值只有实现班轮运输，这便需要进一步降低北极航线航行风险。但从目前的发展状况来看，实现班轮运输还需要很长一段时间的技术积累和设施供给。对于北极资源开发，北极各国均在开展，但到目前为止，北极地区的石油生产活动主要是在陆地或靠近陆地的近海，而北极石油勘探重点应是远深海地区，但因技术所限，北极远深海油井的开发难度较大，短时间内难以实现。因此，北极的经济开发虽然潜力巨大，但是由于开发难度较大、开发时间较短等，经济价值的实现还存在一定的不确定性，未来关于北极的经济开发也将在很长一段时间内继续以基础设施建设为核心，以探索的姿态进行北极的经济开发。

---

① 黄德明：《北极地区法律制度的框架及构建模式》，《求索》2015 年第 11 期。

在北极秩序的维护方面，尽管随着海冰融化，北极利益凸显，北极各国对北极的竞争将愈演愈烈，但是更多的非北极国家在北极问题上开始发出自己的声音，并积极参与进来，通过国际组织合作来维持北极的和平局面；而北极国家一方面需要与他国合作以实现更高效的北极开发，另一方面又担忧自身的北极固有利益受损。因此，北极的国际治理环境将长期处于一种矛盾状态。北极治理秩序环境是与北极经济开发相辅相成的，同时又先其一步，未来随着北极庞大的经济价值不断被确认，北极治理秩序将最早受到影响并产生效应。

二　北极问题态势评估

随着北极参与主体的不断增多，北极问题已从单纯的气候环境领域扩展到航线、资源、能源、主权、科考等更大范围，对立体化的北极问题构成，我们需要从多角度来评估北极问题的发展态势。

（一）航线主权争议：俄美加三国的利益诉求和做法明显不同

北极问题的首要矛盾是北极海域的主权问题，北极海域分为公海和北极沿岸国管辖海域，而北极航线贯穿其中，一旦进行商业航行便会牵扯到一系列主权问题，因此北极海域的主权问题也多以航线主权博弈的形式展开。

东北航线方面，俄罗斯在本国的北方海航线管理上，政策不断开放，管制不断放松，然而目前依旧具有较高的商业垄断性，总体来看，开放态势良好。无论从地理位置角度、历史发展还是国际法律规定方面，俄罗斯对于北方海航线的主权把控是毋庸置疑的，然而也正是因为这种绝对性，在某种程度上也限制了东北航线的商业开发。在俄罗斯联邦成立初期，北方海航线主要作为俄罗斯国内的海运航线使用，仅限于能源资源运输和极地科学考察。情况直到1999年4月30日俄罗斯颁布《俄罗斯商业航运法》才有所改变，对北方海航线的商业航行开始适度放开。俄罗斯2001年颁布的《至2020年期间俄罗斯联邦海洋政策》提出，包括外国人的有关承运人，均可以平等

地进入该航线并享受破冰服务,[①] 其后 2008 年的《北极政策基础》以及
2009 年的《北极保障战略》也均表达了俄罗斯方面要大力发展北方海航线
航运的决心。在 2013 年 1 月 17 日俄罗斯联邦交通部批准的《北方海航线水
域航行规则》中,对在北方海航线海域航行的船舶提出了较详细的要求和
规范,对于通航船舶,将破冰船强制引航制度改变为许可证制度,并提出了
一系列的独立航行许可条件。要求独立航行船舶要向北方海航线管理局提交
许可证申请书,严格审查提交的船舶冰级等信息;检查船舶是否存在违反船
舶有关航行安全和防治船舶污染海洋环境等方面的要求,并设定了船舶申请
破冰船提供破冰服务后,仅能由悬挂俄罗斯国旗并授权在该海域的破冰船提
供执行破冰船援助业务;要求冰区引航员必须为俄罗斯公民等。[②] 尽管近 10
年来俄罗斯对东北航线的对外寻求合作开发的诉求愈发强烈,然而东北航线
的巨大商业价值也迫使俄罗斯采取过于谨慎的开放态度,希望为本国谋求更
多的利益份额。在此自相矛盾的发展战略下,俄罗斯北极沿岸落后的基础设
施建设与强制交纳的高额破冰引航费用,成为影响东北航线发展的主要制约
因素。

在西北航线方面,加拿大一直认为北极航线属于其主权范围,但对这一
点国际社会一直存有争议。由于北极环境变化带来的经济利益凸显,以及北
极治理机制的缺失,加拿大早期在北极的主权和主权权利主张时常受到威
胁。虽然多数国家也都默认遵循加拿大的管理制度,以求得顺利通行,但仍
有以美国为主的国家利用加拿大传统内水的国际法律界定模糊对加拿大北极
航线治理设置障碍。情况直至美加两国达成《极地合作协议》才有所好转,
协议中允许美国破冰船通航西北航线,而美国破冰船由隶属于国土安全部的
美国海岸警卫队指挥,加拿大破冰船由国家渔业与海洋部管理。因此,加拿
大的北极主权受到长期的潜在威胁。加拿大因为其国家综合实力较弱,无法

① 谢晓光、程新波:《俄罗斯北极政策调整背景下的"冰上丝绸之路"建设》,《辽宁大学学
报(哲学社会科学版)》2019 年第 1 期。
② 谈谭:《俄罗斯北极航道国内法规与〈联合国海洋法公约〉的分歧及化解途径》,《上海交
通大学学报(哲学社会科学版)》2017 年第 1 期。

与美俄等大国抗争，所以在北极战略上采取从低政治领域涉入再逐渐成为该领域引领者的策略，扮演各种多边会谈的积极组织者和支持者的身份，引导制定相关规范以提升话语权，同时对于北极主权问题保持高度的政治敏锐性。另外，加拿大一直以保护自身海岸和北极环境为由，依照《北极水域污染防治法》对他国在北极航行的船舶规格进行严格限制。西北航线目前由于航行条件导致的航运安全尚不能得到保障，因此短时间内无法实现商业通航，而一旦满足通航条件后，因其极大地缩减了美国东部至东亚的航运距离，将使美国成为最大受益方，届时难免会出现美国重新采取强硬措施对加拿大施压以谋求在西北航线上的更多经济利益的情况，而未来有关北极航线主权争议的问题也将会主要围绕西北航线展开。

（二）规则之争：很难形成各方认同的规则和条约

北极地区的海洋争端问题通常涉及国际条约法、国际组织法以及国际法的其他部门法。一直以来，北极公海海域的专属法律制定存在众多难题，由于北极航线涉及公海、沿岸国专属经济区、沿岸国领海等，加之北极资源与航线开发经济价值较大，影响着全球的经济发展方向，因此各国始终没有制定如《南极条约》一样的系统完整且适用性强的国际公约。目前，仅以北极理事会为主要平台，各类北极组织在各领域统筹和协调各国在北极地区的活动步调，并以《联合国海洋法公约》和北极国家联合制定的多边层面的各类条约对北极问题进行治理，如《国际北极科学委员会章程》等。《联合国海洋法公约》并不是专门针对北极地区而制定的特定区域国际公约，因而其中的相关规则很难适应北极地区的具体情况。虽然如此，但因为没有其他国际法可以遵循，目前还只能暂时参照《联合国海洋法公约》体系下的基本原则和规范来处理北极地区的海洋法问题，这也对北极相关主体提出了紧迫要求，应尽快制定出一整套具有北极地区特色并专门针对北极地区具体情况的规范性区域性国际法律体系。在早期北极冰层较厚、开发程度较低、商业价值较弱的时期，现有的北极治理模式尚能满足需要，但随着北极勘探的不断深入，商业价值的不断凸显，目前的北极治理模式存在的问题将更加

暴露无遗。

首先，北极国家的相互间大陆架边界的划定以及确定其自然延伸的标准，在依据北极地区现有的双边划界条约制定时，由于《联合国海洋法公约》相关法律机制存在一定滞后性，它不能有效适应当前海洋勘测科技的发展。海床底部大陆架部分的生物性和非生物性资源的归属问题得不到解决，进而使北极地区的利益规则之争不断激化，使北极海域的外大陆架划界问题所涉利益冲突范围不断扩大。对于这种利益冲突，要从整个国际社会利益的角度去协调。①

其次，美国一直以来都拒绝加入《联合国海洋法公约》，尽管《联合国海洋法公约》后续更改了一些规则希望美国加入，然而美国国会始终未予通过。美国的这种行为，使得在《联合国海洋法公约》框架下制定的国际秩序的执行能力和强制作用受到一定程度的限制，一旦发生因规则不同而引发的矛盾时，现有北极治理机制很难保护《联合国海洋法公约》缔约国的正当利益。

如果参考《南极条约》进而制定适用于北极的《北极条约》，同样存在许多难以解决的问题。《南极条约》制定于南极大规模开发之前，冻结了南极地区的主权声索，而北极开发早已成为世界各相关国家的战略发展方向，关于北极主权问题却一直未获得共识，制定《北极条约》极易因阻碍他国的北极利益获取而遭到反对。2008 年丹麦、美国、俄罗斯、加拿大和挪威五国签署的《伊卢利萨特宣言》声明，无须再建立一个新的条约来对北极进行管理。因而，从国际政治角度来看，制定《北极条约》的可行性不大。与此同时，北极还是军事战略要地，从美苏两国冷战时起，在北极海域的军事设施建设便没有间断，以美国、俄罗斯和加拿大为主的北极国家在北极地区长期进行军事投入，在此基础上达成一致的新条约可能性不大。

---

① 章成：《构建北极区域治理制度性框架的法律问题研究》，《华东理工大学学报（社会科学版）》2019 年第 2 期。

（三）北极理事会：充满权力博弈和不确定性

北极理事会于 1996 年在加拿大渥太华成立，是由美国、加拿大、俄罗斯等 8 个领土处于北极圈以内国家作为常任理事国组成的政府间论坛，其宗旨是保护北极地区的生态环境并促进该地区的经济、社会可持续发展。北极理事会主席国采用轮值制，由 8 个常任理事国轮流担任，任期两年。2013 年 5 月 15 日，中国与意大利、印度、日本、韩国和新加坡一起成为北极理事会正式观察员国。值得一提的是，北极理事会 2011 年 5 月召开的努克会议，对非北极国家在北极理事会中的责任和权利进行了更为明确的规定。[①]进一步强调，非北极国家只能申请北极理事会观察员国，并需要交纳高额会费，即使这样，非北极国家在北极理事会中也只有提议权，不能拥有投票权。这对于非北极国家的北极事务参与是极大的限制，北极地区事务"私物化"倾向更加显著。

非北极国家很多都有自己的北极政策或北极定位，但由于北极国家在北极理事会中的一致排他性，事实上造成非北极国家的北极政策很难真正实施。但是，由于北极理事会作为北极事务处理的最重要机构，也几乎是非北极国家参与北极事务的唯一途径，只能通过获取观察员国身份得到北极国家的最大程度认可。因此，北极理事会虽然对非北极国家的限制比较多而且使其无法正当参与北极事务，非北极国家也只能选择加入北极理事会这一困难重重的方式。北极理事会规定，在轮值主席国任期内，轮值主席国可以根据需要提出自己所关注的议题和计划。[②] 由于北极理事会对于轮值主席国利益的迁就，北极理事会提出的长期计划目标一般无法达成。

但从治理成效来看，北极理事会对于北极区域的治理也有一定效果。但不可否认的是，之所以形成这样的效果，主要是因为北极理事会现阶段的主要政策着力点在于各国都能接受和认可的北极环境保护和可持续发展问题，

---

① 董利民：《北极理事会改革困境及领域化治理方案》，《中国海洋法学评论》2017 年第 2 期。

② Douglas C. Nord, *The Arctic Council: Governance within the Far North*, New York: Routledge, 2016.

另外还有赖于采取的措施比较严格。但从长远来看，这种严苛的管理方式对北极地区的发展不利，特别是北极的环境变化将越来越复杂而且北极地区问题将更加多样化，结果可能是北极理事会的作用会越发凸显出其局限性。面对北极问题的"强演化"趋势，北极理事会的"私物化"性质会越来越限制其处理北极事务的灵活性。另外，对于非北极国家加入北极理事会的权利等问题，北极八国也反应不一，其中美国比较欢迎观察员国积极参与北极事务；而瑞典、丹麦、芬兰、挪威和冰岛等国对于新成员的加入抱以谨慎的欢迎态度；① 俄罗斯在新增观察员国的问题上选择更为消极的态度，主要是不想让非北极国家对其北极地位带来负面影响，对于印度所提的扩大观察员国权利的提案也给予坚决否决；加拿大虽然欢迎合作，但是对于非北极国家加入北极理事会等问题则显得更加谨慎。② 因此，可以说，北极理事会的作用有限，而且还固守"半闭关"政策，在北极问题的有效解决上，对其价值和作用不宜太乐观。

（四）航运发展：航线利用和生态保护的两难处境

进入 21 世纪以来，北极地区气候变暖的幅度不断增大。北极的融冰季节一般从每年 6 月开始到 8 月结束。据相关报道，北极格陵兰岛 2019 年的冰融规模比以往任何时候都大。据统计得到的数据，从 2019 年 7 月 30 日至 8 月 3 日，北极格陵兰岛 90% 以上的表层都发生了融化，融冰达到了 550 亿吨之巨。③ 历史资料表明，北极冰川每年都会发生自然融化，但是大多数科学家认为，2019 年的这次大面积冰融应该是人类活动导致的。因此，从目前愈加严峻的北极环保形势来看，保护北极的生态环境确实是很有必要的，同时也是非常紧迫的。

---

① Nadezhda Filimonova，" Prospects for Russian-Indian Cooperation in the High North：Actors，Interests，Obstacles，Maritime Affairs，" *Journal of the National Maritime Foundation of India*，Vol. 11，No. 1，2015.
② 郭培清、董利民：《北极经济理事会：不确定的未来》，《国际问题研究》2015 年第 1 期。
③ 李振福：《"暖男"北极：生态压力与经济利益的两难困境》，《中国船检》2019 年第11 期。

几乎与此同时，赫伯罗特、达飞、地中海航运三家世界著名海运公司接连表示，将拒绝使用北极的西北航线或东北航线作为航运路线，将来也不会这样做。三家海运公司的理由是，海运过程中碳基化石燃料燃烧产生的颗粒会加剧全球变暖，进而危害全球生态系统。

对于这三家世界性海运公司的表态，我们无可厚非，但这起码折射出两个问题，一是目前的北极航线运输的经济效益还不显著，或者说还不具备经济可行性，否则，赫伯罗特等海运公司也不会发出这强硬的表态；二是北极航线运输的经济价值和北极生态之间的矛盾是不争的事实。其实，对于世界经济贸易发展而言，因为世界经济最为发达的国家大多集中在北半球的高纬度地区，北极航线是连接这些经济发达区域的更为便捷的通道，其交通价值和重要性是不言而喻的。北极航线进一步开通的结果一定是使地球中路战略地位下降，而北极地区战略地位将会大幅度提升，这种变化最终将导致世界航运重心向北极方向转移，世界格局也会因此得以改变。中国海运公司虽然没有明确表示不使用北极航线，但中国的态度是明确的，中国在2018年1月发布的《中国的北极政策》白皮书中表示，中国将着力促进北极的可持续发展，愿依托北极航线的开发利用，与相关各方共建"冰上丝绸之路"。中国对于北极生态保护的态度是非常明确的，但是赫伯罗特等海运公司拒绝使用北极航线运输，可能会对中国北极航行产生负面影响。最令人担心的是赫伯罗特等海运公司的表态可能会走向政治化，北极国家可能会以生态安全问题为由，阻止包括中国的其他国家的航运公司使用北极航线，北极航线的开发利用将因此受到不可估量的限制，北极问题的治理也会遭遇较大障碍。

（五）资源能源：北极地缘政治角逐的新领域

北极地区自然资源丰富，油气、矿石和煤炭等的储量极其丰富。德国《明镜》周刊和美国地质调查局等对北极资源的勘探结果显示，北极地区石油和天然气储量占全球未开发储量的1/5，潜在的石油储量为900亿桶，天然气约47.9万亿立方米，冷凝天然气约440亿桶，北极地区的煤藏理论储

量为30亿吨。① 北极地区还有丰富的金、铀、稀土、钻石等矿产资源。目前，资源紧缺日益成为各国经济社会发展的瓶颈，拓宽能源获取渠道的需求日趋强烈。北极资源能源良好的开采前景，加之北极资源的归属问题仍未有定论，大大刺激了各国对这一资源宝库的索取欲望，北极正成为世界资源能源争夺的新战场。

北极资源能源争夺的主力无疑是北极国家。作为北极战略争夺的先锋者，俄罗斯在2008年出台的《2020年前俄罗斯联邦北极地区国家政策原则及远景规划》中，表示在划定有国际法效力的俄罗斯北极地区的外部边界的基础上确立俄罗斯在北极能源资源开采上的竞争优势。此后，又陆续出台《2020年之前俄罗斯国家安全战略》《2020年前俄罗斯联邦北极地区发展和国家安全保障战略》《2020年前俄罗斯联邦北极地区社会经济发展国家纲要》等政策文件，进一步强调争夺北极资源乃至武力夺取的重要性。与俄罗斯相比，虽然美国早在1971年发布的《美国北极政策》中就表示将促进与其他国家合作勘探开发北极资源，但在意向力和行动力方面与俄罗斯相比逊色不少。近几年，不甘人后的美国正在迎头赶上，2013年5月出台的《北极地区国家战略报告》、2017年3月发布的《不可疏忽的北极：强化美国"第四海岸"战略》以及2017年4月美国总统特朗普签署的《优先海上能源战略》政令等，均表达了美国维护北极资源能源利益的强硬态度。挪威是最具政策影响力的北极国家之一，② 自1969年指定国家石油公司开发北海石油资源开始，挪威陆续制定了《北极地区的挑战和机遇》白皮书（2005年）、《挪威政府的高北战略》（2006年）和《北方新基石：挪威北极战略的下一步行动计划》（2009年）等，持续加速推进对北极资源能源的争夺。加拿大也在积极谋求北极资源利益，并新设了一个北方经济发展机构用以研究北极的矿物资源开采，但碍于美国和俄罗斯的压制，其资源开发计划仍举步维艰。瑞典、丹麦、芬兰和冰岛则受制于自身实力，无法在北极资

① 王淑玲、姜重昕、金玺：《北极的战略意义及油气资源开发》，《中国矿业》2018年第1期。
② 罗英杰、李飞：《大国北极博弈与中国北极能源安全——兼论"冰上丝绸之路"推进路径》，《国际安全研究》2020年第2期。

源能源领域更大范围和更大程度施展拳脚。

非北极国家和国际组织同样对于北极的资源能源有着利益诉求。资源的贫乏使日本对获取北极资源能源抱有更大的热情，其在 2012 年就出台了《北极治理与日本的外交战略》，成为首个出台北极政策的非北极国家。2015 年 10 月发布的《日本的北极政策》则明确体现了日本开发利用北极资源的意图。同样是资源小国的韩国也在积极谋求北极的资源利益。从 2013 年的"新北方政策"到 2017 年 9 月"九桥战略规划"的提出，韩国的北极资源政策经历了由上层规划到底层落实的落地过程。为突破非北极国家的身份限制，日本和韩国均采取了与俄罗斯合作开发的道路，但由于两国都处于美国同盟体系中，与俄罗斯的合作能否持久深入仍存变数。作为包含瑞典、丹麦等北极国家的区域性国际组织，欧盟对于北极有天然的利益诉求，但组织机构的复杂性削弱了其在北极资源能源争夺领域的行动力。考虑到该问题，欧盟在 2019 年 7 月发布相关文件指出，急切需要解决欧盟各国关于北极政策的不一致性，避免在北极合作问题上的分散化状态。日后，欧盟在北极资源领域的影响力或将逐步扩大。

为获得更大的竞争优势，联合开发成为各国抢占北极资源能源的重要策略之一。早期有 1976 年英、挪两国签订的《关于开发弗里格气田并向联合王国输送天然气的协定》，1957 年苏联和挪威签订的《挪威王国政府和苏维埃社会主义共和国政府关于挪威与苏联在瓦朗厄尔峡湾的海洋边界协定》等；目前的联合开发有俄、挪、法三国公司共同建立的斯托克曼气田开采项目，以及 2018 年 9 月日本政府支持的新能源和工业技术发展组织（NEDO）与俄罗斯萨哈共和国和其他各方建立伙伴关系等。然而，受到国际局势变动和国家间关系变化等的影响，北极的资源能源合作项目进展仍然比较缓慢。

总之，随着北极新的竞争主体的不断加入，北极地区的资源能源竞合关系日益复杂，北极的资源能源争夺已进入白热化态势。国家间合作机制的不成熟性和盲目性，也使北极的资源能源开发处于无序状态，北极的资源能源地缘政治博弈愈演愈烈。

北极蓝皮书

（六）科考环保：北极域内外国家合作的重要切入点

独特的区位条件和复杂的生态系统造就了北极在气象学、海洋学、地质学等科学研究领域中的重要价值。与此同时，恶劣脆弱的自然环境极大地提高了北极相关领域开发利用的技术壁垒，也对北极的科学考察和生态保护提出了更高的要求。北极科学考察和环境保护已成为北极治理的重要领域。

谁掌握知识体系，谁就拥有决策权威。[1] 进入 21 世纪以来，北极域内外国家的北极科考竞争日趋激烈。北极国家认识到科技优势对主导北极治理权力增进的重要性，相关国家不断强化北极科研力量以维护自身北极权益并扩大北极影响力。美国采用广泛的国际化合作手段，极力维护和试图达成"继续在整个北极地区的科研活动中发挥领导作用"[2]。而俄罗斯则力求在北极建设战略资源基地，也是想以北极的军事优势保障其在北极空间上的领土安全，加强北极自然环境保护，着力形成统一的信息空间，保证北极科学研究的高水平发展态势。对于加拿大来说，科学和技术是加拿大北极地区发展战略的重要前提和基础，加拿大提出要成为北极科学研究的全球领导者。挪威在其战略中明确要行使主权，引领对北方的认知，成为北方环境和资源的最好管家，坚持认为"知识是北方政策的核心"[3]。芬兰、瑞典和冰岛则希望通过加强国际北极科学委员会和欧盟在北极事务中的作用，来最大限度地维护自身的北极利益。[4] 非北极国家和组织也纷纷通过联合科考和建立北极科考站等方式，增强自身的北极存在。法国致力于加强北极的学术和研究合作，与魁北克建立伙伴关系；欧盟通过"北极之窗"计划，加大对北极环

---

[1] Peter Hass, *Epistemic Communities and International Policy Coordination*, International Organization, 1989.

[2] The Press Secretary Office of the White House, *National Security Presidential Directive and Homeland Security Presidential Directive*, 2009.

[3] Norwegian Ministry of Foreign Affairs, *The Norwegian Government's High North Strategy*, 2006.

[4] 何剑锋、张芳：《从北极国家的北极政策剖析北极科技发展趋势》，《极地研究》2012 年第 4 期。

保等的科研支持力度；日本和韩国等国陆续在斯匹次卑尔根群岛建立科考站。然而，非北极国家的科研热情也极大地刺激了北极国家的敏感神经，为垄断北极内部的科研信息成果，2017年5月，北极理事会正式出台了第三份具有强制约束力的《加强北极国际科学合作协定》，进一步抬升了非北极国家获取北极科学信息的门槛。①

各国的持续北极科学考察活动早已确认了北极生态环境的极大脆弱性，也已经证实了北极环境恶化会对全球造成放大性的影响。当前，北极环境治理的措施主要由相关国际公约、北极理事会所发布或执行的软法性文件、有关双边或多边协定等所构成。相关北极环境国际公约包括《联合国气候变化框架公约》《联合国海洋法公约》《捕鱼及养护海洋生物资源公约》《生物多样性公约》等；北极理事会则就北极生态环境保护问题出台了《北极海洋油污预防与应对合作协定》；北极环境治理中的双边或多边协议涵盖《美英（加拿大）保护北极亚北极候鸟协议》《斯匹次卑尔根群岛条约》，以及《北极熊保护协议》等。北极域内外的大多数相关国家也制定了与北极生态环境保护相关的政策和措施。但是，北极的环保体制仍存在诸多问题。首先，各种环境保护政策措施未形成体系，比较松散；其次，北极地区的许多环境保护合作机制都采取了"软法"形式，使合作机制缺乏实施保障；最后，北极国家制定出台相关法规政策治理北极环境问题均以自身利益为出发点，导致对内方面团体利益无法协调，对外方面限制非北极国家的北极活动，严重制约了北极地区环境保护政策的实施效果。北极地区的环境治理依然任重而道远。

（七）经济发展：共同目标也是共同难题

在全球变暖背景下，北冰洋海冰的融化释放了北极的经济潜力。北极地区的商业前景使发展北极经济逐步提上各国的发展日程，越来越多的域内外国家加大了对北极地区的经济和基础设施的投资力度。

---

① 肖洋：《北极科学合作：制度歧视与垄断生成》，《国际论坛》2019年第1期。

促进北极地区经济发展是北极国家的共同期盼。在北极八国中，俄罗斯将发展和振兴北极地区视为其实现复兴战略的重要依托，北极冰融带来的可观经济发展前景，恰好与普京这一代领导人的"俄罗斯复兴之梦"产生了历史性的相遇。在俄罗斯颁布的《俄罗斯联邦北极政策原则》（草案）、《2020 年前俄罗斯联邦北极地区国家政策原则及远景规划》、《2020 年前俄罗斯联邦北极地区发展和国家安全保障战略》和《2020 年前俄罗斯联邦北极地区社会经济发展国家纲要》中，均强调了确保国家社会经济发展任务的重要性。俄罗斯力图通过国际合作治理和国内自主治理方式参与并主导北极治理，达到其开发油气资源和航道资源的经济发展目的。① 加拿大也极其重视北方地区的发展，在其公布的《加拿大北方战略：我们的北方，我们的遗产，我们的未来》和《加拿大北极外交政策声明》中着重指出要促进北极地区社会经济发展。美国特朗普政府则十分重视阿拉斯加州及北极区域的资源能源开发，目的是积极推动北极资源开发以增加整个美国的就业机会，兑现当初竞选时振兴实体经济的承诺。② 北欧五国也纷纷表示支持北极经济开发。为有效推动北极地区的经济发展，2013 年 5 月 15 日第八届北极理事会部长会议发布的《基律纳宣言》强调了北极开发在北极各种商业活动中的"核心地位"，提出需提高北极地区商业团体的合作水平，推动北极地区可持续发展。为更好地推进北极经济开发进程，2014 年 9 月，北极经济理事会正式成立，这是继北极理事会成立之后与北极治理相关的又一重大事件，标志着北极已进入经济开发时代。③

北极国家在北极地区的经济建设需求为非北极国家开拓北极利益版图提供了难得的机遇。日本正积极与北极国家开展经贸合作，如 2018 年日本具有抗寒功能的风力发电机组在俄罗斯试运行等。目前，日本的北极研究已转向以经济利益为核心，不断深化外交合作。日本外相河野太郎于 2018 年 10 月出席"北极圈论坛"大会时就表示，日本将为有关气候变化的科学研究

① 李建民：《浅析中俄北极合作：框架背景、利益、政策与机遇》，《欧亚经济》2019 年第 4 期。
② 杨松霖：《特朗普政府的北极政策》，《国际研究参考》2018 年第 1 期。
③ 郭培清、董利民：《北极经济理事会：不确定的未来》，《国际问题研究》2015 年第 1 期。

以及北极经济可持续开发作出贡献，并愿意与所有的利益攸关方合作。韩国也于 2017 年 9 月提出了"新北方政策"，目的是打造一个从朝鲜半岛到俄罗斯远东，再经北极，进而覆盖东北亚并延及欧亚大陆的广阔经济发展区域。① 英国政府北极经济政策的核心是"支持合法且负责任的商业活动"，其北极经济政策的目标包括保障英国的能源安全、北极航运利益以及推动北极旅游业的可持续发展。② 目前，中俄两国倡导的"冰上丝绸之路"建设项目正在进行中，"冰上丝绸之路"建设将实现北方海航线的开发及沿线港口和腹地的发展，打造中国经北冰洋连接俄罗斯西部地区的蓝色经济通道，助力北极地区的经济可持续发展。

当然，北极地区的经济开发成果并非唾手可得，经济开发的过程依然存在诸多问题。北极地区气候恶劣，冻土层坚硬，基础设施薄弱，能源开采、商业捕鱼等活动开发难度大，投资额巨大。并且，北极生态环境脆弱，经济开发易对北极脆弱的生态环境造成破坏性影响，这些都对北极地区经济社会发展产生了极大的掣肘。例如，由于担心可能出现原油泄漏等突发事件，壳牌石油公司不得不于 2015 年 10 月宣布放弃在北极海域勘探的决定。此外，迅速发展的北极工业导致北极环境急剧变化，也给原住民带来了一系列的严重社会问题，使原住民面临严重的社会经济危机风险。

（八）军事安全：地缘安全风险系数逐渐增高

北极区域重要的战略价值已被世界各主要国家所瞩目，各方对北极权益的争夺呈现愈演愈烈之势。作为北极区域重要战略价值的直接受益者，北极国家并不满足于通过能源开发、航道利用等软性方式来获得北极权益，而是期望通过直接的军事手段或制造争端来谋求对北极领土的永久性占有，北极地区的军事化态势正持续升级。

---

① 郭培清、宋晗：《"新北方政策"下的韩俄远东 – 北极合作及对中国启示》，《太平洋学报》2018 年第 8 期。

② 鲍文涵：《利益分析视域下的英国北极参与：政策与借鉴》，《武汉理工大学学报（社会科学版）》2016 年第 1 期。

俄罗斯和美国一直是北极地缘政治博弈的两大主角，两者的彼此争夺一直是推动北极问题演化的主导力量。在 21 世纪过去的 10 多年中，俄美两国尽管也有这样那样的矛盾冲突，但两国一直极其谨慎地维系着表面上的和平。但 2013 年乌克兰危机的爆发，打破了俄美双方表面上的宁静和平衡，在北极问题上从暗争走向了明斗。俄罗斯以"重返北极"为战略指针，在北极进行了全方位的战略规划与部署。2014 年 4 月俄罗斯颁布了以重建北极基础设施和北极军事力量为核心的《2020 年前俄罗斯联邦北极地区社会经济发展国家纲要》。2014 年 12 月，俄罗斯出台新版《军事学说》，指出在北极地区建立和发展军事基础设施是俄罗斯军事力量的首要任务。2015 年 7 月，俄罗斯新版《俄罗斯联邦海洋学说》提出要在北极地区建立统一的新一代水面舰艇和潜艇的驻泊体系。俄罗斯北极特遣部队在 2018 年 9 月抵达了科捷利内，成功启用了棱堡海防导弹系统。2019 年 4 月 5 日，俄罗斯国防部公布了位于北极地区的"北方三叶草"军事基地，该基地是俄罗斯建在北极地区的首个闭环式军事基地。2020 年 3 月 5 日俄罗斯总统弗拉基米尔·普京签署政令，批准《2035 年前俄罗斯联邦国家北极基本政策》，该文件表明俄罗斯已经在北极地区组建了一支常规部队，建立了海岸防卫体系。2020 年 10 月 26 日普京签署命令，批准《2035 年前俄罗斯联邦北极地区发展和国家安全保障战略》。该文件是对俄罗斯 3 月出台的《2035 年前俄罗斯联邦国家北极基本政策》的重要落实，同时也是对刚刚收官的《2020 年前俄罗斯联邦北极地区发展和国家安全保障战略》的接替更新，其实施目的在于保障俄罗斯在北极地区的国家利益，实现俄罗斯北极政策设定的各项目标。其中，关于北极军事安全保障领域任务的措施主要包括：第一，进一步完善俄罗斯北极地区部队的组成和结构；第二，进一步确保俄罗斯在北极地区的作战体制；第三，为俄罗斯北极地区部队增加和配备适应北极自然条件的现代化武器、军事和特种装备；第四，发展俄罗斯北极地区基地的基础设施，完善北极地区部队的物资保障体系；第五，加强利用两用技术和两用基础设施为执行俄罗斯北极地区国防领域相关任务作出贡献。①

乌克兰危机之后，美国将北极作为与俄罗斯博弈的"新战场"，并不断联合西方国家对俄罗斯进行军事示威。2017年底到2018年初，特朗普政府连续出台了3份重要战略报告，分别为《美国国家安全战略报告》、《美国国防战略报告》和《核态势评估报告》。在这3份报告中，美国都将俄罗斯设定为战略竞争对手。② 2018年10月，北约举行了以北极区域为目标的"三叉戟"军演，这是自冷战结束以来规模最大的一次北约国家联合军事演习。美国海军充分展示了其军事力量的机动性和硬实力。这是美国航母近30年来首次进入北极海域，其加强北极军事存在的意图显而易见。除"三叉戟"军演外，北约还于2018年10月8日—19日在乌克兰举行了"晴空2018"多国联合军演，美战机飞抵乌克兰，参与大规模军演，意味着美俄两国的军事角力进一步升级。俄罗斯国防部部长绍伊古曾明确表示，北约的军事活动达到了冷战结束后前所未有的高水平。

除针对俄罗斯外，随着中国北极活动的逐渐增多，美国也逐渐剑指中国。美国国防部《中国军力报告》中提到，中国在北极的活动增加是为了增强其军事存在。美国《2019年国防部北极战略》声称，中国目前在北极地区不具备永久性的军事部署，但一直寻求投资建设"两用设施"，中国目前的破冰船、雪龙号、雪龙2号以及民用科考项目，可以支持中国未来对北冰洋的军事活动。出于对中国北极军事威胁的主观臆断，美国正极力通过军事手段宣示自己的北极存在并达到对中国进行军事威慑的目的。美国海岸警卫队在《北极战略展望》中计划开展演习行动来"阻止其他国家对美国国家利益的威胁"；加强对北极数据的收集工作，并以国家战略角度规划、预测和解决操作风险，改善该地区的安全和保障结构；投资购置破冰船、航空装备、无人/自治系统等来填补海岸警卫队北极作战能力

---

① 兰顺正：《着眼激烈国际竞争，应对美国军事威胁——俄罗斯强化北极地区力量部署》，《解放军报》2020年12月3日，第11版。
② 春水：《冰与火之歌——俄罗斯和西方国家加强北极军事部署》，《军事文摘》2018年第23期。

的不足，并将在后续签订一份极地破冰船建造合同，计划打造 6 艘极地安全巡逻舰，包括 3 艘重型安全巡逻舰和 3 艘中型安全巡逻舰，用以增强对于其他国家的军事威慑。美国国防部发布的《2019 年国防部北极战略》要求联合部队维持其在印太和欧洲的竞争性军事优势，并保持其对北极地区的可靠威慑。

除了美俄之间的军事冲突渐趋白热化，北极其他国家之间也是冲突不断，如一直悬而未决的加拿大与丹麦的汉斯岛争端问题。总之，为最大化获取北极权益，俄罗斯持续加强对该地区的军事控制，同时，以美国为代表的西方国家则不断通过集体"秀肌肉"的方式增强其北极军事存在。可以预见，北极国家之间的军事冲突必将持续升级，北极的军事博弈也必将更加剧烈，北极地区的地缘安全风险系数正不断升高。

三　北极治理的应对之策

面对如前所述的 8 个北极问题，各国都在或明或暗地进行筹划和准备，以期获得更大的北极权益。中国虽不是北极国家，但北极航线、北极科考、北极环境等问题也涉及我国战略新疆域的根本利益。并且，作为负责任大国，中国也有责任和义务维护北极的可持续发展。为此，中国需认真面对北极问题及其治理态势，做好政策筹划，以利于我国北极正当利益的获取和对北极可持续发展的有力维护。

（一）推动北极治理机制的完善

目前北极治理机制的工作面不断外扩，但现有北极治理体制面对多元化工作内容的治理状态，治理效果实际上并不理想，事实上也呈碎片化状态，各类北极法律法规在执行或实施过程中无法得到有力保障。[①] 另外，《努克宣言》的形成，标志着以北极八国为主导的北极理事会试图将非北极国家

---

①　章成：《北极治理的全球化背景与中国参与策略研究》，《中国软科学》2019 年第 12 期。

排斥在北极事务之外。现有以北极理事会为主导的北极治理机制存在较大缺陷，无法应对北极问题的国际化趋势。因此，中国作为国际社会的负责任大国，应积极推动北极治理机制的开放性和包容性构建，实现北极问题的良性发展以及参与各方的互利共赢。中国应倡导合理利用和保护北极，尊重北极国家和北极原住民的固有权益，鼓励更多利益攸关方参与北极合作，倡议最大限度地满足更大范围国家对北极治理的合理诉求，建立以合作共赢为目标的北极治理体系，以适应北极治理的全球化趋势。

另外，北极治理机制的完善不可能一蹴而就，是一个长期演化的过程。因此，针对具体的北极治理问题，应围绕一系列具体议题达成相应协议，以"合约"的形式对北极治理机制进行补充，[①] 针对科考、环保、资源开发、航运等北极事务，在《联合国海洋法公约》等涉及北极问题法律条文的基础上，通过北极事务相关国家协商形成协议，并以此对具体北极事务进行治理，从而弥补现有北极治理机制对许多北极事务实施难以形成保障的严重缺陷。

（二）积极应对北极地缘政治威胁

面对美国等西方国家对中国参与北极治理的严重威胁，中国需在北极问题上谨言慎行，并强化自身实力；让更多的北极国家分享中国发展红利，推动各国在北极问题上的合作共赢。

首先，中国需在北极问题上谨言慎行，并强化自身实力。相较于俄罗斯毋庸置疑的北极国家身份，中国以北极事务的重要利益攸关方和"近北极国家"身份参与北极事务的立场更易被美国等国诋毁扭曲。蓬佩奥对中国"近北极国家"身份定位的无理指责虽然被各国反对，但也给中国未来参与北极事务的方式方法提出了警示，中国在未来的北极事务治理中，应本着"尊重、合作、共赢、可持续"的基本原则，谨慎处置，不给美国污蔑中国以可乘之机。中国需要大力发展海洋科技，培养自身

---

① 张胜军、郑晓雯：《从国家主义到全球主义：北极治理的理论焦点与实践路径探析》，《国际论坛》2019 年第 4 期。

在北极领域的技术优势。中国在参与北极事务中，虽然没有地缘优势，但拥有相对充足的资金和人员优势，以及先进的航海技术保障。2019年5月25日中欧联手启动极地船舶技术合作项目，说明中国凭借先进科研能力以及其他方面的优势能够吸引其他国家与我国在北极事务上联手合作。中国应以此为契机，广泛开展与北极域内外国家的多元合作，稳固自身的北极地位和影响力。

其次，让更多的北极国家分享中国发展红利，推动各国在北极问题上的合作共赢。为应对美国的北极战略联合对抗危机，我国应以"冰上丝绸之路"为抓手，切实兼顾到俄罗斯对"冰上丝绸之路"所寄予的经略远东地区国家利益的战略抱负，以双方共同利益为合作基点，以航道开发为主线，着力推进包括物流、经贸、技术、能源、旅游等在内的"低政治"领域的多层次合作网络的形成，深化新时代中俄全面战略协作伙伴关系的内涵。在北极问题处理上，中国需拓宽国际合作视野，扩大两国合作空间。对"冰上丝绸之路"沿线国家，尤其是对开发利用北极有共同诉求的日本、韩国等国家，中国应以"冰上丝绸之路"建设为纽带，展开多方位合作，扩大"冰上丝绸之路"覆盖范围，使"冰上丝绸之路"合作成果惠及更广大的国家和地区，从而减少外界对于"冰上丝绸之路"的误解和曲解。[①] 为增大非北极国家的北极影响力和话语权提供基础平台，增强相关各国在"冰上丝绸之路"建设中的归属感和利益获得感，中国要在建设过程中实现"增信释疑，相互尊重，互利共赢，共同发展"，使"冰上丝绸之路"建设真正成为惠及全人类的一个重要福祉。

（三）以中俄合作为关键切入点

俄罗斯在北极地区拥有最长的海岸线，有着开发北方海航线的强烈诉求。俄罗斯开发北方海航线需要大量的资金、技术、人力和物力支持，此外

---

① 姜胤安：《"冰上丝绸之路"多边合作：机遇、挑战与发展路径》，《太平洋学报》2019年第8期。

我国与俄罗斯存在良好的政治互信和合作基础，这些因素有力地促成了"冰上丝绸之路"倡议的达成，在此基础上，两国的深度合作空间将更加广阔。中国参与北极治理，也应以中俄合作建设"冰上丝绸之路"为关键切入点，通过中俄两国的北极利益合作，中国可以深度参与北极治理。目前，由于当初定位不一致等，俄罗斯对于"冰上丝绸之路"建设还存有一定的疑虑，担心中国威胁其"冰上丝绸之路"建设的主动权和主导权。为此，中国一方面应重视"冰上丝绸之路"建设的时序性，将重心放在港口等基础设施建设方面，暂缓推进与俄罗斯卫星系统和北极区域治理的合作，从而使俄罗斯打消中国试图主导"冰上丝绸之路"建设的疑虑。另一方面，中国应进一步加强中俄政治互信，加强中俄两国在北极开发利用过程中的政策衔接，在相互协调的基础上，加深加强两国的北极合作，研究制定两国北极合作的中长期规划。

中国可通过与俄罗斯积极开展港口合作开发、协力开发北极能源、建立中俄北极自贸区、建立北极联合开发机构、积极应对国际方面反应、保护北极生态环境等形式的合作，深入地参与到北极事务中。

在协助俄罗斯开发北方海航线的同时，中国也应该对俄罗斯提出适当的补偿性要求。俄罗斯应在北极理事会中维护非北极国家特别是中国的北极权益，尽可能支持中国提出的关于北极治理的项目和提案，提高中国在北极治理中的地位。① 借助俄罗斯的支持，中国可进一步提高参与北极治理的深度和广度。

（四）支持北极的合理开发利用并重视北极的环境保护

从目前严峻的环保形势来看，保护北极的生态环境很有必要，并且刻不容缓。北极的环境保护与经济发展的矛盾之处在于，北极航行越频繁越易发生船舶事故、石油污染或与海洋生物相撞等。并且，在相当一段时间内由于

---

① 李振福、王文雅、米季科·瓦列里·布罗尼斯拉维奇：《中俄北极合作走廊建设构想》，《东北亚论坛》2017 年第 1 期。

无法通行超大型集装箱船舶，强行开发利用北极航线的性价比相对较低，从而也就出现了众多航运企业拒绝北极航线通航的情况。然而，北极航线缩短了世界最发达经济区域之间的距离，且普京已将北极开发列为俄罗斯的重点工作之一，依托北极航线出口液化天然气的计划也已经吸引了北极圈以外的投资者。因此，北极航线的商业化开发利用已经成为必然趋势。

为实现北极地区的可持续发展，要求在实现经济发展的同时尽可能地减少对北极环境造成的影响，各国首先要做好北极环境保护与北极开发利用之间的平衡，应该优先考虑北极的环境保护问题，在北极航线航运过程中要使用更加清洁的燃料，严格遵守《极地规则》的相关规定，全力维护和促进北极的可持续发展。中国方面则应依托"冰上丝绸之路"建设平台，稳步推进北极航线的商业化和常态化，不断加强北极航运的水文气象调查，加强北极航行安全和后勤保障能力；积极主张在北极航线基础设施建设和运营等方面加强国际合作。

（五）营造多元化和多层次的北极国际环境

为应对北极国家意欲将北极管理体系"私物化"的有关做法和倾向，中国应充分发挥北极理事会正式观察员国身份的积极作用，合理运用在北极理事会中的发言权和提议权，在国际上鼓励更多非北极国家参与到北极及北极航线事务中，扩大非北极国家的参与度，尤其应努力支持那些国际影响力不大却与北极关系密切的非北极国家的参与，营造北极国家与非北极国家共存、合作开发且互相监督的多元化北极发展氛围。同时，中国应坚持近北极国家定位，坚持自身合理的北极战略目标，争取正当的北极权益，促进北极的可持续发展。

除此以外，针对部分北极国家为谋求本国利益而设立的北极航线安全法律，应以《联合国海洋法公约》为基础，对于违反《联合国海洋法公约》的法律应建议予以取缔，发挥《联合国海洋法公约》在北极航线安全治理中的主动性，对于北极航线归属权等重要北极议题坚持以互利互信、相互平等和尊重主权的原则予以解决，坚持"认识北极、保护北极、利用北极和参与治理北极"的中国北极政策目标，努力营造和谐的北极开发利用的国际氛围。

（六）进一步推动建设"北极命运共同体"

"北极命运共同体"是以合作共赢为核心，以和谐共生、共同发展、增进各国获取北极共同利益为理念的国际社会共生机制。针对北极问题不断加强的国际化趋势，"北极命运共同体"可以有效地解决中国参与北极治理过程中存在的现实障碍和难题，进而促进中国参与北极治理的政策实施。

首先，广泛推广"北极命运共同体"理念。推广"北极命运共同体"理念，达成合作建设"冰上丝绸之路"的广泛共识，同时在合作中将北极利益与北极责任结合起来，推动沿线国家相关外交、商务、海事的共同合作，建立多层次、多渠道的沟通磋商与对话机制，积极签署政府间、部门间建设"冰上丝绸之路"的合作协议和建设项目。本着分阶段分步骤推进共建的原则，规避所牵涉的诸如地缘政治、安全、军事、气候变化等多维度敏感议题，从经贸合作入手务实启动"冰上丝绸之路"的共建进程，推进"冰上丝绸之路"建设落地落实。

其次，推动构建"北极命运共同体"机制。在北极问题处置上，应针对性地构建符合人类共同利益的北极治理机制，进而推动"北极命运共同体"的构建，为北极治理提供中国智慧，以制度供给的形式为北极事务提供北极公共品，完全担负起大国责任，同时破解其他国家对中国参与北极治理的误解和曲解，积极应对美国等国家对中国积极参与北极治理的负面影响和歪曲行动，努力清除美加战略联盟打造北美经济圈和美加日韩北极战略菱形为中国参与北极治理设置的地缘政治羁绊，正确引导国际社会对中国参与北极治理的正确认识。

再次，深入贯彻"北极命运共同体"思维。将"北极命运共同体"思维深入贯彻到中俄两国的北极治理合作进程中，从低到高形成科研共同体、经济共同体以及安全共同体。同时，充分发挥中国经济实力与俄罗斯区位优势的战略互补性和中俄两国当前紧密有效的战略协作关系等优势，扩大文化

交流、人才交流、科技合作，以及智库交流合作，推动开展战略、政策对接研究，为北极治理合作提供智力支撑。

最后，建立统一的多边合作建设体系。积极倡导"北极命运共同体"的共生理念，积极推动北极国家和非北极国家共同建立互尊、互助、互信、互利的合作共生体系，以承认和尊重彼此权利作为合作的重要基础，以相互理解和信任作为合作的全面保障，以共同研究和解决跨区域问题作为合作的主要目标，以建设可持续发展的北极治理组织机构作为合作的共同宗旨，在生态环保、航行、旅游、经济、农业渔业、金融、技术、行业企业等多领域合作，全面且细致地对北极治理进行体系化和网络化建设。

四 结论

北极问题因为北冰洋海冰的持续融化而更加受到世界各国的关注，也因为北极的特殊区位而致使北极治理更加复杂。面对北极问题，不管是北极国家还是非北极国家，都在进行各自的政策制定和权益争取，由此引发的地缘博弈也愈演愈烈。

在梳理北极治理发展阶段的基础上，本研究对北极问题的态势进行了评估，认为在航线主权争议方面，俄美加三国的做法表现出明显的不同，并将对北极域内外国家产生不同影响；在规则之争方面，目前还很难形成各方认同的规则和条约，需要北极域内外国家共同努力构建符合大多数国家利益的条约性法规；在北极理事会作用方面，充满权力博弈和不确定性；在航运发展方面，现正处于航线利用和生态保护的两难处境，但北极航线开发利用在一定程度上是可以避免北极的生态灾难的；在资源能源开发利用方面，北极的资源和能源逐渐成为地缘政治角逐的新领域；在科考环保方面，北极域内外国家正积极借此更广泛地介入北极事务；在经济发展方面，各方都将经济发展作为其北极治理目标，但因目前的北极环境和开发利用技术水平的限制也成为共同难题；在军事安全方面，由于美俄两国及北极其他国家的军事存在的增强，北极的风险系数逐渐增高。

　　面对如此的北极问题发展态势，中国应做好政策筹划，以利于中国北极正当利益的争取和北极可持续发展的维护。中国应推动北极治理机制的完善、积极应对北极地缘政治威胁、以中俄合作为关键切入点、支持北极的合理开发利用并重视北极的环境保护、营造多元化和多层次的北极国际环境、进一步推动建设"北极命运共同体"等。

B.3
气候变化背景下的北极油气
资源开发：现状与展望*

李浩梅**

摘　要： 受北极气候变暖、冰雪消退的影响，北极经济开发活动有所
　　　　增长。本文聚焦俄罗斯、美国、加拿大和挪威四个北极国家
　　　　的政策与实践，同时指出北极油气资源开发面临复杂的形
　　　　势。俄罗斯计划继续推进北极经济开发，美国在阿拉斯加的
　　　　能源开发政策左右摇摆，加拿大的新北极政策追求多元利益
　　　　平衡，挪威积极开拓海上油气资源的勘探开发。经济增长、
　　　　主权和安全、环境挑战、国内政治、经济效益是影响北极油
　　　　气资源开发的主要因素，北极国家更加注重经济、安全、社
　　　　会、生态、传统生活方式的协调发展，更加重视极地科技创
　　　　新在北极开发政策中的作用。

关键词： 气候变化　北极油气资源　可持续发展

一　北极的气候变化及影响

近年来全球气候变暖明显，北极升温速度是全球其他地区的两倍，北极

---

　* 本文系中国博士后科学基金资助项目"国家管辖范围外海洋遗传资源利用的规制模式分析"
　　（项目编号：2019M652484）、自然资源部北海海洋技术保障中心"新时期海洋科技发展对海
　　洋维权的挑战与应对"项目的阶段性成果。
　** 李浩梅，女，青岛科技大学法学院讲师。

冰雪融化速度加快，当地生态系统和全球气候系统正在发生重大变化。美国海洋与大气局发布的报告显示，2019 年 10 月～2020 年 9 月北纬 60°以北的陆地地表平均气温是 1900 年以来的第二高；北极海冰范围在 2020 年夏季结束时达到近 42 年有卫星记录以来仅次于 2012 年的第二低；在北冰洋大部分地区，2020 年 8 月的海面平均温度比 1982～2010 年这些年的 8 月平均温度高 1℃～3℃，拉普捷夫海和卡拉海异常温暖导致该地区海冰在春季很早就开始融化。[①] 未来一段时期，北极气候将变得更加温暖，北极地区的冰冻范围会随之减少，依托技术进步，人类可以到达原本无法进入的北极地区。

航运是进出北极地区的主要交通方式之一，船舶通行量有助于揭示人类北极活动的种类和强度。北极理事会北极海洋环境工作组发布的评估报告显示，以国际海事组织《极地规则》划定的北极水域的范围为界进行统计，2013～2019 年进入北极水域的船只数量增加了 25%，船只在北极水域航行的总海里数增加了 75%；目前渔船数量最多，此外还有破冰船、科考船、杂货船、散装货船、游轮、邮轮、客轮等多种船舶通行。[②] 北极资源的勘探开发以及海上旅游活动增加是推动北极地区船舶运输量增加的重要因素，海上交通量的增加将带动北极航道及配套基础设施的建设，从而进一步促进北极开发和相关产业的发展。

二 北极油气资源开发的复杂形势

美国地质调查局（USGS）对环北极资源状况进行的评估显示，北极蕴藏有丰富的未发现常规油气资源，平均储量估算约为 900 亿桶石油、1669 万亿立方英尺天然气和 440 亿桶液化天然气，占全球未发现石油资源的

---

① R. L. Thoman, J. Richter-Menge, and M. L. Druckenmiller（eds.），"Arctic Report Card 2020," https：//www. arctic. noaa. gov/Portals/7/ArcticReportCard/Documents/ArcticReportCard _ full _ report2020. pdf.

② PAME, "Arctic Shipping Status Report #1," https：//pame. is/projects/arctic – marine – shipping/arctic – shipping – status – reports/723 – arctic – shipping – report – 1 – the – increase – in – arctic – shipping – 2013 – 2019 – pdf – version/file.

13% 和未发现天然气资源的 30%，且大约 84% 的石油和天然气在海上。① 受制于北极特殊的自然和地理条件，北极油气资源开发利用难度大、成本高，商业开发条件并不成熟。随着北极海冰消退趋势明显，陆上永久冻土融化现象也在加剧，北极陆地和大陆架上的能源和矿产更容易获取和开发，北极能源和矿产资源储备被北极国家视为重要的战略资源。

自然条件的变化以及全球能源需求的刺激，北极地区石油、天然气和矿产资源的勘探开发活动有所增加，为配合资源生产和运输，管线、港口等基础设施也得到进一步发展。然而推进北极油气资源开发面临技术、气候、生态、基础设施等挑战，北极资源开发进程在争论中推进。考虑到领土面积和油气资源禀赋不同，北极国家油气资源的开发情况存在较大差异，本文聚焦俄罗斯、美国、加拿大和挪威四个北冰洋沿岸国，介绍其北极油气资源开发利用的政策与实践。

（一）俄罗斯：加大北极经济开发

2020 年 3 月，俄罗斯发布《2035 年前俄罗斯联邦国家北极基本政策》（以下简称《2035 北极政策》），在 2008 年发布的《2020 年前俄罗斯联邦北极地区国家政策原则及远景规划》基础上确定了未来一段时间俄罗斯在北极地区的基本政策，重申了北极地区在俄罗斯社会经济发展和国家安全中的战略地位，是新时期指导俄罗斯北极地区开发的战略规划文件。

《2035 北极政策》评估了俄罗斯在北极地区面临的主要威胁和挑战，包括气候变暖带来的不利后果、人口负增长及人口外流、基础设施缺乏、公共服务不足、外部地缘政治及军事风险等。为保障俄罗斯在北极地区的国家利益，提高北极居民的生活质量，加速推进北极地区经济发展，保护北极环境、原住民固有聚居地和传统生活方式，《2035 北极政策》在社会、经济、基础设施建设、科技、环境保护、国际合作、社会安全、军事

---

① USGS, "Circum-Arctic Resource Appraisal: Estimates of Undiscovered Oil and Gas North of the Arctic Circle," https://pubs.usgs.gov/fs/2008/3049/fs2008-3049.pdf.

安全和国家领土安全等广泛领域提出了重点任务及绩效评价指标。① 其中，在经济发展方面，新政策强调吸引私人投资参与北极项目，加强勘探油气资源和矿产资源的能力，发展渔业、旅游业等其他产业。在基础设施建设方面，该政策提出要组建破冰船和救援船队，全年不间断保障北方海航线及其他航线的航运安全，加强港口建设及其现代化，增建铁路、机场、公路、光纤通信线路等基础设施，提升北极地区的互联互通，助力北极经济发展。

为落实《2035 北极政策》、实现国家北极政策设定的各项目标，俄罗斯总统普京于 2020 年 10 月批准了《2035 年前俄罗斯联邦北极地区发展和国家安全保障战略》（以下简称《2035 北极战略》），制定了战略实施的主要任务措施、实施阶段、预期成果和机制，此外还专门对各行政区提出了适应其具体情况的优先发展方向。总体来看，在气候变化的背景下，俄罗斯将继续加大对北极地区的开发，推动其北极地区经济、社会、环境、人文等全面发展，巩固和保障俄罗斯在北极的国家利益。

自然资源开发与基础设施建设是俄罗斯北极经济开发的两个重要支柱，未来俄罗斯将继续加大对北极自然资源特别是石油天然气的开发，并推动基础设施建设。根据《2035 北极战略》，俄罗斯计划将北极地区原油和凝析油产量的比重从 2018 年的 17.3% 提高到 2024 年的 20%、2030 年的 23% 和2035 年的 26%，将液化天然气的产量从 860 万吨相应地增加到 4300 万吨、6400 万吨和 9100 万吨，计划将北方海航线的货运量提升至 2031 年的 1.3 亿吨。② 目前，继俄罗斯诺瓦泰克公司（Novatek）在亚马尔半岛和格丹半岛的液化天然气项目成功投产，北极液化天然气 2 号项目（Arctic LNG 2）也已完成融资正式启动，开发储量丰富的 Utrenneye 陆上凝析油气田，预计年产能为 1980 万吨，首条生产线计划 2023 年前投产，第二条和第三条生产

---

① http：//www.casisd.cn/zkcg/ydkb/kjqykb/2020/202005/202006/P020200615540049929503.pdf.

② Rosemary Griffin, "Russia Approves Arctic Strategy up to 2035," https：//www.spglobal.com/platts/en/market – insights/latest – news/coal/102720 – russia – approves – arctic – strategy – up – to – 2035.

线预计分别于 2024 年和 2026 年前投产。在拓展北方海航线的航运能力，建设配套的港口、铁路等基础设施方面，《2035 北极战略》提出加大对海上、陆上以及航空运输基础设施的发展，计划建造 8 艘核动力破冰船，包括 3 艘领袖级破冰船。此外，俄罗斯还计划加强重点港口、空间监测系统、信息通信系统建设。当前，俄罗斯国家原子能公司 Rosatom 新建港口规划中的鄂毕湾海岸 Utrenny 港已经动工，该港建成后将通过北极液化天然气 2 号项目运送液化天然气。此外，摩尔曼斯克和符拉迪沃斯托克之间的海底光缆已经开始建造，该项目由俄罗斯交通部、联邦海洋和内河运输局、国有港口基础设施公司合作，为北极地区最大的港口和地区提供本地通信线路。①

俄罗斯开发北极地区受到技术和资金的制约，需要通过制度和政策吸引项目投资。据披露，虽然俄罗斯已经发放了 69 个大陆架地质勘探许可证，但正在实施的石油开采项目只有普里拉兹洛姆油田一个，成本高、利润低是限制项目启动的主要原因。②《2035 北极战略》提出法律、税收、管理等多方面改革措施，鼓励和支持北极地区商业活动，吸引北极地区的商业投资，以期为能源、交通、基础设施以及油气开发技术等各类项目的落地提供保障。俄罗斯已出台配套法案，支持在北极地区开展创业活动。根据《支持北极地区商业活动法》的规定，任何在俄罗斯北极地区注册的企业，如拟投资新项目（企业申请时项目已投入资本不超过计划投资总额的 25%），且投资额不少于 100 万卢布，即可获得北极地区入驻企业地位，获得税收、海关等优惠。③ 通过实施税收等优惠措施，俄罗斯北极地区可启动多个大规模项目，创造更多的税收和就业。

《2035 北极战略》在大力推进北极地区开发的同时，也重视北极社区的

---

① "Russia Starts Building High – speed Arctic Internet," https：//arctic. ru/infrastructure/20201119/987624. html.
② 《俄罗斯明确北极地区国家利益，激活当地发展》，环球网，https：//world. huanqiu. com/article/9CaKrnKos8J。
③ 《普京签署俄〈支持北极地区商业活动法〉》，中华人民共和国商务部网站，http：//oys. mofcom. gov. cn/article/oyjjss/jmdt/202007/20200702986862. shtml。

发展和生态环境的保护，将改善当地居民生活条件及保护生态环境列为独立的政策目标。为了扭转北极地区人口减少的趋势，吸引全国各地的人来北极地区工作，《2035 北极战略》提出增加就业、提升医疗服务、完善教育等措施，俄罗斯还计划在北极地区启动数百个项目，新增 20 万个就业岗位，并将当地居民生活水平提高到全国平均水平以上。[①] 气候变暖在北极引发的不利后果日益凸显，北极冻土融化，给当地交通、生活、工业设施以及脆弱的生态环境带来严重破坏。在环境保护方面，《2035 北极战略》提出建立特别保护区网络，保护生态系统和北极动植物特别是稀有和濒危物种；优化北极环境监测系统，减少污染物排放，加强环境治理；提出制订一项国际北极生态系统和气候变化研究计划并建立研究中心。

俄罗斯北极地区的地域范围广阔，跨越多个州和地区，每个地区的自然条件和发展优势各不相同，《2035 北极战略》对每个北极区域提出了各具特色的社会经济发展优先事项，这为地区层面的战略实施提供了具体指南和路线图。例如，《2035 北极战略》计划将摩尔曼斯克建设成为一个综合多维交通枢纽和北极航道重要港口，对楚科奇自治区提出以资源为导向的发展计划，此外还对楚科奇自治区、亚马尔 - 涅涅茨自治区提出了适合其实际情况和竞争优势的发展计划和开发措施。[②] 因地制宜的区域发展计划，提升了俄罗斯新北极政策及其实施的科学性和可行性，能够更好地发挥地方优势、科学合理地推进北极地区开发。

（二）美国：开发政策左右摇摆

美国的北极开发集中在阿拉斯加，该州联邦土地上的油气租赁项目由美国国土资源管理局负责管理，颁发勘探许可证、钻探油气井许可证、建造平台和安装生产设施许可证。阿拉斯加州联邦土地上的石油和天然气租赁集中

---

① 《俄罗斯明确北极地区国家利益，激活当地发展》，环球网，https：//world. huanqiu. com/article/9CaKrnKos8J。
② 《俄罗斯在北极发展上奉行"区域导向"的方针》，极地与海洋门户网站，http：//www. polaroceanportal. com/article/3442。

在三个地区：库克湾地区、沿阿拉斯加北坡的阿拉斯加国家石油储备区
（NPR－A）和北极国家野生动物保护区（ANWR）的海岸平原。① 库克湾是
阿拉斯加最古老的油气生产盆地，NPR－A 是目前美国油气资源开发的主要
区域。2020 年 12 月 31 日美国政府发布 NPR－A 新综合活动计划的决定，
允许在国家储备区 1860 万英亩范围内以负责任的方式租赁石油和天然气，
同时对野生动物和敏感资源规定了保护措施，包括不占用地表、控制地表使
用、时间限制，提供新兴的技术获取地下资源等。② 目前，最晚开发、也是
争议最大的是海岸平原内的资源开发。

2017 年时任美国总统特朗普签发《减税与就业法》，经过数十年的争论
和磋商，国会最终授权对阿拉斯加州海岸平原地区进行油气资源勘探开发，
以支持能源安全、创造就业机会、促进未来经济增长。法案要求美国国土资
源管理局在海岸平原建立并管理一个竞争性的油气资源租赁、开发、生产和
运输项目，在 2024 年之前至少提供两处不少于 40 万英亩的高潜力碳氢化合
物土地进行租赁销售，并颁发必要的通行和地役许可，同时授权最多 2000
英亩的非荒野地面用于建设生产和支持设施。2020 年 8 月美国内政部批准
关于海岸平原石油和天然气租赁计划的决定（Record of Decision），确定了
首次租赁的土地、面积和条件，其中，92% 的北极国家野生动物保护区区域
仍然完全禁止开发，该决定还制订了许多必要的操作程序和租赁规定，以保
护驯鹿和北极熊等野生动物。③ 根据这一决定，美国国土资源管理局于 2021
年 1 月 6 日在北极国家野生动物保护区的海岸平原进行了首次油气资源土地

---

① 石油公司每年向自然资源收入办公室支付石油和天然气生产的租金和特许权使用费，阿拉
斯加州从库克湾地区的石油和天然气租约中获得 90% 的租金和特许权使用费，从阿拉斯加
国家石油储备区和沿海平原获得 50% 的奖金竞标、租金和特许权使用费。"BLM Alaska Oil
and Gas," https：//www. blm. gov/programs/energy－and－minerals/oil－and－gas/about/
alaska.

② "Alaska Oil and Gas Lease Sales," https：//www. blm. gov/programs/energy－and－minerals/oil
－and－gas/leasing/regional－lease－sales/alaska.

③ "Coastal Plain Oil and Gas Leasing Program Record of Decision August 2020," https：//
eplanning. blm. gov/public _ projects/102555/200241580/20024135/250030339/Coastal% 20Plain%
20Record% 20of% 20Decision. pdf.

租赁销售。

在美国，气候变化问题日益受到公众关注，一些环保组织积极宣传和游说，阻止石油公司在阿拉斯加北极地区进行钻探和开发活动。迫于环保和舆论压力，美国五家最大的银行（花旗集团、高盛集团、摩根大通集团、摩根士丹利和美国富国银行）近年来均发布撤资声明，宣布不再支持北极石油及天然气项目。现任美国总统拜登在气候变化和环境保护议题上与特朗普持不同的政策，气候问题被置于拜登政府外交政策的中心地位，拜登上台后随即宣布暂停在联邦土地和水域内进行新的钻探活动，并发布禁令暂停ANWR 非荒野海岸平原内的油气资源租赁，但拜登的这一政策引发了质疑和争论。反对者认为，1980 年美国国会根据《阿拉斯加州国家利益土地保护法案》（Alaska National Interest Lands Conservation Act）将 157 万英亩的沿海平原用于石油勘探和未来的潜在开发，阿拉斯加在负责任的资源开发方面也有良好的记录，除制定严格的环境标准外，通过不断开发更安全的新技术可以实现能源开发和环境保护兼顾，实施这一禁令将给阿拉斯加地区的经济、就业乃至国家安全造成严重损害。[①] 美国石油能源企业与环保团体在北极能源开发议题上存在重大分歧，在气候变化的背景下，可以预见推进北极油气资源开发将遭遇更多的阻力，相关争论也将继续存在。

（三）加拿大：寻求多元利益平衡

加拿大国土的 40% 位于北极，其中原住民占北极居民的半数以上。2019 年 9 月 10 日，加拿大发布了《北极和北方政策框架》，这是指导加拿大政府 2030 年前北极活动和投资的长期战略远景。该政策框架是第一个由加拿大联邦政府与原住民、地方和省政府共同制定的北极政策框架，在广泛参与和协作的基础上充分反映了北极居民的特殊利益、愿望和优先事项。

加拿大联邦和北方人民对未来的共同愿景是建立强大、繁荣和可持续的

---

① "Delegation Rebukes Biden Administration Effort to Block Development in ANWR," https://www. murkowski. senate. gov/press/release/delegation – rebukes – biden – administration – effort – to – block – development – in – anwr – .

北极和北方地区。为此，加拿大在北极和北方地区的活动确定了优先事项和行动，包括培养健康的家庭和社区，投资能源、交通和通信基础设施，创造就业、促进创新、发展北极和北方经济，支持对社区和决策有意义的科学、知识和研究，应对气候变化的影响并维持健康的生态系统，确保加拿大在北极的安全和国防，恢复加拿大在北极的国际领导地位，推进和解和改善原住民和非原住民之间的关系。①加拿大的北极政策愿景涵盖了地方社区、基础设施、经济开发、科学研究、生态环境、国家安全、国际地位以及原住民权益等利益关切，推进北极经济开发需要平衡与其他利益的关系。

加强基础设施建设是北极地区经济社会发展的必要条件和重要保障，在新的政策框架中，加拿大计划加大对重大基础设施项目的投资，拓展连接当地社区与加拿大其他地区和国外的多式联运交通设施，开发宽带、能源、交通和水电多用途走廊，实现所有社区的能源安全和可持续性。围绕发展北极经济，加拿大将鼓励创新和支持寒冷气候条件下的资源开采投资，在开发矿产和能源等资源潜力的同时确保负责任、可持续和包容的资源开发，通过创新和伙伴关系促进经济多样化，为企业成长提供必要的支持，增加贸易和投资机会等。②加拿大在北极能源与资源开发政策的制定和实施上，重视与领地政府、产业界、原住民团体和社区等利益相关方磋商与合作，使原住民和所有北方居民受惠于资源管理和经济发展，重视保护环境，促进北极地区可持续和包容性发展。加拿大的经济开发不只依托重大基础设施和资源开发项目，也支持海豹捕猎、捕鱼、狩猎和手工艺等当地特色经济的发展。

在实践中，出于对气候变化、北极生态环境以及安全等方面的考虑，加拿大对北极海上油气资源开发相对谨慎，要求相关商业开发达到最高的安全和环境标准才能进行。早在2016年12月，加拿大政府与美国奥巴马政府发布联合声明，禁止在北冰洋海床进行新的石油和天然气勘探和开发，这一禁

① "Canada's Arctic and Northern Policy Framework, Foreword from the Minister," https://www.rcaanc-cirnac.gc.ca/eng/1560523306861/1560523330587#s3.
② "Canada's Arctic and Northern Policy Framework, Goals and Objectives," https://www.rcaanc-cirnac.gc.ca/eng/1560523306861/1560523330587#s6.

令为期五年，每五年将以气候和海洋科学为基础进行广泛的科学评估。[1] 加拿大政府正在对这项钻探禁令进行评估，特鲁多政府于 2019 年 8 月发布了一项新命令，延长了上述北极近海地区石油和天然气开采的禁令，有效期到 2021 年底，在禁令期间，现有的许可证并不会失效，其条款只是被冻结，既有权利仍然能够保持。[2]

加拿大认为，气候变化与技术进步使人们进入北极地区变得更容易，北极正在成为一个具有国际战略重要性的地区，越来越多的国家和非国家行为体进入北极地区开展科学研究、过境通行、贸易投资等活动，正在分享北极地区丰富的自然资源，获得战略优势地位，这对加拿大在北极和北方地区的安全和国家利益是潜在威胁。因此需要建立有效的安保框架、国防体系和威慑能力，以确保未来加拿大能在北极地区持续享有安全。[3] 这种观念也影响其在北极矿产资源开发领域的政策和实践，此前，加拿大政府就以"国家安全"为由叫停一家中国企业收购加拿大北极地区一家黄金矿场。

（四）挪威：拓展海上油气开发

挪威有 1/3 的国土在北极圈以内，居住人口占挪威人口的 9%，还有约 80% 的海域位于北极圈以北。气候变化背景下，北极地区的战略地位提升，加之挪威作为北约和俄罗斯对峙的前沿，地缘政治位置特殊，挪威的北极政策兼具内政外交双重意义。2020 年 12 月 1 日，挪威颁布新的北极地区政策（High North Whitepaper），取代了 2011 年斯托尔滕贝格政府发布的《高北地区白皮书》。除聚焦外交与安全政策等传统关注外，新的白皮书特别强调了挪威北部发展的重要意义，认为把高北地区发展成一个强大、有活力、有竞

① "United States-Canada Joint Arctic Leaders' Statement," https：//pm. gc. ca/en/news/statements/2016/12/20/united – states – canada – joint – arctic – leaders – statement.

② Marco Vigliotti, "Trudeau Government Expands Moratorium on Oil and Gas Work in Arctic Waters," https：//ipolitics. ca/2019/08/08/trudeau – government – expands – moratorium – on – oil – and – gas – work – in – arctic – waters/.

③ "Arctic and Northern Policy Framework：Safety, Security, and Defence Chapter," https：//www. rcaanc – cirnac. gc. ca/eng/1562939617400/1562939658000.

争力的地区是维护挪威在北极利益的最佳方式，不仅政策标题上凸显了人的要素和发展机遇，内容上也大篇幅阐述了社会发展、价值创造和能力发展、基础设施和交通通信等北极地区发展议题。① 围绕这一核心宗旨，挪威将促进就业和经济增长作为其国内北极政策的首要目标。

在促进高北地区经济发展方面，挪威计划推动海洋和海事相关产业、石油、绿色制造业、采矿业、农业、旅游业、空间基础设施和服务业的发展。石油和天然气产业是挪威最大和最重要的产业，其经济产值和就业严重依赖能源产业。未来数年，挪威希望继续加大对大陆架油气资源的开发，为油气行业的持续发展提供机遇，创造新的就业机会。据估计，巴伦支海地区的油气储量潜力很大，挪威计划扩大对巴伦支海油气田的勘探开发。挪威正在开发位于巴伦支海的 Johan Castberg 油田，该油田预计将于 2023 年投产，可产30 年。② 在挪威近期宣布的第 25 轮勘探许可中，在巴伦支海新勘探区块的数量达到了创纪录的 125 个，约有一半位于北纬 73°至北纬 74°之间的巴伦支海北部，如果这些许可获得批准，那么这个区块将成为世界上最北端的海上石油钻探项目之一。③ 即便在新冠肺炎疫情和油价下跌的双重影响下，挪威 2020 年对大陆架油气资源的投资也没有下降，甚至石油日产量提升到过去 9 年中的高位，未来数年挪威石油产量将持续增长，天然气产量也将保持稳定。④

为应对挪威北部人口下降的危机，吸引人口和企业投资，促进北方社区的发展，挪威政府将推动工商界与高等教育界的紧密合作，改善教育和技能

---

① "New Norwegian Government's Arctic Policy: People, Opportunities and Norwegian Interests in the Arctic," https://www.regjeringen.no/en/dokumenter/arctic_ policy/id2830120/#tocNode_ 42.

② "Johan Castberg," https://www.equinor.com/en/what - we - do/new - field - developments/ johan - castberg.html.

③ "Norway Proposes to Open 125 New Oil Exploration Blocks in the Barents Sea," https:// thebarentsobserver.com/en/industry - and - energy/2020/06/norway - proposes - open - 125 - new - oil - exploration - blocks - barents - sea.

④ "Norwegian Oil: Big Investments, Growing Production and Desire for High Arctic Drilling," https://thebarentsobserver.com/en/industry - and - energy/2021/01/norwegian - oil - big - investments - growing - production - and - desire - high - arctic.

培训，在高北地区创造有吸引力的就业机会。在便利北方创新创业、促进资本市场良好运行方面，挪威政府正在采取有关措施，包括为企业家和初创企业设立资本基金，以国家资本和私人基金为基础，为优质商业项目提供资金。政府还将为北部地区的年轻企业家和初创企业建立一个为期三年的新基金，促进当地创新和投资。① 此外，发展和改善基础设施也是促进商业发展和经济增长的重要举措，挪威政府将优先考虑公路网络和公共交通建设，为北方社区提供可靠的能源供应，并改善数字基础设施，提供安全的电子通信网络（宽带和移动通信），服务高北地区的商业活动，发挥当地的经济增长潜力。

由于在海冰覆盖、生态脆弱的北极海域勘探开发油气资源存在较大的环境风险，挪威政府扩大北极油气资源开发的计划受到环保组织的强烈反对。为阻止北极海域油气勘探计划，绿色和平组织和自然与青年组织在挪威地方法院起诉挪威政府，指责其2016年颁发的巴伦支海油气勘探许可证违反了宪法有关保障国民环境权的规定以及挪威对《巴黎协议》的承诺，案件最后上诉到最高法院，法院支持了政府，认可了挪威在北极扩展油气勘探的计划。② 基于这一裁决，2016年获得许可证的钻探活动可以继续进行，后续北极油气勘探计划也有了司法支持。尽管诉讼败诉，但环保组织通过诉讼及其他宣传方式将对挪威石油政策的讨论提上了公共和政治议程，给挪威扩大巴伦支海油气勘探增加了舆论压力。有挪威学者表示，在北极如此严酷的环境下开采石油存在安全风险，目前尚没有清理极地石油泄露的技术，一旦出现安全问题将会对北极生态环境造成广泛且深远的影响。

三　北极油气资源开发的影响因素

由于各国北极战略的优先事项存在差异，其油气资源开发政策和实践也

---

① "New Norwegian High North Whitepaper: Focusing on People and Societal Development in the Arctic," https://www.highnorthnews.com/en/new – norwegian – high – north – whitepaper – focusing – people – and – societal – development – arctic.

② "Norwegian Court's Ruling in Favour of Arctic Drilling Sparks Outrage," https://www.offshore – energy.biz/norwegian – courts – ruling – in – favour – of – arctic – drilling – sparks – outrage/.

有所不同，当前及未来一段时间影响北极油气资源开发的主要因素包括经济增长、主权和安全、环境挑战、国内政治和经济效益。

第一，促进北极地区经济增长是推动北极油气资源开发的主要动力。俄罗斯和挪威在北极油气资源开发政策上最为积极主动，两国均是能源生产和出口大国，油气产业是其北极地区乃至全国经济的支柱产业，勘探开发北极资源对振兴两国经济、带动北极地区发展具有重要意义。两国正在加紧北极油气田勘探开发，在未来政策规划中也将继续支持油气资源产业发展，并在配套基础设施的建设、项目投资、技术创新、交通运输、人才培训等多方面采取保障措施。

第二，北极能源开发不仅具有经济价值，而且具有带动区域发展、巩固北极主权和安全的战略意义。气候变化背景下北极地区的可及性提升，军事、科考、航运、旅游等活动增加，北极国家普遍认为其北极主权和安全形势更加严峻，并强调加强在北极的实质性存在、提升对其管辖范围内相关北极活动的管控。对主权和安全的考量对不同国家的资源开发政策产生了不同的影响。俄罗斯和挪威将加强北极资源开发以及建立和发展北极社区作为强化主权和管辖权、加强管控能力建设的重要方式，而对于北极领土和管辖海域范围广大、人口稀少、管控能力有限的加拿大来说，通过建立定居点等方式加强管控短期内并不现实，因而在资源开发和航道利用等议题上持谨慎态度。

第三，技术能力和环境挑战日益成为影响北极油气资源开发的重要因素。开发北极资源特别是大陆架和海上油气资源具有很大的挑战性，特殊的气候、土壤、地质条件增加了开发的技术难度和成本，劳动力成本高。北极生态系统脆弱，大规模的技术开发必然会破坏周边生态环境；北极环境在气候变化影响下正在发生巨变，影响深远且存在不确定性，在开发技术不成熟的情况下，油气资源开采容易发生泄漏、溢油等事故，环境污染和生态修复的困难极大。2020年俄罗斯诺里尔斯克市柴油罐坍塌导致2万多吨柴油泄漏带来的生态灾难受到广泛关注。此外，全球应对气候变暖的呼声日益高涨，给北极资源开发带来更大范围的道德、融资和公众舆论压力。

第四，北极资源开发政策还受到相关利益集团和国内政治的影响。美国共和党和民主党在气候能源政策上分歧明显，不同利益集团利用选举制度等进行利益渗透，加剧了两党斗争和分歧，共和党支持的阿拉斯加油气资源开发计划屡屡受阻，美加两国之间的"拱心石XL"石油管道等重大能源基建项目也朝令夕改。此外，美国和加拿大北极地区原住民人口比例较大，他们通过多年的土地权利运动争取到了土地所有权和资源管理权，能够参与到本地区资源开发政策的讨论中，两国北极油气资源开发政策体现了原住民群体有关可持续开发自然资源的利益，以及保护生态环境、改善生活条件等诉求。

第五，经济效益是影响未来北极油气资源开发的现实因素。无论是在北极地区建设大型能源开发和基建项目，还是改善公共服务、建设当地社区，都需要大量的资金投入，北极各国经济在新冠肺炎疫情冲击下明显衰退，仅依靠财政资金无法满足实施北极发展战略的实际需要。北极资源的市场是全球域外地区，油气资源的开发利用高度依赖全球供求关系和全球市场价格，新能源的发展以及国际市场油价波动也对北极油气资源项目投资有直接影响。此外，北极开发面临较高的技术要求、环境挑战，以及配套设施和服务缺乏，增加了北极资源开发和运输的经济成本，为了吸引私人投资、外国投资和合作，北极国家北极政策中提出了多项制度和政策措施。

四　趋势与展望

北极油气资源开发政策受多重因素的影响，虽然各国国情不同，在北极开发问题上的政策考量各有侧重，但在经济、技术、环保、政治等力量的共同塑造下，各国北极资源开发政策呈现一定的特点和趋势。

首先，北极国家更加注重经济、安全、社会、生态多领域协调发展，促进北极地区的可持续发展。北极资源开发和产业发展是推动北极地区可持续发展的重要引擎和动力，但也要协调好与其他领域之间的关系。俄罗斯实施积极的北极开发政策，但将环境保护作为重要政策目标，强调负责任的北极开发与可持续发展，挪威和美国则强调其在可持续资源开发方面具有良好的

传统和实践。

其次，北极国家普遍将科技创新作为北极政策的重要内容，鼓励极地科技领域的研发和创新，并使其服务于北极经济社会的健康发展。北极严峻的自然条件增加了资源开发利用的难度，无论是发展北极交通运输系统，还是建设能源开发项目，都需要依托极地工程技术的发展。只有实现科技创新，才能创造新的发展机遇，才能有效应对北极地区面临的环境挑战，实现安全、绿色、全面、可持续的发展。

中国是北极事务的重要利益攸关方，也是北极理事会的观察员国，中国本着尊重、合作、共赢、可持续的基本原则参与北极事务，是北极事务的积极参与者、建设者和贡献者。然而因为意识形态和地缘政治等，北极国家对中国在北极事务中的参与特别是资源开发项目投资往往持谨慎或排斥态度，中国私人企业在格陵兰岛和加拿大投资北极矿产资源开发项目频繁受阻。为更好地与北极国家北极优先事项和重要关切契合，打破"中国威胁论"、"资源饥渴论"等偏见，我国在参与北极开发项目时，应当注意以下三个问题。一是重视极地工程技术创新，研发适用于极地环境和更高环保标准的材料、装备和技术，确保安全开发、绿色开发，促进资源可持续利用。二是除油气资源和矿产资源开发项目投资外，也要关注有关港口、铁路、电子通信、基础设施、可再生能源等与当地生产生活密切相关的发展项目，在北极开发进程中寻找双赢机会。三是了解并遵守北极国家有关北极资源开发、商业投资的法律法规和地方法规，尊重当地原住民群体的合法权益。

法 律 篇
Law

B.4

挪威在斯匹次卑尔根群岛与海域的
新近活动及其影响*

——基于《斯匹次卑尔根群岛条约》缔约百年背景下的考察

刘惠荣　马丹彤**

摘　要： 1920年缔结的《斯匹次卑尔根群岛条约》确立了挪威对斯匹次卑尔根群岛的领土主权和一定的管辖权。为了加强其主权与管辖权，挪威新近开展了一系列活动，主要体现为：为应对北极外交和安全挑战，发布《长期国防计划》，增加国防预算，重视与北约的军事合作，以及继续加强在斯匹次卑尔根群岛渔业保护区的执法活动；为因应北部地区发展而采取

* 本文为科技部国家重点研发计划"新时期我国极地活动的国际法保障和立法研究"（项目编号：2019YFC1408204）和国家自然科学基金项目"海上划界和北极航线专用海图及其法理应用研究"（项目编号：41971416）的阶段性成果。

** 刘惠荣，中国海洋大学法学院教授，中国海洋大学海洋发展研究院高级研究员，博士生导师；马丹彤，中国海洋大学法学院国际法专业博士研究生。

的行动包括建立斯瓦尔巴地方办事处，加强区域环境、能源、科学和新企业的建设与发展，强化绿色能源建设等；为应对新冠肺炎疫情开展的活动主要是制定强制性防疫政策，对进出斯匹次卑尔根群岛的人员，特别是外国国民加以严格限制。这些活动影响了《斯匹次卑尔根群岛条约》其他缔约国与利益攸关国的相关权益，涉及地缘政治、安全、经济与资源环境等要素，特别在斯匹次卑尔根群岛周边海域渔业保护区的管理与大陆架资源开发权属等问题上，引发了利益攸关国对挪威管辖权扩张的质疑。此外，挪威的最新防疫政策对其他缔约国的通行权、科考权等权益造成一定减损。挪威在其一系列国内法与政策的支持与保障背景下采取的行动，本质上直接或潜在地强化了挪威对斯匹次卑尔根群岛的主权。在影响广泛且争议不断的形势下，挪威应加强与利益攸关国之间的协商与合作。

关键词： 《斯匹次卑尔根群岛条约》　斯匹次卑尔根群岛　挪威　俄罗斯

斯匹次卑尔根群岛，位于北极圈内北冰洋巴伦支海和格陵兰海之间，由斯匹次卑尔根岛、东北地岛、埃季岛、巴伦支岛等 9 个主岛和众多小岛组成。1920 年缔结的《斯匹次卑尔根群岛条约》（下文简称《斯约》）赋予斯匹次卑尔根群岛独特的法律地位，确立了挪威对斯匹次卑尔根群岛的领土主权，解决了斯匹次卑尔根群岛的主权归属问题，挪威享有一定的征税权与制定法律、政策的权利；同时，《斯约》也赋予其他缔约国享有在群岛陆地及领水自由进出、平等地从事捕鱼、狩猎和开展海洋、工业、矿业或商业活动的开发、利用的权利。挪威对群岛的立法权、司法权、行政权受《斯约》制约。以立法权为例，《斯约》仅赋予挪威依据《斯约》确立的基本原则制定关于环保、科考和设立国际气象站以及关于采矿等相关内容的法律，并没有其他领域的立法权。到 2020 年为止，《斯约》缔结已过百年，至今仍发挥重要作用。1970 年以后挪威不断通过立法以及相关活动加强对斯匹次卑尔根群岛的管理，在周边海域渔业保护区的管理与大陆架资源开发权属等问题上，挪威的行动引发了相关利益国家对挪威管辖权扩张的质疑。本文就挪威在斯匹次卑尔根群岛与海域新近开展的活动与引发的对利益攸关国的影响展开论述，并就其制定的相关领域的专门法与政策加以分析。

一　挪威在斯匹次卑尔根群岛开展的近期活动

自 20 世纪 70 年代起，挪威为加强对斯匹次卑尔根群岛的管辖，连续发布了多次《斯瓦尔巴白皮书》①。挪威北极区域是挪威地方政治与世界交汇的一部分。2020 年 12 月 2 日，挪威发布其新北极政策，该政策有两个重点关注事项：一是北极外交政策，挪威如何应对与大国的关系，特别是挪威与俄罗斯、美国、欧盟以及包括中国在内的北极域外国家，"北极已成为挪威展现其影响力的地区之一，也使其在国际问题上有更多的筹码"②，2020 年挪威在北极地区的安全问题突出，紧张局势加剧，政策中提到挪威北方易受到大国政治的影响，决定了目前此地优先发展的事项仍是在当前复杂形势下寻找解决相关问题的方法。二是在 2020 年挪威议会选举年份，针对挪威北部是全国人均创造经济价值最低的地区，经济发展水平相对较低，发展区域经济的呼声日益高涨的情形，采取相应行动发展经济、减少矛盾，以顺利推进挪威议会的选举进程。此外，2020 年新冠肺炎疫情肆虐给挪威带来极大的防疫压力，对国内的经济、政治与国民生活造成极大影响。在此背景下，挪威在北极区域、特别是围绕斯匹次卑尔根群岛展开了一系列活动。主要有以下几个方面的政策与行动。

---

① 《斯匹次卑尔根群岛条约》后被挪威称为《斯瓦尔巴条约》。本文仍使用《中国的北极政策》白皮书的称谓"斯匹次卑尔根群岛"，但同时遵从挪威官方文件的原有名称。
② 《2020 年〈挪威高北战略〉》，https://cpos.tongji.edu.cn/98/9f/c17284a170143/page.htm。

（一）为应对北极外交和安全挑战而采取的行动

当前有两个影响斯匹次卑尔根群岛的关键问题，一是斯匹次卑尔根群岛的安全与军事问题，二是围绕渔业保护区引发的政治分歧与活动冲突。2020年挪威北极地区安全问题突出、紧张局势加剧。美国领导人在北极地区的态度强硬，在北约盟国的推动下，挪威北部海岸的军事演习活动有所增加。挪威与俄罗斯之间的关系因为斯匹次卑尔根群岛渔业保护区争议和挪威推行的"反俄政策"①日趋紧张。为应对安全领域的挑战，2020年4月17日，挪威政府发布了《长期国防计划》（Long Term Defence Plan），该计划重申了新的关键国防能力建设长期计划，在以下两个方面有所强调，第一，政府继续在国防和安全方面投入大量资金，指出了未来8年的预算增长幅度，提出了对增加国防开支和联合部队现代化的承诺，以确保挪威在北约北翼仍然是一个负责任且有能力的伙伴。第二，挪威认识到加强北约的海上防卫是该联盟正在进行调整的一个重要方面，将参与北约战备部队与行动作为整个国防建设的组成部分，这对挪威和盟国的安全至关重要。② 此外，从2013年开始，挪威海岸警卫队经过5年长期设计并建造的3艘Jan Mayen级海上巡逻船，计划于2022年交付使用，巡逻作业领域主要在斯匹次卑尔根群岛附近水域，计划在斯匹次卑尔根群岛地区近海发挥重要作用。③ 与此同时，挪威加大发挥海岸警卫队已有船只的作用，如海岸警卫队最大的船只"KV斯瓦尔巴"（KV Svalbard）号于2020年横渡北极。④

① "What is the Point of Norway's New Arctic Policy？" https：//www. thearctic institute. org/point – norway – new – arctic – policy/.

② Charlotte Gehrke，"Norway Releases its Long Term Defence Plan，2020：Resilience as a Core Defense Capability，" https：//sldinfo. com/2020/04/norway – releases – its – long – term – defence – plan – 2020 – resilience – as – a – core – defense – capability/.

③ Charlotte Gehrke，"Recent Developments in Arctic Maritime Constabulary Forces：Canadian and Norwegian Perspectives，" https：//blogs. cardiff. ac. uk/arctic – relations/2019/06/13/recent – developments – in – arctic – maritime – constabulary – forces – canadian – and – norwegian – perspectives/.

④ Thomas Nilsen，"Norwegian Coast Guard Sails High-latitude Arctic Voyage to Beaufort Sea，" https：//www. arctictoday. com/norwegian – coast – guard – sails – high – latitude – arctic – voyage – to – beaufort – sea/.

2020 年正值《斯约》诞生百年之际，面对俄罗斯等在渔业和石油天然气方面拥有利益的国家不断提出的异议，特别是国际社会对挪威有关《斯约》的适用范围以及平等权的解释疑问，挪威外交大臣伊内·埃里克森·瑟雷德（Ine Eriksen Søreide）与司法和公共安全大臣莫妮卡·梅兰（Monica Mæland）发布报告，提出官方基本立场。首先强调，自《斯约》签署以来，挪威一直高度重视履行该约与国际法规定的义务。其次，表明《斯约》中关于平等待遇的规定不适用于 12 海里领海以外的水域，"关于平等待遇的规定只适用于斯瓦尔巴群岛的陆地和领水，条约的措辞是明确的。某些国家可能显然有兴趣主张作出更广泛的解释，将领海以外的地区包括在内。然而，任何这种解释都意味着以挪威主权为代价而扩大其权利"①。挪威提到其他利益攸关国家对《斯约》适用范围的解读并提出自己的理解，声称那些主张"《斯约》中提到的领水包括 12 海里以外海域的国家，正在以违反国际法的方式解释这一规定。在某些情况下，对《斯约》实际实质内容的误解或缺乏了解，会导致《斯约》对特定利益攸关方利益的重要性产生不切实际的期望或意见"②。最后，报告中强调斯匹次卑尔根群岛是挪威的一部分，但同时，"挪威也会不定期与其他国家对争议事项进行协商"③。

挪威在斯匹次卑尔根群岛北部水域的执法活动仍在继续。2020 年 4 月 2 日，挪威海岸警卫队的巡逻船在其摩尔曼斯克基地发现了俄罗斯拖网渔船"博雷"号（Borey）正在非法捕鱼，该渔船船长和船主因同意了缴纳罚款和没收捕获物的处罚，该船不再被强行押送到挪威北部港口，"博雷"号继续在这一地区捕鱼。事后俄罗斯外交部向挪威驻莫斯科大使馆发出了一份正

---

① Atle Staalesen, "Norway's Celebration of Svalbard Treaty was Followed by Ardent and Coordinated Response from Moscow Media," https://thebarentsobserver.com/en/2020/07/norways – celebration – svalbard – treaty – was – followed – ardent – and – coordinated – response – moscow.

② "Norway Clarifies Svalbard Treaty After Russian Complaint," https://www.maritime – executive.com/index.php/article/norway – clarifies – svalbard – treaty – after – russian – complaint.

③ "Norway Clarifies Svalbard Treaty After Russian Complaint," https://www.maritime – executive.com/index.php/article/norway – clarifies – svalbard – treaty – after – russian – complaint.

式照会,抗议对"博雷"号采取的行动。① 2020 年 12 月 11 日,挪威贸易、工业和渔业大臣英格布里格森(Ingebrigtsen)表示:"自 2021 年 1 月 1 日起,挪威可能会禁止英国和欧盟船只在其水域捕鱼。"② 因英国与欧盟在英国脱欧问题上长期僵持不下,有关挪威北海共同鱼类资源管理的谈判一直受阻。

(二)为因应北部地区发展而采取的行动

除了国际和区域层面,挪威北极政策还涉及国内政治与经济事项。为了因应挪威议会选举的需要,2020 年挪威发布新的《北极白皮书》,该白皮书是挪威政府促进其北极区域发展的一次尝试,比之前的挪威《北极白皮书》和战略文件更强调商业和经济价值创造。挪威北极地区在国内具有特殊地位,长期以来,它都是全国人均创造经济价值最低的地区。尽管目前该区域经济迅速增长,但平均增长率仍然低于全国平均水平,其中,地缘政治、环境、能源、科学和新企业是发展的关键问题。

具体来看,从 2020 年 4 月 1 日起,挪威贸易、工业和渔业部(NFD)开始管理斯匹次卑尔根群岛的所有国有地产(挪威拥有斯匹次卑尔根群岛上 98.75% 的地产),并在斯匹次卑尔根群岛建立地方办事处。这是政府部门首次在奥斯陆以外建立地方办事处,它有利于实现挪威在斯匹次卑尔根群岛的政策目标并增加地区就业,并且它也为斯匹次卑尔根群岛地区提供了直接与地产管理者对话的机会。③ 此外,挪威政府在 2020 年启动了关注新能源的电力改革。在该区域,无论是旅游,鱼类加工,还是其他企业都需要更多的电力。为此,政府部门正着手研究与论证斯匹次卑尔根群岛电力等能源

---

① Atle Staalesen, "Moscow Sends Signal It Might Raise Stakes in Svalbard Waters," https://thebarentsob server. com/en/arctic/2020/04/moscow – sends – signal – it – might – raise – stakes – svalbard – waters.

② "Norway Threatens to Ban EU Fishermen from Norwegian Waters after New Year," https://norwaytoday. info/news/norway – threatens – to – ban – eu – fishermen – from – norwegian – waters – after – new – year/.

③ Hilde-gunn Bye, "Trade Ministry Will Open Local Office in Svalbard," https://www. highnorth news. com/en/trade – ministry – will – open – local – office – svalbard.

供应的绿色解决方案。主要目标是"把来自挪威大陆的电缆接入斯匹次卑尔根群岛,可以使斯匹次卑尔根群岛的电力供应100%可再生,使群岛成为北极绿色能源的典型。在这里,电力系统将取代煤电,并整合风力发电,最终为挪威北极地区的未来活动提供绿色的导引"① 。此外,这一绿色能源方案既能为挪威,也可以为俄罗斯在斯匹次卑尔根群岛的定居点提供电力等能源,因为俄罗斯正在巴伦茨堡开采煤炭,近年来随着该矿逐渐被开采完,俄罗斯正在寻求其他经济活动。虽然俄罗斯在巴伦茨堡定居点拥有自己的小型燃煤电厂,但其远不足以提供所需电力。因此,正在启动的这一绿色能源方案与行动既可以给两国带来经济利益,又能使稍显紧张的两国关系趋于缓解。

(三)为应对新冠肺炎疫情开展的活动

自2020年3月以来,为了限制新冠病毒的传播风险,挪威陆续推出严格的入境规则,对寻求入境挪威的外国国民实行更为严格的规定。一般来说,除某些例外,只有居住在挪威的外国公民才被允许入境。首先,挪威对不可进入挪威以及斯匹次卑尔根群岛的人员进行限制,规定以下人群不再可以访问该国:第一,居住在欧洲经济区(EEA)的外国国民和居住在第三国的欧洲经济区国民(除非也适用于第三国国民的豁免);第二,对于欧洲经济区成员国国民和其他国家国民,除了拥有未成年子女的核心家庭以外的家庭成员,如祖父母、成年子女、成年子女的父母和恋爱伴侣不能进入;第三,来自欧洲经济区以外国家的外国公民,他们被授予同工作或学习有关的居留许可,包括作为短期工人或学生;第四,从事电影或系列电影制作工作的,或作为研究人员的外国公民。② 其次,挪威列举了享有限制豁免的人或

---

① Thomas Nilsen, "Svalbard could Turn from Dirty Coal to Zero Emission Power Supply," https://thebarentsobserver.com/en/arctic/2016/08/svalbard – could – turn – dirty – coal – zero – emission – power – supply.

② https://www.regjeringen.no/no/tema/samfunnssikkerhet – og – beredskap/innsikt/liste – over – kritiske – samfunnsfunksjoner/id2695609/.

团体，被允许进入挪威以及斯匹次卑尔根群岛，① 主要基于居住在挪威的外国公民这一身份和是否具有行政、安全、金融、法律等社会重要性（society-critical）的公共职能要求。②

对于可以前往挪威的人，需要进行强制性核酸检测、入境登记以及在指定检疫酒店检疫隔离。前往斯匹次卑尔根群岛的人员必须出示新冠病毒核酸检测阴性证明，然后才能出发前往斯匹次卑尔根群岛。该核酸检测必须在预定的起飞时间前 24 小时内在挪威本土进行。③ 从 2020 年 12 月 21 日开始，挪威政府对所有进入挪威的人实行强制性入境登记，以加强对新冠病毒传播的控制。④ 进入挪威后必须接受强制性隔离的游客，包括居住在国外的挪威公民入境和居住在挪威的外国人在内的出境旅行，必须在前往斯匹次卑尔根群岛之前在挪威大陆进行隔离，必须在检疫酒店进行检疫隔离。⑤ 挪威对在相关规定发布之前已经抵达斯匹次卑尔根群岛的外国访问人员实施了强制转移，2020 年 3 月 15 日，挪威当局决定，所有 2 月 27 日之后抵达斯匹次卑尔

---

① 以下人群仍被允许进入该国：居住在挪威的非挪威公民；有特定理由允许此类人员进入该国的非挪威公民，例如在履行对属于挪威公民的人员的特殊照料责任，或出于其他重大福利原因；与孩子一起行使参观权的非挪威公民；居住在挪威的人的直系亲属，包括配偶、注册伴侣、同居者，未成年子女或继子女，以及未成年子女或继子女的父母或继父母；外国媒体机构的新闻工作者和其他人员；计划在挪威中途停留的外国人（包括国际中转机场和申根地区）；海员和航空人员；参与货物和乘客运输的非挪威公民；在挪威承担着至关重要的社会角色、在重要的公共职能部门工作的非挪威公民；来自瑞典和芬兰的卫生人员，他们在挪威的卫生和保健服务部门工作；每天越境前往挪威上学的儿童；根据贸易、工业和渔业部制订的申请计划获准入境的商务旅客；来自瑞典和芬兰的日间通勤者能够在严格的测试和控制制度下在挪威工作。https：//www. regjeringen. no/en/topics/koronavirus – covid – 19/travel – to – norway/id2791503/.
② 以清单方式列举限定"社会重要性"（society-critical）的范围，包括：行政与危机管理；安全；法律和秩序；健康和护理服务，包括药房员工和护工；救援服务；民用部门的数字安全；自然与环境；供应安全；水和废水；金融服务；电力供应；电子通信；运输；卫星业务。https：//www. regjeringen. no/en/topics/koronavirus – covid – 19/travel – to – norway/id2791503/.
③ https：//www. sysselmannen. no/en/news/2021/02/quick – test – is – approved – when – traveling – to – svalbard/.
④ https：//www. regjeringen. no/en/aktuelt/government – introduced – registration – requirement – for – all – people – entering – norway/id2815594/.
⑤ https：//www. regjeringen. no/en/topics/koronavirus – covid – 19/travel – to – norway/id2791503/.

根群岛的游客均应前往挪威奥斯陆。①

挪威因防疫对进出斯匹次卑尔根群岛的人员加以限制，制定强制性检疫程序并强制转移已到斯匹次卑尔根群岛的外国公民，对《斯约》赋予其他缔约国在斯匹次卑尔根群岛的自由通行权益有所减损，这实际上是潜在地加强了挪威对斯匹次卑尔根群岛的主权。特别是因防疫而禁止作为研究人员的外国公民进入斯匹次卑尔根群岛，对其他缔约国在斯匹次卑尔根群岛的科考权益也有很大影响。

二 挪威在斯匹次卑尔根群岛的新近活动
对利益攸关国的影响

（一）对俄罗斯的影响：俄罗斯多方抗议、争议不断

俄罗斯是挪威北方的重要邻国，是《斯约》签署国中唯一利用其权利在该地区从事商业活动的国家，因此，挪威基于百年《斯约》不断出台法律与政策，强化主权等权益的行为对俄罗斯的影响至深。2020 年 2 月 3 日，俄罗斯外交部部长谢尔盖·拉夫罗夫针对斯匹次卑尔根群岛问题致函挪威外交大臣伊内·埃里克森·瑟雷德，明确表达了俄方对挪威依据《斯约》对斯匹次卑尔根群岛管理的不满。拉夫罗夫在信中称俄罗斯感到在群岛上受到歧视，呼吁就消除俄罗斯在群岛上的活动和限制进行双边磋商。挪威方回应称："斯瓦尔巴群岛的所有活动都在挪威法律和政策的框架内进行。"② 在 2020 年 2 月 9 日《斯约》缔结 100 周年纪念当天发表的一份声明中，挪威外交大臣伊内·埃里克森·瑟雷德明确表示："挪威的主权是无

---

① Thomas Nilsen, "All Visitors Have to Leave Svalbard," https：//thebarentsobserver. com/en/travel/2020/03/all – visitors – have – leave – svalbard.

② Tom Balmforth, "Russia Complains of Norwegian Restrictions on Its Activities on Svalbard," https：//www. arctictoday. com/russia – complains – of – norwegian – restrictions – on – its – activities – on – svalbard/.

可争议的，挪威绝不愿意在条约的解释上妥协。我们与其他国家就在我们自己的地区执行权力问题进行磋商是不自然的。"① 俄罗斯一直以来对斯匹次卑尔根群岛相关问题的主张以及同挪威的分歧，在《斯约》缔结百年背景下又重新提起。

首先，基于挪威在斯匹次卑尔根群岛上的管理，俄罗斯感到受到挪威的歧视，强调挪威在岛上实行严格的环境立法和对直升机交通的限制，其根本目的是阻碍俄罗斯的活动。此外，俄罗斯对挪威在岛上管理的不满还体现在俄罗斯公民进出斯匹次卑尔根群岛的通行权问题上。《斯约》赋予所有缔约国享有除军事目的以外自由进入和停留斯匹次卑尔根群岛的通行权。② 俄罗斯在这次批评中新提到的一点是"罗戈津案"，认为挪威对俄罗斯公民政治抗议与立法限制构成对俄罗斯的歧视待遇。俄罗斯副总理德米特里·罗戈津（Dmitry Rogozin）因2014年乌克兰事件被欧盟与挪威列入制裁名单，2015年4月前往北极，中途停留并访问斯匹次卑尔根群岛，参观巴伦茨堡的俄罗斯采矿社区。罗戈津的访问被挪威当局视为一种挑衅行动。在罗戈津访问斯匹次卑尔根群岛事件发生一年后，挪威在2016年9月颁布《关于驱逐斯瓦尔巴人条例》，并在第一节第二项中规定斯瓦尔巴省长应驱逐受"挪威已同意并适用于挪威王国其他地区的旅行限制的国际限制性措施所涵盖的人员"③。俄罗斯对此深表不满。

其次，俄罗斯强烈反对挪威于1977年在斯匹次卑尔根群岛周围建立渔业保护区，以及对挪威在斯匹次卑尔根群岛周边的大陆架主张提出抗议。

① Atle Staalesen, "Norway's Celebration of Svalbard Treaty was Followed by Ardent and Coordinated Response from Moscow Media," https://thebarentsobserver. com/en/2020/07/norways – celebration – svalbard – treaty – was – followed – ardent – and – coordinated – response – moscow.

② 《斯匹次卑尔根群岛条约》第3条：缔约国国民，不论出于什么原因或目的，均应享有平等自由进出第一条所指地域的水域、峡湾和港口的权利；在遵守当地法律和规则的情况下，他们可毫无阻碍、完全平等地在此类水域、峡湾和港口从事一切海洋、工业、矿业和商业活动。

③ Amund Trellevik, "Russia Has Always Challenged Norway on Svalbard. This Time, Parts of Its Criticism is Different," https://www.highnorthnews.com/en/russia – has – always – challenged – norway – svalbard – time – parts – its – criticism – different.

20 世纪 90 年代后期，挪威海岸警卫队在保护区内实施更严格的执法政策，海岸警卫队开始在渔业保护区内对没有配额的第三国船只使用逮捕和其他武力手段。① 并且挪威海岸警卫队的强制措施也转向了俄罗斯渔船，1998 年俄罗斯渔船"诺沃 – 库比雪夫斯克"号（Novo – Kuybyshevsk）、2001 年"切尔尼科夫"号（Tsjernigov）、2005 年"电子"号（Elektron）和 2011 年"蓝宝石二号"（Sapfir – 2）、2017 年"雷默"号均遭到挪威海岸警卫队的逮捕，这几次逮捕事件有可能升级为超出渔业问题的范围。最新的事件态势进一步升级，2020 年 4 月 22 日，挪威海岸警卫队船只在执法中捕获了一艘俄罗斯拖网渔船"摩尔曼斯克"号，俄罗斯表示严重关切。俄罗斯不承认该保护区，因此它认为挪威没有权力对该地区的俄罗斯船只采取行动，挪威海岸警卫队在海域内扣留外国船只的行为，是挪威违背 1920 年《斯约》规定，无理扩大其在群岛地区权利政策的一部分。② 与这些担忧相呼应，2017 年，俄罗斯国防部认为斯匹次卑尔根群岛是未来与挪威以及北约冲突的潜在地区。另外，2015 年 1 月，挪威在斯匹次卑尔根群岛海岸颁发石油勘探许可证时，俄罗斯表示抗议，称挪威根据《斯约》没有在这些地区勘探的专属权利。③

再次，斯匹次卑尔根群岛问题对俄罗斯的军事安全影响。挪威作为北约成员国之一，斯匹次卑尔根群岛被纳入北约范围之内，俄罗斯西北部的许多重要军事设施都相对靠近斯匹次卑尔根群岛，从其在该地区的各个海军基地出发的俄罗斯船只必须经过斯匹次卑尔根群岛附近的水域才能到达大西洋。2017 年，俄罗斯在离斯匹次卑尔根群岛最近的弗朗茨约瑟夫地块又开设了新的军事基地。俄罗斯在该地区的军事能力，特别是其庞大的破冰船队，超过了任何其他北极国家，这些因素清楚地表明

① T. Pedersen ,"Norway's Rule on Svalbard: Tightening the Grip on the Arctic Islands," *Polar Record*, 2009, 45 (233): 147 – 152.
② Andreas Østhagen, "Managing Conflict at Sea: The Case of Norway and Russia in the Svalbard Zone ," *Arctic Review on Law and Politics*, 2018, 9: 100 – 123.
③ Lee Williamson, "Tensions in the High North: The Case of Svalbard," https://natoassociation.ca/tensions – in – the – high – north – the – case – of – svalbard/.

了俄罗斯对北极的战略重视程度。[1] 2017 年 4 月北约在斯匹次卑尔根群岛举行会议，俄方对此表示抗议，认为这是对俄罗斯的挑衅，以及违反《斯约》规定的斯匹次卑尔根群岛不得用于军事用途的承诺。俄罗斯还提出，挪威在斯匹次卑尔根群岛上建造了军事设施，例如，认为岛上的雷达站可以用来跟踪俄罗斯的弹道导弹。[2]

此外，俄罗斯对挪威实施《斯约》赋予的主权与管辖权时不考虑俄罗斯在斯匹次卑尔根群岛的权利表示不满。拉夫罗夫信中最基本的要求是进行双边对话，但挪威表示不会改变政策，对此俄方表示："不幸的是，俄罗斯关于组织双边磋商，就俄罗斯商业和科学活动在群岛上面临的问题进行磋商的提议被忽视了。我们不要忘记，斯瓦尔巴群岛是在一定条件下被转移到挪威的。"实际上，两国作为重要邻国，一直有双边合作的传统和经验，在共享鱼类种群、应对漏油、搜救和船舶交通管理方面的合作是不和谐领域的和谐行为。2002 年，挪威与俄罗斯建立联合渔业委员会实行了捕捞控制规则，根据科学建议确定配额，消除了两国之间的摩擦根源。2010 年《巴伦支海海洋边界协定》是两国利益充分趋同的结果，在挪威和俄罗斯努力就减少巴伦支海的年度配额达成协议时，采取了若干有效措施。两国海岸警卫队在巴伦支海域也有一些具体交流，如两国海岸警卫队官员的交流，具体有海岸警卫队队长之间正式分享信息和举行年度会议等。

（二）对欧盟的影响与欧盟对挪威的"外交照会"抗议

欧盟不是《斯约》的缔约方，但是依据《欧洲联盟运行条约》（TFEU）规定，成员国在 1958 年《罗马条约》生效前产生的国际义务不受欧共体基础条约《欧洲联盟条约》和《欧洲联盟运行条约》的影响，根据欧盟的规定，挪威必须尊重《斯约》在领海以及与斯匹次卑尔根群岛毗邻的专属经

[1] Lee Williamson, "Tensions in the High North：The Case of Svalbard," https：//natoassociation. ca/tensions–in–the–high–north–the–case–of–svalbard/.
[2] Lee Williamson, "Tensions in the High North：The Case of Svalbard," https：//natoassociation. ca/tensions–in–the–high–north–the–case–of–svalbard/.

济区和大陆架相对应地区的非歧视性条款。同时欧盟在保护海洋生物资源方面拥有专属权限，因此它有责任确保其成员国的捕鱼权得到尊重。欧盟根据《欧洲联盟运行条约》第3条规定可以制定共同渔业政策保护海洋生物资源，第4条第2款规定在涉及农业及除海洋生物资源保护以外的渔业领域，欧盟及其成员国可以分享权利。此外，根据《欧共体条约》第133条，欧盟委员会有权与第三国进行渔业谈判，并签署渔业协定，这些协定构成欧盟及成员国共同渔业政策的重要内容。但欧盟与挪威在《斯约》适用范围上有分歧，欧盟提出了《斯约》适用范围应包含斯匹次卑尔根群岛渔业保护区的主张，在No.32/09照会中，欧盟明确表示，"挪威国内法无权限制缔约国在斯瓦尔巴群岛渔业保护区内的自由捕鱼权，欧盟不反对在这一水域的其他渔业养护和管理措施，但这些规定应符合《斯约》规定，并做到非歧视性地适用所有缔约国"①。

从1977年挪威建立斯匹次卑尔根群岛渔业保护区开始，针对挪威对悬挂欧盟成员国国旗的渔船进行搜查，欧盟就频繁向挪威政府发出外交照会。典型事件是2004年5月31日，挪威对西班牙渔船"Olazar"号和"Olabern"号采取强制措施，欧盟于2004年7月连续发布NO.26/04、No.32/09、No.19/11、No.26/04、No.32/09外交照会。2009年8月19日，挪威逮捕葡萄牙渔船"普拉亚德圣克鲁斯"号（Praia de Santa Cruz），该船被移交到挪威港口，并根据挪威法律和《斯约》第2条关于捕鱼活动权利方面的规定被要求交付一定费用。针对这些事件，欧盟发布的外交照会采取一致声明："要求挪威停止对任何悬挂欧盟成员国国旗的船只采取进一步的类似行动，并重申在《斯约》规定下，挪威无权采取任何措施限制悬挂欧盟成员国国旗的船只在斯瓦尔巴群岛渔业保护区活动，除非这些船只有违法行为，即使有不当行为，也应在船旗国的法律体系下起诉。"②

从2017年开始，欧盟和挪威之间发生了关于斯匹次卑尔根群岛海岸附近

---

① https://europa.eu/european-union/documents-publications/official-documents_en.
② 卢芳华：《斯瓦尔巴地区法律制度研究》，社会科学文献出版社，2018，第248~249页。

雪蟹捕获权的争端。挪威 2014 年通过的《挪威参与法》，对斯匹次卑尔根群岛周围的雪蟹捕获进行管制，该法令第 1 条规定一般禁止捕雪蟹，但在第 2 条中允许根据对拥有许可证的船只给予豁免。[①] 这个问题随后被提交挪威最高法院，该法院 2019 年 2 月裁定，欧盟在进行任何雪蟹捕获活动之前，必须征得挪威的许可。这一争端尽管有裁决，但欧盟仍计划再次颁发雪蟹捕捞许可证。

（三）对美国的影响：引发美国地缘政治与安全关注

挪威以及斯匹次卑尔根群岛对于美国来说有重要的战略意义，冷战期间建立在科拉半岛的俄罗斯北方舰队基地构成了对美国的战略威胁，因而，当时美国最重视的是政治利益而非经济利益，美国对挪威建立渔业保护区表示支持，并协调与英国、法国等北约国家在斯匹次卑尔根群岛持一致立场，以减轻挪威在斯匹次卑尔根群岛问题上面临的压力。20 世纪 70 年代，美国在斯匹次卑尔根群岛地区发现丰富的石油资源，故越来越重视自己依《斯约》在斯匹次卑尔根群岛地区享有的权利。1981 年美国国务院法律顾问针对斯匹次卑尔根群岛的争议问题提出一份《斯匹次卑尔根群岛周围大陆架法律问题备忘录》的法律报告。[②] 随着渔业保护区执法冲突加剧，特别是挪威与俄罗斯之间关系的不断紧张，挪威在 2005 年出台了《挪威北极战略》。同时斯匹次卑尔根群岛相关问题一直在美国北极政策视野中，只是随着地缘政治的变化，美国相应的北极政策或外交政策也随之作出应对和调整，总起来看，斯匹次卑尔根群岛问题一直在美国外交政策的高位议程和低位议程之间徘徊，美国在这一区域的核心问题是安全与大国关系。2009 年美国出台北极地区政策，发布《全球气候变暖下的北极新安全威胁报告》，该报告指

---

① Hélène De Pooter, "The Snow Crab Dispute in Svalbard," https：//www. asil. org/insights/volume/24/issue/4/snow – crab – dispute – svalbard.

② 该报告涵盖三方面内容：第一，挪威是否有权行使沿海国对斯匹次卑尔根群岛领海以外区域的管辖权，如果不赋予挪威这种权利将面临何种法律后果；第二，如果《斯约》规定挪威作为沿海国享有对斯匹次卑尔根群岛周边区域的管辖权，这一区域范围大小如何确定；第三，《斯约》的军事条款是否会影响美国在公海自由航行的权利，斯匹次卑尔根群岛离岸设施是否也要接受挪威的管辖。

出，北冰洋沿岸国家将在《斯约》法律框架下和平解决斯匹次卑尔根群岛问题。

（四）对相关利益国家的影响：维护自身权益的共同态度与立场倾向的出现

在《斯约》缔结百年之际，缔约国和利益相关方越来越多地将目光投向斯匹次卑尔根群岛，维护各自的权益。至今缔约国之间的利益纷争没有停止，并且出现以下立场倾向。第一，斯匹次卑尔根群岛问题受地缘政治影响，缔约国都是从各自国家利益出发提出自己的政策主张。第二，这些国家没有出台针对斯匹次卑尔根群岛地区的专门发展战略，都是将斯匹次卑尔根群岛地区政策纳入自己的北极战略框架内，选择就个别问题表明立场和看法。第三，缔约国对《斯约》适用范围争议不断，主要争议集中在两个领域：其一，明确表示斯匹次卑尔根群岛有自己独立的专属经济区和大陆架，《斯约》适用范围应扩大到斯匹次卑尔根群岛的渔业保护区和大陆架，缔约国应享有平等的资源权益。其二，挪威依据《斯约》赋予的立法权而颁布的有关环境保护、渔业保护区，以及矿产开发等国内法，对《斯约》赋予缔约国权利的限制，过多干涉缔约国依《斯约》享有的在规定区域的捕鱼和狩猎，自由进入，开展从事一切海洋、工业、矿业或商业活动的权利。第四，缔约国大多主张在以《斯约》为主的现有法律机制框架下解决争议，不排除将争端付诸国际争端解决机构通过法律方式解决。第五，与北极国家在北极区域合作的进展对比，各国在斯匹次卑尔根群岛的区域合作缓慢。

三 挪威关于斯匹次卑尔根群岛的专门法与相关政策分析

挪威在斯匹次卑尔根群岛与海域新近开展的活动，与其制定的专门法和相关政策密切相关，并有历史的渊源。1925 年 7 月挪威颁布《斯瓦尔巴法

案》，对斯匹次卑尔根群岛的基本法律制度作出规定，该法案明确斯匹次卑尔根群岛在法律地位上属于挪威主权的一部分，并对其法律制度的适用作出明确规定，即挪威民法和刑法以及挪威关于司法与行政事项的立法适用于斯匹次卑尔根群岛，其他法律规定不适用于斯匹次卑尔根群岛，除非有专门规定。自此，挪威陆续出台相关立法与政策文件，对斯匹次卑尔根群岛的环境保护、渔业开发、矿产开发管理等领域进行管理和规制，涵盖领域广泛。

（一）关于斯匹次卑尔根群岛气候与环境的专门法与政策

20 世纪初在斯匹次卑尔根群岛上的采煤以及渔业开发活动逐渐增加，迫切需要对各国的活动加以规制以保护斯匹次卑尔根群岛脆弱的环境与生态，《斯约》明确赋予挪威制定专门的法案来保护斯匹次卑尔根群岛生态环境的权利并同时应顾及平等无歧视原则。[1] 斯匹次卑尔根群岛的主要环境管理机构是挪威国王、环境部、环境部下设的管理局以及斯瓦尔巴总督，[2] 其中最重要的机构是环境部以及其下设机构挪威气候环境局（Ministry of Climate and Environment）。从 20 世纪 70 年代开始，挪威在斯匹次卑尔根群岛设立环境保护区和国家公园等特殊保护区，并于 2001 年 6 月 15 日颁布《斯瓦尔巴环境保护法案》，法案包含 10 个部分共 103 条，从区域管理、动植物保护、文化遗产保护、许可证制度和环境影响评价制度等角度对斯匹次卑尔根群岛的环境保护进行规制，是目前斯匹次卑尔根群岛最主要的关于环境保护的法律规定，此外，挪威的一些涉及环境保护的国内法也适用于斯匹次卑尔根群岛。1983 年出台的《污染防治法令》是挪威比较重要的涉及环境保护的国内法，由挪威环境部颁布实施以防止污染和废弃物排放并进行规制，这一法律经国王批准适用于斯匹次卑尔根群岛。挪威对斯匹次卑尔根群岛地区的立法大多涉及环境保护，2020 年出台的《斯瓦尔巴群岛污染和废

---

① 《斯匹次卑尔根群岛条约》第 2 条：挪威应自由地维护、采取或颁布适当措施，以便确保保护并于必要时重新恢复该地域及其领水内的动植物；并应明确此种措施均应平等地适用于各缔约国国民，不应直接或间接地使任何一国的国民享有任何豁免、特权和优惠。

② 卢芳华：《斯瓦尔巴地区法律制度研究》，社会科学文献出版社，2018，第 120 页。

物条例》是最新的针对斯匹次卑尔根群岛环境保护的立法文件。

挪威通过一系列法律和政策（具体见表1与表2）加强对斯匹次卑尔根群岛环境的管理和保护，不可避免地对其他缔约国在斯匹次卑尔根群岛的活动带来更多限制，一定程度上影响《斯约》赋予缔约国权利实现的效果。挪威已经在斯匹次卑尔根群岛65%的地区建立自然公园保护区，包括3个国家公园、3个植物保护区和15个鸟类栖息地，依据相关法规在这些区域中对其他缔约国从事海洋、工业、矿业及商业活动的范围造成一定程度的缩小。《斯瓦尔巴环境保护法案》对缔约国在斯匹次卑尔根群岛的采集权、狩猎权的活动方式和活动能力作出严格的限制，比如以何种交通方式进出以及路线划定等限制。①

表1 挪威颁布的仅适用于斯匹次卑尔根群岛的法律规定（截至2021年3月）

时间	性质	名称
1925. 8. 7	法律	《斯瓦尔巴采矿法典》
1925. 7. 17	法律	《斯瓦尔巴法案》
1971. 5. 21	法律	《斯瓦尔巴易燃物品法》
1974. 6. 14	法律	《斯瓦尔巴爆炸物品法》
2001. 6. 15	法律	《斯瓦尔巴环境保护法案》
2002. 6. 24	政策	《斯瓦尔巴汽车交通条例》
2002. 6. 24	政策	《斯瓦尔巴废水、废物、有毒物处理费规定》
2002. 6. 24	政策	《斯瓦尔巴动物皮毛采集规定》
2002. 6. 27	政策	《斯瓦尔巴露营规定》
2002. 6. 28	政策	《要求斯瓦尔巴狗拴链规定》
2002. 6. 28	政策	《关于斯瓦尔巴环境影响评价和土地利用规划的规定》
2006. 12. 22	政策	《关于收取前往斯瓦尔巴游客环境费的条例》
2007. 4. 30	政策	《设立斯瓦尔巴环境保护基金规定》
2014. 4. 4	政策	《斯瓦尔巴自然保护区鸟类保护区》
2020. 3. 7	法律	《斯瓦尔巴群岛污染和废物条例》

资料来源：https：//www. regjeringen. no/en/find – document/id2000006/。

---

① 《斯瓦尔巴环境保护法案》第79条～84条，https：//www. regjeringen. no/en/dokumenter/ svalbard – environmental – protection – act/id173945/。

表2 挪威经修订后适用于斯匹次卑尔根群岛的国内法

时间	部门	名称
1976.6.11	气候与环境部	《土地登记法》
1977.6.10	气候与环境部	《未开垦土地和水道上的汽车运输法案》
1981.3.13	气候与环境部	《污染控制法案》
2003.5.9	气候与环境部	《环境信息法案》
2004.12.17	气候与环境部	《温室气体排放贸易法案》
2009.6.19	气候与环境部	《生物多样性法案》
2015.6.19	气候与环境部	《与外来生物有关的条例》

资料来源：https：//www.regjeringen.no/en/find - document/id2000006/。

（二）关于斯匹次卑尔根群岛渔业开发与狩猎的专门法与政策

渔业是挪威仅次于石油的第二大产业，斯匹次卑尔根群岛南部海域蕴藏着极其丰富的海洋生物资源，依据1976年《挪威经济区法令》，挪威设立3个专属经济区，其中在1977年6月15日建立斯瓦尔巴群岛200海里渔业保护区[①]，一般性的渔业管辖权归属于挪威，对限定保护区中禁渔区、捕捞权和捕捞配额、最小网口尺寸及最小捕鱼尺寸的渔具限制、附加渔获物、丢弃物以及禁渔期作出管理规定。[②] 依据1983年《挪威海水渔业法案》，由挪威海岸警备队作为主要执法力量，巡逻区域涉及挪威管辖的所有领海和专属经济区，包括斯瓦尔巴群岛渔业保护区水域，主要执法任务涉及渔业监督检查、搜寻和救援。值得注意的是，挪威与俄罗斯在斯瓦尔巴群岛渔业保护区的部分海域的渔业合作具有共享性，两国的合作源于1975年4月11日签订的《挪威与苏联关于渔业合作的协定》，并由此组建挪威－苏联渔业联合委员会。1978年1月11日两国签署《挪威与苏联关于巴伦支海重叠海域渔业临时协定》，在斯瓦尔巴群岛渔业保护区南部海域，两国可

---

① 挪威依1976年《挪威经济区法令》建立了3个专属经济区，分别是1977年1月1日建立的挪威200海里专属经济区、1977年6月15日建立的斯瓦尔巴群岛200海里渔业经济区、1980年5月29日建立的扬马延渔业保护区。

② 卢芳华：《斯瓦尔巴地区法律制度研究》，社会科学文献出版社，2018，第139～142页。

行使管辖权，对各自本国渔船进行监管。① 1980 年，挪威与苏联签订《关于养护生物资源的协定》，排除第三国在争议海域开采生物资源的可能。2010 年，俄罗斯和挪威签订的《俄罗斯联邦与挪威王国关于在巴伦支海和北冰洋的海域划界与合作条约》生效。这些双边合作在一定程度上能够防止因渔业引发的纠纷进一步恶化，但没有带来争议海域法律地位以及争议的完全确定，留下了发生冲突的危险。

依据《斯约》，缔约国在斯匹次卑尔根群岛陆地及领海享有狩猎权，但挪威陆续颁布专门法对缔约国在斯匹次卑尔根群岛的狩猎权作出限制性规定，例如《斯瓦尔巴环境保护法案》第 27 条规定，一律禁止缔约国在斯匹次卑尔根群岛国家公园、自然保护区、受保护生物区对自然环境造成长期影响的活动，包括狩猎和捕鱼活动。② 又如在《挪威关于斯瓦尔巴群岛法案》中为当地居民设立特殊权利，并规定他们拥有在国王颁发的许可证保护下的狩猎、捕鱼、采集蛋类和羽毛的唯一权利。

（三）关于斯匹次卑尔根群岛矿产开发的专门法与政策

斯匹次卑尔根群岛蕴藏着丰富的煤、磷灰石、铁等矿产资源，煤炭产业是斯匹次卑尔根群岛的传统产业，《斯约》赋予缔约国在斯匹次卑尔根群岛陆地和领海平等采矿的权利，挪威针对斯匹次卑尔根群岛的资源开发制定了专门的法律规定。1925 年，挪威依据《斯约》颁布实施《斯瓦尔巴采矿法典》，该法典包括 7 个章节共 36 条，对缔约国在斯匹次卑尔根群岛矿产勘探和开发权的申请、矿产生产和经营、矿主同土地所有者的关系，以及矿主对矿工的保护等问题进行规定。斯匹次卑尔根群岛矿产资源的行政管理和监管机构是斯瓦尔巴矿产委员会（Commission of Mine Bergmester），某些重要的决策需要国王批准。斯瓦尔巴矿产委员会的主要职责有：矿产开发许可证的颁发与管理、矿产开采权的审批、要求矿主履行某些责任及对其行为进行监

---

① 匡增军：《2010 年俄挪北极海洋划界条约评析》，《东北亚论坛》2011 年第 5 期。

② 《斯瓦尔巴环境保护法案》第 27 条，https：//www. regjeringen. no/en/dokumenter/svalbard – environmental – protection – act/id173945/。

督、对不符合规定的矿主进行处罚等。缔约国有权在斯匹次卑尔根群岛内进行探查和开采煤、矿物油以及其他矿物和岩石，开采和挖掘活动需遵守《斯瓦尔巴采矿法典》以及有关税收和其他同等的规定，在开采事项上，如开采资格的认定、地点的选定、探矿活动涉及的法律责任、申请国矿区发现权，以及所有权取得、转让、分割与出售等，需遵守相关规定。

（四）关于斯匹次卑尔根群岛科学考察活动的专门法与制度

《斯约》第 5 条赋予所有缔约国在斯匹次卑尔根群岛开展科学考察活动的权利，并应由所有缔约国缔结国际公约来对缔约国的活动加以调整。[①] 但实践中，缔约国在斯匹次卑尔根群岛的科考权并不平等，挪威颁布多项关于斯匹次卑尔根群岛地区涉及环境保护、航运管理、采矿等多个领域的专门法，加大管控力度，这对科学考察领域也有影响，其他国家在斯匹次卑尔根群岛地区开展科学考察活动需遵循挪威的法律制度，部分科研活动需要获得挪威主管机构的许可。[②] 2012 年 9 月由斯瓦尔巴总督颁布《斯瓦尔巴科学家指南》，规定在斯匹次卑尔根群岛实地研究需得到总督的许可。[③] 2018 年挪威发布《新奥尔松研究站研究战略》，该战略限定了缔约国在新奥尔松进行科学调查的范围、参与人员、设备使用，但这些规定对于在朗伊尔、巴伦支堡、霍恩桑德等斯匹次卑尔根群岛其他地区建站的缔约国并不适用，实际上造成了斯匹次卑尔根群岛科考权的不平等。

（五）关于斯匹次卑尔根群岛通行与疫情防治的专门法与政策

《斯约》第 3 条赋予缔约国自由进入斯匹次卑尔根群岛陆地和领海的权利。在 2015 年俄罗斯副总理罗戈津访问斯匹次卑尔根群岛事件发生一年后，挪威在 2016 年 9 月颁布《关于驱逐斯瓦尔巴人条例》，并在第一节第二项

---

① 《斯匹次卑尔根群岛条约》第 5 条：还应缔结公约，规定在第一条所指的地域可以开展科学调查活动的条件。
② 刘惠荣主编《北极地区发展报告（2019）》，社会科学文献出版社，2020，第 310 页。
③ http://www.sysselmannen.no/en/Scientists/Guide‐for‐scientists‐on‐Svalbard/.

中规定："斯瓦尔巴省长应驱逐受挪威已同意并适用于挪威王国其他地区的旅行限制的国际限制性措施所涵盖的人员。"① 新冠肺炎疫情带来的公共卫生危机也对斯匹次卑尔根群岛的管理与自由通行原则带来挑战，由于挪威和挪威境外新冠病毒感染人数显著增加，为避免在国外受到感染的旅行者传播病毒的风险，挪威司法和公共安全部（Ministry of Justice and Public Security）于 2020 年 3 月 15 日颁布第 293 号条例，主要包括出于公共卫生和健康的考虑，拒绝无居留证的外国公民在该领域居留等政策。出于对迅速变化的新冠肺炎疫情局势进行跟踪判断的考虑，挪威相关部门认定必须不断评估已实施的控制感染措施的影响，并权衡受这些措施影响的重要社会和商业利益，建立可根据情势迅速修改的机制。挪威司法和公共安全部的通知中提到 2020 年 6 月 19 日第 83 号《关于出于公共卫生考虑的外国国民入境限制的暂行法》和 2020 年 6 月 29 日第 1423 号《关于出于公共卫生考虑限制外国国民入境的条例》（自 2020 年 7 月 15 日起生效），该法和条例取代了 2020 年 3 月 15 日第 293 号条例，而且必须与 2020 年 3 月 27 日第 470 号条例《有关与冠状病毒暴发有关的感染控制措施》中规定的结合，特别是规定的检疫义务的结合。② 2021 年 3 月 23 日，挪威颁布 G－09 号《关于出于公共卫生考虑限制外国国民入境的修订条例》进一步确定上述文件中的防疫措施。③

挪威政府于 2020 年 11 月 6 日实施了减少进口感染的新措施，对入境检疫期间在检疫酒店强制住宿提出了要求。挪威司法和公共安全部于 2020 年 12 月 16 日发布 G－33 号《关于检疫酒店的修订通知》，相关内容包括建立和经营检疫旅馆以及警方担任检疫任务等，由于与隔离酒店计划相关的大多

---

① Amund Trellevik, "Russia Has Always Challenged Norway on Svalbard. This Time, Parts of Its Criticism is Different," https://www.highnorthnews.com/en/russia－has－always－challenged－norway－svalbard－time－parts－its－criticism－different.

② https://www.regjeringen.no/en/find－document/id2000006/.

③ https://regjeringen.no/en/historical－archive/solbergs－government/andre－dokumenter/jd/2021/g－092021－revised－circular－relating－to－entry－into－force－of－the－regulations－relating－to－entry－restrictions－for－foreign－nationals－out－of－concern－for－public－health/id2839066/.

数任务都下放给市政当局，强调各种公共和私人行为者之间的合作至关重
要，这适用于各种行为者之间的建立、运作、合作和与民众的沟通。①

四　结语

　　100 年前缔结的《斯约》赋予挪威对斯匹次卑尔根群岛的主权；100 年
之后，挪威在北极斯匹次卑尔根群岛与海域新近开展了一系列的活动，这与
其制定的法律、政策相一致，是在其一系列国内法与政策的支持与保障背景
下采取的行动，本质上都是或明或暗地强化主权的行为，挪威开展的新近活
动对其他缔约国的权益造成了影响，与其他缔约国等相关利益方产生了诸如
地缘政治、经济利益、环境、安全与军事等多方之争。在目前形势下，斯匹
次卑尔根群岛地区是潜在的地缘政治、经济与安全的集中爆发点，这根源于
《斯约》赋予斯匹次卑尔根群岛独特的法律地位以及挪威主权与其他缔约国
权利之间的模糊和分歧。特别是斯匹次卑尔根群岛处于俄罗斯与北约分歧甚
至对立的前沿，而斯匹次卑尔根群岛又有非军事化的独特要求，这都是加剧
紧张态势与局势的前提。因此，未来无论是北冰洋作为日益重要的资源开发
区域，还是俄罗斯和西方对彼此的北极战略越来越显急躁，都可能导致斯匹
次卑尔根群岛成为新兴区域影响力博弈中的棋子。与此同时，正在进行的挪
威因防范新冠肺炎疫情对进出斯匹次卑尔根群岛的人员加以限制，潜在加强
对斯匹次卑尔根群岛主权的政策与行动也值得关注。一是为加强斯匹次卑尔
根群岛与挪威之间联系，挪威规定进入斯匹次卑尔根群岛的人员的强制性检
测和检疫隔离必须在挪威本土完成，对已经进入斯匹次卑尔根群岛的外国人
员进行驱逐并转移至挪威本土，这潜在加强了挪威对斯匹次卑尔根群岛的主
权。二是挪威对能够进入和禁止进入斯匹次卑尔根群岛的人员以清单方式详
细列举，特别对来自外国的研究人员的进入加以阻止，对《斯约》赋予其他
缔约国在斯匹次卑尔根群岛自由通行以及科考权等权益有减损。因新冠肺炎

---

　　①　https：//www. regjeringen. no/en/find – document/id2000006/.

疫情持续，这种减损状态持续，对其他缔约国在斯匹次卑尔根群岛的活动和权益有很大影响，特别是科考权益。

既然挪威与俄罗斯等各利益攸关国存在历史、现实乃至未来的多方争议，就需要挪威能够更好地把这些岛屿的主权、管辖权问题与俄罗斯等其他缔约国、利益攸关国的利益给以平衡，其中，多方争议关键在"议"，在于协商与合作。如为了在斯匹次卑尔根群岛周围地区保持低级紧张局势，挪威和俄罗斯都需要了解保持两国关系的合作因素，无论国际关系如何波动，保持两国海岸警卫队之间的对话至关重要，建立和维护联合渔业委员会等合作机制也是如此。当危机发生时，通过各种沟通手段和保持渠道畅通是解决冲突的核心要素。

B.5
北极经济理事会在北极经济
治理中的功能担当[*]

刘惠荣　夏晓洁[**]

摘　要：　随着气候变化以及人类对北极进行科学探索能力的加强，越来越多的潜在商业机会出现，北极的经济价值日益凸显。为促进北极经济开发，在北极理事会的推动下，成立了北极经济理事会。作为北极新兴国际行为体，北极经济理事会最初的定位是促进北极经济开发与合作的"基础性论坛"。经过几年的发展，不但其组织框架越发健全，其发展方向与关注重点领域也越来越明晰。为了更好地应对北极经济治理中的资源开发等经济与社会发展问题，同时为中国参与北极经济治理厘清思路，我们应了解北极经济理事会在北极经济与社会发展中的实际作用，明确北极国家的经济治理态度，建立起以互信互谅为基础的国际经济合作秩序。

关键词：　北极经济理事会　北极治理　北极经济开发　国际合作

---

　*　本文为科技部国家重点研发计划"新时期我国极地活动的国际法保障和立法研究"（项目编号：2019YFC1408204）和国家自然科学基金项目"海上划界和北极航线专用海图及其法理应用研究"（项目编号：41971416）的阶段性成果。
　**　刘惠荣，中国海洋大学法学院教授，中国海洋大学海洋发展研究院高级研究员，博士生导师；夏晓洁，中国海洋大学法学院国际法专业硕士研究生。

进入 20 世纪以来，随着气候变化及海冰消融，北极成为全球气候变化最为显著的地区，北极地区因其特殊地理位置及战略价值越来越受到国际社会的广泛关注。近几年，北极经济开发成为各国关注的重点，北极蕴藏的石油和天然气资源分别占世界剩余储量的 13% 和 30%，^①北极航道的开发前景也因海冰消融大为提升。北极经济理事会秘书处主任弗雷德里克森（Mads Qvist Frederiksen）在 2020 年 1 月的会议上谈道，"随着全球财富水平的提高，对北极自然资源的需求将越来越大。随着北极问题在国际上越来越受到关注，对有关北极地区和商业信息的需求也日益增加"^②。北极地区开发中的航道利用、各国经济社会发展与资源开发管理、环境与生态保护等问题成为北极治理的新问题，北极经济治理已经发展成为北极治理的重要部分。

在北极的治理架构中，作为支柱性国际行为体的北极理事会发挥了重要作用。然而北极理事会的产生缘起于环境保护，其原生功能和工作的重点主要放在环境保护领域，对于北极地区的资源开发利用以及探索北极航道的经济价值与国防价值等方面，北极理事会的作用有一定局限性。为了弥补其自身功能不足，北极理事会推动成立了北极经济理事会。作为区域合作平台新形态的良好实践，北极经济理事会（Arctic Economic Council，AEC）在北极经济事务中不断发挥自身作用，加快北极商业可持续发展。北极经济理事会成立于加拿大担任北极理事会轮值主席国期间，成立大会于 2014 年 9 月 2 日—3 日在加拿大努纳武特州伊卡卢伊特（Nunavut Iqaluit）举行。^③其旨在促进北极商业活动，促进北极地区负责任的经济发展，并促进牢固的贸易联系，吸引对该地区的投资。与其他地区竞争式经济发展相比，以合作的方式促进北极经济发展显然更符合北极地区的特点，因而北极国家对北极经济理

---

① "Circum-Arctic Resource Appraisal：Estimates of Undiscovered Oil and Gas North of the Arctic Circle，" http：//pubs. Usgs. gov /fs/2008 /3049 /fs2008 – 3049. pdf.

② "The Economic Development Potential of the Arctic Highlighted，" https：//arcticeconomiccouncil. com/news/the – economic – development – potential – of – the – arctic – highlighted/.

③ 《北极经济理事会宣告成立》，http：//world. people. com. cn/n/2014/0904/c1002 – 25606400. html。

事会寄予厚望。北极经济理事会正式成立，不仅预示着北极治理开始从气候治理向经济治理转型，同时也反映出北极国家放弃了单独主导北极经济多边平台的战略思路，转而建立北极经济主权联盟。① 国际层面上，越来越多的国家在北极治理问题上谋求合作，试图在北极治理中寻求自己的国家利益。国内层面上，中国对北极地区的关注度也不断提高。2018 年 1 月，在国务院新闻办公室正式发布的《中国的北极政策》白皮书中，公开阐明了中国在北极问题上的基本立场，阐释了中国参与北极事务的政策目标、基本原则和主要政策主张。② 白皮书表达出中国作为重要利益攸关方对北极事务的关切，并且愿意积极参与北极治理；进而不难看出，未来中国会在北极治理问题上施加更多的关注以及采取更多的行动。

作为推动北极经济理事会成立的北极地区最具影响力的政府间组织，北极理事会在北极治理格局中代表着北极国家利益，于 1996 年成立于加拿大渥太华。起初，该组织的排他性很强，仅吸纳北极国家作为其成员国，但随着该组织的不断发展和其他国家对北极事务的参与度不断提升，北极理事会建立了观察员国制度，允许非北极国家参与北极事务。北极经济理事会作为北极理事会派生出来的旨在助益北极地区经济开发与商业活动的"基础性论坛"，其组织架构与北极理事会类似，虽然其不设观察员国制度，但其工作组可以接纳北极域外国家。北极经济理事会作为北极治理结构中的新力量，其工作重心在于推动北极地区的经济发展与商业合作，其机制规则也在逐渐探索成型。本文旨在通过对北极经济理事会近两年来的活动轨迹进行分析，从而判断其作为"基础性论坛"在北极地区经济发展的宏观和微观层面实际发挥了何种作用以及未来的发展趋势，进而为作为北极重要利益攸关方的中国应当如何通过北极经济理事会建立的合作机制参与北极经济开发、开展经济合作提供建议。

---

① 肖洋：《北极经济治理的政治化：权威生成与制度歧视——以北极经济理事会为例》，《太平洋学报》2020 年第 7 期，第 95 页。
② 《〈中国的北极政策〉白皮书（全文）》，http：//www. scio. gov. cn/zfbps/32832/Document/1618203/1618203. htm。

一 北极经济理事会的成立及近两年的主要活动

北极经济理事会的成立是北极地缘经济政治格局演变的必然结果。① 北极经济理事会的成立反映出北极国家共同打造的区域治理重心由环境安全向经济发展与安全的转向。早在 2013 年 5 月瑞典的基律纳（Kiruna）举行的北极理事会部长级会议上，北极八国部长们签署了《基律纳宣言》，宣言中确认了北极的经济发展以及该地区可持续发展的重要性，并且同意建立一个工作组，即"极地商业论坛"。② 2013 年 12 月，加拿大、芬兰、冰岛、俄罗斯提议将论坛改为"北极经济理事会"，该提议在 2014 年 3 月的北极理事会高官会议上获得各国一致同意。最终北极经济理事会于 2014 年 9 月正式成立。③

2020 年，北极经济理事会召开了第一次线上年度会议。会议期间，威尔逊中心极地研究所介绍了即将公布的北极基础设施清单项目。北极经济理事会主席回顾了 2019 年的主要活动：北极经济理事会主席职位由芬兰工商界交接到冰岛工商界；与北极理事会签署谅解备忘录，二者的合作进一步加强。

在冰岛工商界担任北极经济理事会主席期间，世界发生了百年未有之大变局，新冠肺炎疫情肆虐，中美关系紧张，处于地球最北端的北极，其商业发展是否也受到影响？下面，我们通过图表（见表 1）的形式回顾下冰岛企业担任北极经济理事会主席第一年开展的主要活动。

---

① Harri Mikkola, "The Geostrategic Arctic: Hard Security in the North," *FIIA Briefing Paper*, April 2019, pp. 3 – 8.

② "Found Meeting of the Arctic Economic Council Scheduled," http: //nationtalk. ca/story/ founding – meeting – of – the – arctic – economic – council – scheduled.

③ "Minister Aglukkaq has Opened the Founding Meeting of Arctic Economic Council," https: // arcticportal. org/ap – library/news/1292 – minister – aglukkaq – opened – the – founding – meeting – of – arctic – economic – council.

表1　北极经济理事会2019年主要工作概况

时间	会议或活动	围绕议题	主要工作或成果
2019年2月	北极前沿会议期间举办了名为"投资北极"的边会活动	会议旨在探讨实现负责任投资的范例和方法	会议期间,北极经济理事会正式启动了《北极投资议定书》的工作
2019年3月	北极经济理事会管理委员会会议	丹麦议会的法罗代表介绍法罗经济状况和最近的基础设施发展情况;并与丹麦外交部举行会议,介绍丹麦的北极战略和优先事项	与北极科学和北极海上运输不同领域的学术界代表举行的圆桌讨论,为北极经济理事会治理委员会成员提供了就泛北极问题进行对话的机会
2019年5月	北极经济理事会与北极理事会签署谅解备忘录	北极理事会和北极经济理事会决定开展合作的领域	这是双方签署的第一份谅解备忘录,为彼此未来如何就共同目标进行合作提供了框架。根据谅解备忘录,双方同意定期交换信息,参与对方的项目,并在适当的时候考虑联合活动
2019年5月	北极经济理事会年度会议	年会期间,北极经济理事会海洋运输工作组和负责任的资源开发工作组发表了报告。其他工作组向成员发布了最新的临时进展情况	这次会议标志着北极经济理事会主席职位从芬兰工商界交接到冰岛工商界。北极经济理事会会员还受邀参加2020年北极商业论坛,讨论北极经济发展问题,并就芬兰、瑞典和挪威北部地区的经济发展提供见解
2019年5月	"在北极经商"活动	1. 北极地区的经济驱动因素,强调了为北极土著人民提供有意义的参与的重要性。2. 负责任的资源开发工作组汇报了在北极采矿方面的工作概况。3. 对《北极投资议定书》进行了讨论。4. 对北极投资进行讨论,如何使北极具有投资价值,以及当地社区如何帮助吸引投资	这一活动标志着冰岛企业开始履行北极经济理事会主席职位。冰岛外交部部长强调,冰岛希望与北极域内外的所有合作伙伴密切合作,致力于改善北极理事会和北极经济理事会之间的合作
2019年8月	成立北极经济理事会蓝色经济工作组（BEWG）	该小组利用整个地区的知识、专业知识和融资工具,快速跟踪该小组的产品开发和经济增长	蓝色经济工作组旨在促进泛北极海洋集群联盟
2019年9月	纪念北极经济理事会成立五周年	总结北极经济理事会前五年重要业绩	具有里程碑意义的重要业绩包括:建立六个工作组;提供与北极地区商业发展潜力相关的新知识和平衡信息;与北极大学和北极理事会达成谅解备忘录;《北极投资议定书》与北极经济理事会的制度化;在北极以负责任的投资原则展开工作

续表

时间	会议或活动	围绕议题	主要工作或成果
2019年10月	北极理事会与北极经济理事会首次联席会议	确定了四个共同的主题:海洋运输和蓝色经济、电信连通、负责任的资源开发和生物多样性主流化,以及负责任的投资和企业社会责任	这些主题反映了北极理事会和北极经济理事会各自主席方案中所概述的当前优先事项。冰岛担任北极理事会主席和冰岛企业担任北极经济理事会主席的目标之一是利用机会加强这两个理事会之间的合作
2019年10月	北极圈大会:关注北极地区的互联互通	推动北极未来发展的因素之一是全球数字化。而北极具有地理优势:连接三大洲,为数据电缆提供最短的连接	会议集中讨论了未来潜在的北极数据电缆如何满足北极社会的需求,并促进该地区的商业发展。会议还谈到了北极互联互通改善对全球经济的潜在影响
2019年11月	第40届阿拉斯加资源会议和阿拉斯加项目	探索阿拉斯加和挪威北部在更广泛的蓝色经济领域的潜在合作的项目。该项目还关注商业和企业家合作的新机会	本次活动重点关注阿拉斯加的经济、资源开发和工业,为美国北极地区的经济发展提供了一个极好的最新情况。北极经济理事会北极合作伙伴代表谈到在迈向绿色经济的过程中,随着矿产使用量的不断增加,采矿业将成为开发的重要组成部分

资料来源:北极经济理事会官网,https://arcticeconomiccouncil.com/。*

* "AEC Annual Report 2019," https://arcticeconomiccouncil.com/wp - content/uploads/2019/10/2019 - annual - report. pdf; "Follow up on the Investments in the Arctic Side Event," https://arcticeconomiccouncil. com/news/investments - in - the - arctic - side - event/; "AEC Governance Committee Met in Copenhagen," https://arcticeconomiccouncil. com/news/aec - governance - committee - met - in - copenhagen/; "The Arctic Council Signs Memorandum of Understanding with Arctic Economic Council," https://arcticeconomiccouncil. com/news/the - arctic - council - signs - memorandum - of - understanding - with - arctic - economic - council/; "Arctic Economic Council to Hold Its 2019 Annual Meeting in Rovaniemi, Finland," https://arcticeconomiccouncil. com/news/arctic - economic - council - to - hold - its - 2019 - annual - meeting - in - rovaniemi - finland/; "Join us in Washington, D. C.: Doing Business in the Arctic," https://arcticeconomiccouncil. com/news/doing - business - in - the - arctic/; "New Working Group on Blue Economy Established," https://arcticeconomiccouncil. com/news/the - aec - has - established - a - new - working - group - on - blue - economy/; "AEC: Five Years of Making the Arctic a Favourable Place for Business," https://arcticeconomiccouncil. com/news/five - years - of - making - the - arctic - a - favourable - place - for - business/; "First Joint Meeting between the Arctic Council and the Arctic Economic Council," https://arcticeconomiccouncil. com/news/first - joint - meeting - between - the - arctic - council - and - the - arctic - economic - council/; "AEC at Arctic Circle," https://arcticeconomiccouncil. com/news/aec - at - arctic - circle/; "Alaska Resources Conference," https://arcticeconomiccouncil. com/news/alaska - resources - conference/.

在 2019 年的活动中，5 月的权力交接活动最引人瞩目。

2019 年 5 月 6 日，在北极理事会部长级会议期间，北极理事会与北极经济理事会在芬兰罗瓦涅米（Rovaniemi）签署了一项《谅解备忘录》。《签署谅解备忘录》的目的是提供一个合作框架，以促进北极理事会和北极经济理事会之间的合作。北极理事会秘书处主任尼娜·布万·瓦贾（Nina Buvang Vaaja）和北极经济理事会秘书处主任弗雷德里克森签署了谅解备忘录。"北极理事会和北极经济理事会的共同目标是保障所有北极居民的福祉、安全和繁荣，并在不断变化的北极环境中创造充满活力的可持续区域经济。《谅解备忘录》是帮助我们实现这些目标方面的合作的重要一步"[①]，北极理事会秘书处主任尼娜·布万·瓦贾如是说。在芬兰担任主席国期间（2017—2019 年），北极理事会与北极经济理事会之间的合作得到了发展。北极经济理事会参与了北极理事会的北极地区改善联通工作项目，为改善北极的通信基础设施提供了相关的投入。北极经济理事会的一名代表还参加了"北极环境影响评估和公众参与环境影响评估的良好做法建议"项目，该项目由北极理事会可持续发展工作组执行。

2019 年 5 月 8 日，北极经济理事会的代表在芬兰罗瓦涅米召开了自 2014 年该组织成立以来的第五次年会。年会期间，在主席米科·尼尼（Mikko Niini）的领导下，北极经济理事会海洋运输工作组在罗瓦涅米举行的年会上发布了题为《北极海运状况》的报告。根据这份报告，北极的海上运输量正在上升。目前，俄罗斯萨贝塔的液化天然气年运输量已达到 1500 万吨。2018 年，加拿大巴芬兰铁矿的铁矿石年运输量首次突破 500 万吨。这标志着该地区运输量开始增加。报告还提到了北极地区保护主义措施日益增多的例子。这可能会阻碍北极海上运输的发展。北极经济理事会海洋运输工作组强调，应该采取措施确保国家利益和国际航运所提供的潜力能够

---

① "The Arctic Council Signs Memorandum of Understanding with Arctic Economic Council," https://arcticeconomiccouncil.com/news/the–arctic–council–signs–memorandum–of–understanding–with–arctic–economic–council/.

共存。① 在联合主席莉莉安·赫瓦图姆·布鲁斯特（Lillian Hvatum Brewster）
（加拿大 ATCO 集团）和布鲁斯·哈兰（Bruce Harland）（美国克劳利海事
公司）的领导下，北极经济理事会负责任的资源开发工作组发布了第一份
侧重于北极采矿的报告。这份题为《北极矿产开发》的报告就北极的矿产
开发项目提供了见解和交流意见。该报告整合了来自北极各利益攸关方的见
解，具体侧重于北美北极的采矿业。它包括来自开发北极采矿项目的公司的
反馈，以及这些项目成功的原因，以及来自代表土著群体、北极潜在投资者
和政府实体的其他利益攸关方的反馈。根据报告的调查结果，北极的矿产开
发必须有一个全面的计划，以创造可持续的经济效益，符合该地区人民的愿
望。该项目想要成功，必须承认与土著人民的伙伴关系，以及使土著人民的
知识在项目设计中充分发挥作用。企业部门还必须"超越监管合规"，建立
信任和健康的关系，并获得其"经营社会许可证"。由于北极人口稠密的中
心之间距离很远，而资源开发项目通常位于远离社区的地方，为了解决项目
建设中的劳动力问题，项目开发商与政府（国家和地方）以及包括土著社
区在内的当地社区之间需要合作。同时，北极缺乏发达的基础设施，导致成
本增加，并阻碍了许多已知矿床的开采。因而，需要加大对基础设施的投资
力度。此外，北极经济理事会呼吁各级政府采取协调一致的办法，最终目标
是"一个项目，一次审查"，并明确审查时间。同时，可预测和简化的许可
方法可以为北极提供相对优势。如果司法管辖区希望鼓励投资，拥有客观
（通常是政府资助的）数据可以极大地帮助项目获得许可。获得关于潜在受
影响区域现有环境和社会经济状况的准确、有据可查的信息，是有效评估拟
议资源项目的先决条件。并且，人们往往对采矿业将产生多少潜在财富抱有
不切实际的期望。工业界和政府必须教育当地社区了解采矿业与其他行业相
比的高昂的时间和资金成本。② 此次年会标志着北极经济理事会主席职位从

---

① "AEC Report on Status of Arctic Maritime Transportation Released", https：//arcticeconomic
council. com/news/aec－report－on－status－of－arctic－maritime－transportation－released/.

② "AEC Report on Mineral Development in the Arctic Released," https：//arcticeconomiccouncil.
com/news/aec－report－on－mineral－development－in－the－arctic－released/.

芬兰工商界交接到冰岛工商界。

　　来自冰岛的海达尔·古琼松（Heidar Guđjonsson）在 2019 年 5 月初的北极经济理事会年会上接任主席一职。除了主席权力交接外，北极经济理事会还选举了一个新的执行委员会，由海达尔·古琼松领导。与此同时，冰岛作为北极理事会主席国，确定的北极理事会工作的优先事项之一是努力建立一个更强大的北极理事会。为此，必须加强两个理事会之间的合作。而这项工作的一个重要部分是在 2019 年 5 月签署的新谅解备忘录的基础上，加强北极理事会和北极经济理事会之间的合作。2019 年 5 月 23 日，冰岛美国商会、冰岛驻华盛顿大使馆、北极经济理事会、威尔逊中心极地研究所在华盛顿联合举办"在北极经商"活动。冰岛外交部部长古德劳古尔·托尔·托尔达森（Gudlaugur Thor Thordarsson）在主旨发言中强调，冰岛希望与北极区域内外的所有伙伴密切合作。在努力建立伙伴关系方面，古德劳古尔申明，冰岛将努力增强北极理事会与北极经济理事会之间的合作。他还强调，公共部门和私营部门之间需要创造性和积极互动，需要创新来应对未来的挑战。在本次活动中，各利益攸关方主要强调了以下方面：为北极土著人民提供有意义的参与的重要性；北极采矿作业成功的关键性因素；《北极投资议定书》的必要性。这一活动标志着冰岛企业履行北极经济理事会主席职位的开始。

　　在冰岛企业履行北极经济理事会主席职位任期内，北极经济理事会做的主要工作，见表 2。

　　在北极经济理事会 2020 年的工作中，最引人注意的是 7 月冰岛工商界发布了其担任北极经济理事会主席期间的优先事项：确保可持续发展，加快实践《北极投资议定书》；关注新兴的蓝色经济；在国际合作方面，加强与北极理事会之间的合作。其所提到的三个重要方面也是冰岛企业担任北极经济理事会主席以来，贯穿其始终的工作内容。2017 年，北极经济理事会批准了《北极投资议定书》（AIP），AIP 的具体工作由北极经济理事会投资与基础设施工作组（IIWG）负责。在冰岛企业担任北极经济理事会主席期间，目标是：加强 AIP 作为对北极投资的公司承诺的基准；围绕这些原则建立一个支持联盟；以公开透明的方式开展工作，使 AIP 更加切实可行；发布最佳做法并推动使其被国际认可。对于其提出的优先事项的第二个方面，冰岛企业致力于通过关注新兴蓝色经济体提供的机会来扩大北极经济理事会的工作范围。其目标是：建立一个新的蓝色经济工作组，并建立一个由北极以及整个地区以外的利益相关者组成的强大联盟，以解决这些问题；使用此工作组作为交流区域最佳实践实例的场所。以北极经济理事会 2020 年 6 月的活动为例，对阿拉斯加诺项目进行讨论，强调了该项目旨在为蓝色经济发展作贡献。该项目负责人兼蓝色经济工作组特邀专家安德烈亚斯·拉斯波特尼克博士强调了蓝色发展的潜力，指出阿拉斯加和挪威北部应以"蓝色

表 2　北极经济理事会 2020 年主要工作概况

时间	会议或活动	围绕议题	主要工作或成果
2020 年 2 月	北极经济理事会参加由芬兰环境部举行的研讨会	北极负责任发展的一个关键因素是尊重自然、环境，以及土著和当地人民。研讨会的主要目的是让萨米人了解北极环评的建议，并讨论如何在北欧国家执行这些建议	会议呼吁利益攸关方尊重放牧、捕鱼和采摘浆果的季节性。应将传统知识纳入影响评估，并必须有机会影响项目发展
2020 年 4 月	北极经济理事会负责任的资源开发工作组汇报其新进展	明确北极资源开发所面临的挑战和投资因素	该工作组的重点是为北极地区负责任的资源勘探和开发提供必要的框架
2020 年 6 月	对阿拉斯加诺项目进行讨论	强调该项目可为蓝色经济潜力作贡献	该项目旨在解决两个地区发展蓝色经济机会方面的知识差距
2020 年 7 月	冰岛工商界发布其担任北极经济理事会主席的优先事项	1. 确保可持续发展，加快实践《北极投资议定书》。2. 关注新兴的蓝色经济。3. 加强国际合作	除了北极经济理事会战略计划所设定的框架外，冰岛企业界为更好地履行职责，还为其两年的主席职位设定了优先事项
2020 年 8 月	与挪威、丹麦的外长举行了圆桌会议	会议的主题是"北极知识"	北极经济理事会秘书处主任认为北极最重要的是安全与稳定，强调了基础设施尤其是数字基础设施的重要性
2020 年 9 月	第六届韩国北极学院开学	北极经济理事会工作的首要主题之一是工商界和学术界之间的合作	教育是北极负责任发展的一个关键因素，北极经济理事会愿意开展北极教育合作交流

续表

时间	会议或活动	围绕议题	主要工作或成果
2020年11月	"北极抗灾能力论坛"(the Arctic Resilience Forum)期间北极经济理事会的连通工作组与北极理事会可持续发展工作组进行了网络研讨会	宽带连通提上日程	研讨会强调了宽带连通对北极地区减贫、信息交流和经济改善的重要性
2020年12月	威尔逊中心极地研究所召开了北极基础设施清单发布会议,北极经济理事会参加会议	会议围绕对北极基础设施的需求、北极经济的可持续发展以及清单的使用展开说明	威尔逊中心极地研究所将清单定义为北极基础设施提供信息的工具,其可以跟踪北极基础设施项目。现持有8000个项目的数据集,并将在未来一年进一步增加

资料来源:北极经济理事会官网,https://arcticeconomiccouncil.com/。*

* "Arctic Environmental Impact Assessment:Discussing Saami Perspective," https://arcticeconomiccouncil.com/news/arctic – environmental – impact – assessment – discussing – saami – perspective/; "Responsible Resource Development in the Arctic," https://arcticeconomiccouncil.com/news/responsible – resource – development – in – the – arctic/; "AlaskaNor:Highlighting Blue Economy Potential," https://arcticeconomiccouncil.com/news/alaskanor – highlighting – blue – economy – potential/; "The Icelandic Businesses' AEC Chairmanship Priorities," https://arcticeconomiccouncil.com/news/the – icelandic – aec – chairmanship – priorities/; "Roundtable Discussion with Foreign Ministers," https://arcticeconomiccouncil.com/news/roundtable – discussion – with – foreign – ministers/; "The AEC Lectures at the Korea Arctic Academy," https://arcticeconomiccouncil.com/news/the – aec – lectures – at – the – korea – arctic – academy/; "Preparations for Online Annual Meeting," https://arcticeconomiccouncil.com/news/preparations – for – online – annual – meeting/; "AEC at the Arctic Resilience Forum," https://arcticeconomiccouncil.com/news/aec – at – the – arctic – resilience – forum/; "Launch of the Arctic Infrastructure Inventory," https://arcticeconomiccouncil.com/news/launch – of – the – arctic – infrastructure – inventory/.

方式"进行协作,重点应在渔业、海运和石油天然气开发方面进行合作。①
对于其提出的优先事项的第三个方面,冰岛工商界希望加强北极经济理事
会与北极理事会工作组之间的合作,使两者更加紧密地联系在一起。北极
经济理事会的目标之一是为北极理事会提供工作建议和业务前景分析。这
两个组织之间的谅解备忘录于2019年5月签署。北极经济理事会将仔细审
查与北极理事会工作组之间可能的合作机会,重点在宽带连通性和海运方

① "AlaskaNor:Highlighting Blue Economy Potential," https://arcticeconomiccouncil.com/news/alaskanor – highlighting – blue – economy – potential/.

面进行更多的合作。①

从 2019—2020 年北极经济理事会的主要活动中可以看出，北极经济理事会的活动仍与其工作组的重点工作紧密相关。通过对北极经济理事会的年度活动分析，我们纵向了解了其大致工作内容及重点方面。接下来，通过对北极经济理事会的工作机制和议事规则进行分析，我们进一步横向了解其运行机制和重点关注方面。

二　北极经济理事会的运行机制

北极经济理事会秘书处主任在 2018 年年度报告中说："2016 年北极经济理事会成立时，我们着手制订基于组织、管理和经济增长三大支柱的战略计划。"② 一个组织的基础及未来走向与其内部框架密切相关。北极经济理事会由北极理事会发起设立，其内部结构和运作机制相当程度上借鉴了北极理事会，经过几年的发展，其形成了自己的一套运作机制。

北极经济理事会的组织框架包括全体会议、执行委员会、董事会，以及工作组。

1. 北极经济理事会会员

会员包括三种类型，分别是传统会员（legacy member）、北极合作伙伴（arctic partner）和永久冻土合作伙伴（permafrost partner）。北极经济理事会除了北极理事会 8 个会员国有关企业外，还对在北极地区有经济利益的公司、合伙企业和土著群体开放。其会员分为有投票权会员和无投票权会员两类。北极理事会内部决策是北极八国的专属权利和责任，与之相似的是，北极经济理事会的决策主要取决于有投票权的传统会员，传统会员包括来自北极地区 8 个国家的企业及常任参与组织的代表组成（截至目前，此类会员

---

① 《北极经济理事会简况》，http：//www.mofcom.gov.cn/article/i/dxfw/jlyd/202008/2020080298 9975.shtml。

② "Arctic Economic Council Secretariat's Annual Report 2018，" https：//arcticeconomiccouncil. com/wp - content/uploads/2019/10/2018.pdf。

有 22 名）。有投票权的会员代表整个北极商业、泛北极商业社区，包括中小型企业和传统民生企业，以及大型航运和采掘企业。

北极经济理事会也欢迎全球其他利益相关方作为无投票权会员参与。无投票权会员分为两类：一是北极合作伙伴，来自北极和亚北极地区的公司、企业、合作伙伴和土著群体有机会作为北极合作伙伴加入北极经济理事会（截至目前，此类会员有 10 名）；二是永久冻土合作伙伴，拥有 15 名及以下员工的子公司或总部位于北极国家内的微型、小型或中型企业，有机会作为永久冻土合作伙伴加入北极经济理事会（截至目前，此类会员有 3 名）。[①] 北极理事会通过制订《观察员手册》为观察员资格的获取设置了明确的标准。成为申请者必须具备的前提条件包括：必须接受北极理事会在渥太华宣言中制定的目标；必须承认北极国家在北极的主权、主权权利和管辖权；必须承认《联合国海洋法公约》是北极的基础法律框架；必须尊重原住民的价值观、利益、文化和传统；必须有对北极原住民进行财政支持的意愿和能力；必须展示其在北极的利益、兴趣和工作能力。[②] 作为后起之秀，北极经济理事会也将决策主导权牢牢把握在域内国家手中，其"域内权威化"通过经济信息垄断化、议题设置权威化和垄断身份组织化三个阶段得以充分表现。[③]

2. 北极经济理事会主席

北极经济理事会与北极理事会、北极海岸警卫论坛相同，实行轮值主席制度。主席任期 2 年，负责理事会日常工作。2019 年—2021 年由冰岛企业界人士担任轮值主席。目前 AEC 主席海达尔·古琼松，是沃达丰（Vodafone）冰岛公司 CEO，任期为 2019 年 5 月—2021 年 5 月。4 位副主席分别如下。

（1）叶夫根尼·安布罗索夫（Evgeniy Ambrosov），来自俄罗斯联邦，

① https：//arcticeconomiccouncil. com/members/? _ sft_ membership – type = legacy – member.
② 刘惠荣、陈奕彤：《北极理事会的亚洲观察员与北极治理》，《武汉大学学报（哲学社会科学版）》2014 年第 3 期，第 48 页。
③ 肖洋：《北极经济治理的政治化：权威生成与制度歧视——以北极经济理事会为例》，《太平洋学报》2020 年第 7 期，第 95 页。

是俄罗斯最大的船运公司 PAO Sovcomflot 的高级执行副总裁兼首席运营官，该公司也是世界领先的海上能源运输商之一。

（2）埃尔灵·克瓦兹海姆（Erling Kvadsheim），来自挪威，是挪威石油和天然气协会的国际理事。

（3）托马斯·麦克（Thomas Mack），来自阿拉斯加原住民 Aleut 国际协会（AIA），是 The Aleut Corporation 的总裁兼首席执行官。

（4）特罗·基维涅米（Tero Kiviniemi），来自芬兰，是 Destia 总裁兼首席执行官，管理团队主席兼成员。

3. 执行委员会

AEC 执行委员会由主席和副主席组成，负责召集北极经济理事会会议，监督经济理事会战略和方针的执行。执行委员会是高层决策机构，每年召开一次会议。执行委员会由 1 名主席、3～4 名副主席组成，任期都是 2 年，人选都限定为北极国家公民，且必须有一人来自北极原住民组织。

4. 董事会

AEC 董事会由各北极国家和永久参与者分别派出一名商业代表，共 14 人组成。董事会每年至少召开一次会议，两次会议间歇期通过电话会议或其他方式开展协商。

5. 工作组

北极经济理事会会员代表了在北极地区开展业务的众多企业，从采矿和航运公司到本土经济发展公司，代表的北极企业种类繁多。为了平衡各方利益，更好地为会员服务，北极经济理事会确定了几个重要领域作为工作组的工作内容。同时，作为北极经济理事会的会员，公司和组织有机会提名工作组的成员，从而促进北极经济理事会更负责任开展工作。工作组每年至少召开两次会议，负责实施北极经济理事会执行委员会拟定的各种项目活动，以进行北极经济信息管理。根据北极经济理事会官网，目前有业务活动的工作组有 5 个，分别是海洋运输工作组（Maritime Transportation Working Group）、负责任的资源开发工作组（Responsible Resource Development Working Group）、连通工作组（Connectivity Working Group）、投资与基础设施工作组

（Investments and Infrastructure Working Group）和蓝色经济工作组（Blue Economy Working Group）。①

各工作组的主要工作内容如下。

（1）投资与基础设施工作组：专注于制订有关负责任投资和刺激北极地区经济增长的指导方针。这些指导方针是由北极企业、当地人民和社区在金融机构的参与下制订的。目的是为企业提供在北极特定领域或地区投资时所需获得的信息。并通过一系列措施，增进人们对北极的认识，让人们意识到北极拥有大量经济机会并且具有经济增长潜力。同时，采取措施加大刺激对北极的经济开发。

该工作组的工作还紧紧围绕着《北极投资议定书》，该议定书最初是世界经济论坛北极问题全球议程理事会的产物。自2017年以来，《北极投资议定书》已被AEC制度化。《北极投资议定书》的目标是为企业提供有关在北极特定领域或区域投资的信息。北极企业、当地人民和社区以及金融机构参与了这些准则的创建和审查。②

（2）海洋运输工作组：工作重点是收集和交换有关国家和国际北极海上交通、相关法规、水文测绘发展和现状的现有信息。该工作组的工作主题是交换可用信息；监测可用信息的状态；更新海洋交通和环境法律法规的变化，该工作组这方面的工作极具价值，因为北极地区安全和信息的可获得性是有限的。该工作组还与北极理事会的"北极航运最佳实践信息论坛"（the Arctic Shipping Best Practices Information Forum）合作，以便于了解国际海事组织（IMO）《极地规则》（Polar Code）的执行情况。海洋运输工作组通过与其合作可以及时了解交通管理、环境管理和水文测绘等方面的状况，从而作为信息和经验交流平台，为成员提供最佳见解和指导方针。③

---

① "Our Principles and Work in Practice，" https：//arcticeconomiccouncil. com/.
② "Arctic Investment Protocol，" https：//arcticeconomiccouncil. com/wp－content/uploads/2019/10/aecarcticprotocol_ brochure_ ir456_ v16. pdf.
③ "The State of Maritime Transportation in the Arctic，" https：//arcticeconomiccouncil. com/wp－content/uploads/2020/05/aec－maritime－transportation－wg－report. pdf.

海洋运输工作组的主席米科·尼尼在北极技术和造船方面有着丰富的经验。海洋运输工作组的成员包括北极船舶运营商的代表、全球船东联合会、土著公司和学术界代表。

（3）连通工作组：旨在寻求解决办法，将北极最偏远的地区与世界连通起来，以刺激该地区的经济增长。该工作组以合作促进北极地区的连通性和经济发展，对北极宽带状态进行分析，加强北极互联，并不断征求意见和搜集信息，以加快实现北极互联的目标。该工作组的两大主题是电信和基础设施。

连通工作组以其上届工作组——电信工作组的工作为基础。电信工作组由罗伯特·麦克道尔（Robert McDowell）担任主席，2017 年结束了其工作，发表了题为《北极宽带——互联北极的建议》的报告。该报告分析了北极宽带的状况，介绍了适用于北极的不同投资方案，概述了与连通性有关的计划和正在进行的项目，并为未来提出了建议。①

北极经济理事会连续三年组织了世界北极宽带峰会（TOW Summit），将利益攸关方联系起来，讨论北极的连通性。世界北极宽带峰会的主要目的之一是改善企业、决策者和监管者之间的对话。稳定和可预测的规则是市场能否发展的关键，在市场规模较小的北极地区尤其如此。技术行业呼吁制订联合标准，例如在海底电缆管理和技术开发方面的全球共享标准。②

（4）负责任的资源开发工作组：该工作组的工作重点是为北极负责任的资源勘探和开发提供必要的框架，推动勘探开发者以负责任的方式对北极地区进行资源的勘探开发。该工作组努力审视北极资源开发方面所面临的各种挑战以及各种积极的投资因素：寻找北极资源开发的机会；查明资源开发的潜在障碍；探索资助北极开发的替代方案；对北极项目进行风险管理并确保项目运行的可持续性；挖掘资源开发所带来的区域利益；知悉开发需要的

---

① "Arctic Broadband Recommendations for an Interconnected Arctic，" https：//arcticeconomiccouncil. com/wp－content/uploads/2017/03/AEC－Report_Final－LR. pdf.

② "AEC Top of the World Arctic Broadband Summit，" https：//arcticeconomiccouncil. com/wp－content/uploads/2019/08/AEC－TOW－Summits. pdf.

人力资本；思考数据来源和共享数据监管方面的备选方案；了解开发对基础设施的需求。

该工作组在第一阶段的工作结束时形成了一份报告，2019 年在芬兰罗瓦涅米举行的 AEC 年会上公开发布，该报告的发布有助于评估北极地区发展的潜在影响。

（5）蓝色经济工作组：蓝色经济工作组是北极经济理事会最新成立的工作组。其旨在促进海洋集群的泛北极联盟，利用整个区域的知识、专门技能和资金，加快该区域的产品开发和经济增长，并致力于实现经济发展的可持续性。该工作组目前的工作主题包括：研发海洋生物技术和生物制品——应用科学和工程原理，提供和改进海洋生物技术和生物制品，提供产品和服务；建立海洋食品系统——形成渔业、水产养殖、海产品贸易的价值链；创新海洋技术——探索安全利用、开发、干预和保护海洋环境的技术；海运——提高航运和邮轮业在社会、环境和经济影响方面的可持续性，与其他工作组（如海洋运输工作组）协调与航运有关事项的活动。

该工作组活动的核心是致力于保持北极地区经济发展与可持续性之间的平衡，保证二者之间相互支持而不是相互排斥。

三　北极经济理事会对北极经济治理的影响

（一）北极经济理事会在北极经济治理中的工作现状

北极经济理事会的工作由工作组推动，这些工作组以行动为导向，专注于以负责任和可持续的方式形成北极业务的解决方案。北极经济理事会工作组的主题反映了北极商业界关注的领域。2017 年其仅有 4 个工作组：海洋运输工作组、资源开发工作组、电信工作组、北极管理工作组。其中，电信工作组于 2017 年完成了题为《北极宽带——互联北极的建议》的研究报告后宣告解散，理事会随后将其改组为连通工作组。2018 年增加到 5 个工作组：海洋运输工作组、资源开发工作组、连通工作组、能源工作组、投资与基础设施工作组。2019年又增加了蓝色经济工作组，到目前为止，工作组包括海洋运输工作组、负责任的资源开发工作组、连通工作组、能源工作组、投资与基础设施工作组、蓝色经济工作组。通过表3可以看出，除了新成立的蓝色经济工作组外，北极经济理事会的其他工作组均发布或执行了自己的报告或协定，对其所关注的领域在北极经济治理中产生了积极影响。

表3　北极经济理事会工作组报告

工作组名称	海洋运输工作组	投资与基础设施工作组	负责任的资源开发工作组	连通工作组（原电信工作组）	蓝色经济工作组
发布的报告或执行的协定	《北极海运状况》	《北极投资议定书》	《北极矿产开发》	《北极宽带——互联北极的建议》	无

注：能源工作组活动不活跃，在表中不列出。
资料来源：北极经济理事会官网，https：//arcticeconomiccouncil.com/。

　　除了工作组对特定领域的关注外，北极经济理事会在成立之初就确定了其主题。北极经济理事会在最初建立时决定将工作重点放在以下5个主题上。

　　1. 作为国际价值链的重要组成部分，在北极国家之间建立牢固的市场联系。目前看来，北极经济理事会已经通过发布报告或开展活动的方式增进了国家或企业之间的联系。例如《北极投资议定书》第六条原则规定了加强泛北极合作和最佳做法共享，再例如2019年5月开展的"在北极经商"活动，冰岛外交部部长强调，冰岛希望与北极地区内外的所有合作伙伴密切合作。

　　2. 鼓励在基础设施投资中使用公私伙伴关系。因为北极地区现在生活着400万人口，基础设施开发需求大，成本也很高，所以需要将公私伙伴关系作为北极地区发展基础设施的可行选择。连通工作组强调宽带作为基础设施在促进北极连通性中发挥着重要作用。由于北极许多地方缺乏天然港口，加上夏季短，海上路线受到限制。陆地上也无法铺设足够的道路和铁路，运

输铺设电缆或建造塔等宽带部署所需的设施设备成为一项极大的考验。因而，其采用了多种措施促进基础设施的建设，例如使用灵活的供资机制——公私伙伴关系共同开发北极宽带，例如政府部门牵头，公共部门或市政当局拥有网络，私人伙伴建造、运营和维护网络，以换取财政和实物支持。① 此外，负责任的资源开发工作组认为在北极矿产开发中，由于缺乏发达的基础设施，成本增加，阻碍了许多已知矿床的开采。因而，北极的采矿作业必须建设自己的基础设施，并提供自己的发电基础设施。未来，北极负责任的资源开发需要政府、项目开发商和当地社区采取有效的合作，开发共享基础设施，使当地居民受益，以可持续的方式吸引投资以促进经济不断增长，并满足保护北极环境的需要。②

3. 建立稳定且可预测的监管框架，支持高标准的法规，并为使用这一通用标准的北极利益攸关者提供可预测的法规环境。根据北极经济理事会内部基础文件③，其并未明确授权北极经济理事会有制订有约束力的规范的权力。以《北极投资议定书》为例，截至 2021 年 4 月 19 日，《北极投资议定书》在 AEC 官方网站的新闻中被提及 12 次，④ 从 AEC 对其的多次强调足以看出 AEC 对该议定书的重视。但该议定书也只是鼓励公民和组织支持《北极投资议定书》的六大原则，而并未有实际的约束手段。其规定有两种方式来表示对该协定的遵守，一是加入由企业、行业组织和利益相关方组成的国际联盟，并批准《北极投资议定书》，二是提交在北极或其他地方实现可

---

① "Arctic Broadband," https：//arcticeconomiccouncil. com/wp – content/uploads/2017/03/AEC – Report_Final – LR. pdf.

② "Mineral Development," https：//documentcloud. adobe. com/link/track? uri = urn% 3Aaaid% 3Ascds% 3AUS% 3Aa7e72236 – 1943 – 4c29 – a892 – 1ba0ab16788f#pageNum = 1.

③ 内部文件包括《北极经济理事会议事规则》（AEC Rules of Procedure）、《北极经济理事会会员申请程序》（AEC Membership Application Process）、《北极经济理事会战略计划》（AEC Strategic Planning Document）、《北极经济理事会道德守则》（Arctic Economic Council：Code of Ethics）、《北极经济理事会隐私政策》（AEC Privacy Policy）、《北极理事会与北极经济理事会的谅解备忘录》（The Arctic Council signs Memorandum of Understanding with Arctic Economic Council）、《北极投资议定书》（Arctic Investment Protocol）。"Publications," https：//arcticeconomiccouncil. com/publications/。

④ "News Archive," https：//arcticeconomiccouncil. com/news/.

持续投资的最佳做法的实例。可以看出，北极经济理事会的内部文件多为软法性质，仅对其成员具有约束力，且并没有明显的强制力。而其外部文件多为小组报告、年度报告和商业分析建议等，更不具备法律的普遍约束性。因而可以看出，对于无法做到强制性执行的北极经济理事会来说，想要建立稳定且可预测的监管框架具有一定难度。

4. 促进行业与学术界之间的知识和数据交换，以多种视角处理问题，并且通过合作，二者都可以使北极成为开展其业务的有利之地。以连通工作组的工作为例，为了更好地在北极使用宽带，北极经济理事会连续三年组织了世界北极宽带峰会（TOW Summit），政府领导、技术行业专家和企业高管等共同讨论了跨北极宽带的需求和潜力，以及如何为新技术的机遇和挑战做好准备，这充分体现了北极经济理事会联合多部门，多视角处理问题。

5. 吸纳北极地区土著的传统知识，促进中小企业的发展。传统知识是发展北极经济的宝贵经验，同时中小企业的发展对于北极地区的可持续发展非常重要。北极经济理事会多次会议中都对此进行了强调，例如 2019 年 5 月举办的"在北极经商"活动中，小组讨论的焦点是北极地区的经济驱动因素。发言代表强调了为北极土著人民提供有意义的参与的重要性。2020 年 2 月，北极经济理事会参加由芬兰环境部举行的研讨会，会议呼吁利益攸关方尊重土著人民放牧、捕鱼和采摘浆果的季节性，并提出应将传统知识纳入影响评估。

从以上主题的执行情况可以看出，北极经济理事会的工作始终围绕其关注的重点主题。

（二）展望

北极经济理事会作为北极地区具有权威性的区域性国际经济行为体，其组织框架逐渐成熟，国际影响力日益深远。随着北极国家的战略重心逐渐向经济发展转移，北极经济理事会未来会不断发挥其在北极经济治理中的作用。中国是北极事务的重要利益攸关方。根据《中国的北极政策》白皮书，中国的北极政策目标是：认识北极、保护北极、利用北极和参与治理北极，

维护各国和国际社会在北极的共同利益，推动北极的可持续发展。

通观北极经济理事会的组织架构，作为北极经济理事会的无投票权会员，中国虽然不能直接参与相关规范的决策过程，但仍具有一定权益：一是参会权，即可以参与北极经济理事会和工作组的所有会议，并就某项经济议题提供书面或口头意见和建议。二是提案权，即可以在北极经济理事会工作组层面提出提案，也可以与其他会员提出联合提案，从而为维护本国北极经济利益发声。① 三是标志权，信誉良好的会员，在获得北极经济理事会同意的前提下，可以在网站上显示北极经济理事会的名称和标志。除了享有权利外，还应知晓义务，目前北极经济理事会规定的会员义务有：同意文件中引用的所有条款和条件、支付会费等、自行承担参加 AEC 活动的费用、同意北极经济理事会自行决定使用或披露信息、对所有专有信息进行保密，值得注意的是，北极经济理事会规定其适用法律为挪威法。②

从以上权利义务规范可以看出，中国通过加入北极经济理事会参与北极经济治理仍具有可行性。部分学者认为中国可以通过"协同式参与"维护中国的北极经济权益。③ 即在某组织框架下，多个利益攸关方合作参与某一治理议题的规范构建过程，实现多边共赢。结合《中国的北极政策》白皮书和北极经济理事会工作组关注的重点，中国应对以下议题特别关注。

1. 参与北极航道的开发利用，与各方共建"冰上丝绸之路"。鼓励企业参与北极航道基础设施建设，稳步推进北极航道的商业化利用和常态化运行。基础设施建设一直以来就是北极经济理事会各工作组强调的重点，而北极经济理事会海洋运输工作组则十分关注航道利用与开发，中国可将会员身份作为枢纽，通过参与北极经济理事会工作组活动为我国北极航道开发

① 肖洋：《北极经济治理的政治化：权威生成与制度歧视——以北极经济理事会为例》，《太平洋学报》2020 年第 7 期。

② "AEC Membership Terms and Conditions," https：//arcticeconomiccouncil. com/wp - content/uploads/2018/07/AEC - Membership - Terms - and - Conditions. pdf.

③ 肖洋：《北极经济治理的政治化：权威生成与制度歧视——以北极经济理事会为例》，《太平洋学报》2020 年第 7 期；姜胤安：《"冰上丝绸之路"多边合作：机遇、挑战与发展路径》，《太平洋学报》2019 年第 8 期。

助力。

2. 参与非生物资源的开发利用。中国尊重北极国家根据国际法对其国家管辖范围内油气和矿产资源享有的主权权利，同时中国也支持企业在遵守法律法规、保护环境的前提下参与资源开发。北极经济理事会负责任的资源开发工作组的工作重点是为北极负责任的资源勘探和开发提供必要的框架。因而中国在参与该工作组活动时，应对其提供的框架明确知悉，全方位多角度地了解可开发范围与注意事项，从而实现在保护北极生态环境、遵守相关规则的前提下参与北极油气和矿产资源开发。

3. 参与渔业等生物资源的养护和利用。中国在北冰洋公海渔业问题上一贯坚持科学养护、合理利用的立场，主张各国依法享有在北冰洋公海从事渔业资源研究和开发利用活动的权利，同时承担养护渔业资源和保护生态系统的义务。北极经济理事会最新成立的蓝色经济工作组的重点关注领域为海洋生物技术和生物制品、海洋食品系统、海运和海洋技术。中国可通过协同式参与，与其他非北极国家共同参与相关规范的构建过程，实现多边共赢。

四　结语

作为北极经济开发大势所趋的产物，北极经济理事会在几年的时间里迅速发展，其组织规模和治理结构进一步优化。虽然其宣称的"独立性"较为模糊，但作为北极经济治理中具有权威性的官方平台，中国参与 AEC 框架下的北极经济治理具有一定意义。通过"协同式参与"建言献策，明确自身权利义务，以无投票权会员身份推动我国重点关注领域的开发，实现中国负责任的参与北极经济治理的目标。同时，中国主张稳步推进北极国际合作。通过与其他加入北极经济理事会的无投票权会员合作，在议题设置与组织规范上形成国际影响力，加强多层治理结构，最终实现优化北极经济治理框架，以中国智慧为北极善治贡献力量。

B.6
后疫情时代的北极公共卫生
安全法律与政策*

李玉达　白佳玉**

摘　要： 随着新冠肺炎疫情蔓延至北极地区，北极公共卫生安全问题
　　　　 凸显，并牵涉北极地方行业发展及资源开发等复杂问题。环
　　　　 北极国家依据本国法律及政策治理北极辖区内卫生问题，有
　　　　 关国际组织也出台系列文件并实施行动以维持该地区的卫生
　　　　 安全秩序。为更好地应对北极公共卫生安全威胁，须以人类
　　　　 命运共同体理念为价值引领，推进北极地区区域性制度法律
　　　　 化，深入探究全球性制度；改善北极公共卫生环境，实现可
　　　　 持续发展；并倡导多边主义，加强国际合作。

关键词： 新冠肺炎疫情　北极公共卫生安全　环北极国家

　　全球安全由传统安全和非传统安全构成。冷战结束前，由军事、政治等
因素造成的传统安全一直是全球安全的重心所在，冷战结束后，恐怖主义、
海盗、传染性疾病等问题日益凸显，对世界各国发展构成了严峻挑战，这些
问题并不是由军事或政治因素所导致，称之为非传统安全。《中国的和平发

---

　　* 本文系国家社科基金"新时代海洋强国建设"重大研究专项项目"人类命运共同体理念下中
国促进国际海洋法治发展"（项目编号：18VHQ001）的阶段性成果。
　　** 李玉达，中国海洋大学 2020 级国际法学研究生；白佳玉，南开大学法学院教授、博士生
导师。

展》白皮书中认为非传统安全包括恐怖主义、严重自然灾害、气候变化与公共卫生安全等。①

2019 年底在全球范围暴发的新冠肺炎疫情即构成了公共卫生安全威胁，极大地损害了世界人民的生命健康，2020 年 1 月 30 日，世界卫生组织总干事宣布新冠肺炎疫情构成国际突发公共卫生事件。② 毋庸置疑，该次疫情的暴发具有全球性，新冠病毒传播速度之快、之广，已经影响至北极地区。由于北极地区既存在国家管辖范围内的利益，也在北极公域存在全人类所享有的共同利益，③ 北极问题已超出区域性问题范畴，关乎北极域外国家的利益和国际社会的整体利益。④ 因此，北极疫情治理与公共卫生安全维护不仅要求环北极国家付诸行动，也需要北极域外国家及国际社会整体采取措施。后疫情时代，北极公共卫生安全如何得以稳固与加强，本文将从国际制度及环北极国家针对北极公共卫生安全的法律与政策出发，分析新冠肺炎疫情对北极有关事务的影响，提出解决北极公共卫生安全问题的具体路径。

一 维护北极公共卫生安全的国际制度

何谓制度？罗伯特·基欧汉将其定义为规范人的行为模式和范畴的紧密联系的一系列正式或非正式的规则。⑤ 在国际关系理论层面，国际制度的类型主要包括国际组织、国际机制及国际惯例。⑥ 国际机制是指导国际法主体

① 《国务院新闻办发表〈中国的和平发展〉白皮书（全文）》，中国政府网，http://www.gov.cn/jrzg/2011-09/06/content_1941204.htm。
② https://www.who.int/zh/news/item/29-06-2020-covidtimeline.
③ 白佳玉：《中国积极参与北极公域治理的路径与方法——基于人类命运共同体理念的思考》，《人民论坛·学术前沿》2019 年第 23 期。
④ 中华人民共和国国务院新闻办公室：《中国的北极政策》，《人民日报》2018 年 1 月 27 日，第 11 版。
⑤ Robert O. Keohane, *International Institutions and State Power: Essays in International Relations Theory*, Boulder: Westview Press, 1989, p. 3.
⑥ 秦亚青：《国际制度与国际合作——反思新自由制度主义》，《权力·制度·文化——国际关系理论与方法研究文集》，北京大学出版社，2005，第 100 页。

行为的原则、规则、规范和程序，主要体现为国际条约规则。下文则从国际条约和国际组织两个层面阐述北极公共卫生安全的国际制度。

（一）国际条约

北极治理不同于南极，北极事务没有统一适用的专门国际条约。在北极公共卫生安全方面，主要由《联合国宪章》《联合国海洋法公约》《国际卫生条例》等国际条约予以规范。

《联合国宪章》以统领性的原则和要求促进国际卫生领域的治理。《联合国宪章》为实现全人类的人权，要求联合国大会就促进国际卫生合作作出建议和推动国际卫生问题的解决，[1] 政府间成立的专门卫生机关应与联合国建立关系，以接收联合国对其工作的调整和建议。[2] 可见，《联合国宪章》以助成全人类人权实现之目的，就国际卫生合作、卫生问题解决和国际卫生机关工作作出了原则性规定，为环北极国家、北极域外国家及有关国际组织的北极公共卫生治理提供了统一的目的和宗旨。

《联合国海洋法公约》规定了缔约国在不同海域中维护本国公共卫生安全的权利和义务。依据规定，环北极国家作为缔约国拥有对本国领海、毗连区、专属经济区和大陆架的主权权利，[3] 可对影响本国卫生安全的事项行使管辖权或管制权。譬如，当船舶在领海内违反沿海国卫生法律和规章时，该国可禁止其无害通过，[4] 对在毗连区内发生的违反沿海国卫生法规的事项，该国可行使必要的管制权。[5]《联合国海洋法公约》从国家主权的角度，为海上公共卫生安全治理建立了系统的法律秩序，也为北极地区海域的公共卫生安全治理提供了明确的法理依据。

《国际卫生条例》是规制全球公共卫生安全的专门国际条约，规定了缔

---

① 《联合国宪章》第13、55条。
② 《联合国宪章》第57、63条。
③ 《联合国海洋法公约》第2、33、56、77条。
④ 《联合国海洋法公约》第19、25条。
⑤ 《联合国海洋法公约》第33条。

约国面临国际突发公共卫生事件时应采取的预防和应对措施。环北极八国作为《国际卫生条例》的缔约国，在预防方面，应尽快提升对国际突发公共卫生事件的发现、评估和通报能力建设，① 发展和加强卫生口岸能力以及港口的卫生核心能力建设；② 在应对方面，应及时向世界卫生组织通报，③ 不得因公共卫生因素拒绝船舶在具备卫生能力的入境口岸通行或停靠，对受卫生安全威胁影响的船舶可采取必要的卫生措施，④ 或依据国内法或其他国际法义务实施额外卫生措施。⑤《国际卫生条例》从国际公共卫生安全维护之角度，督促缔约国提高卫生能力建设，及时履行通报义务和采取卫生措施，对环北极国家等缔约国的卫生工作实施提供了具体的法律适用与措施指导。

（二）国际组织

联合国是维持国际和平与安全的最具权威的国际组织，全球卫生安全的治理基本在联合国及其专门机构下进行。《联合国宪章》赋予了联合国大会为促进国际卫生健康合作的建议权和开展研究的权利，授予了安理会维持国际和平与安全的职责。联合国提倡通过国家间合作抗击疫情，大会于 2020 年 4 月 2 日通过了"全球团结抗击 COVID - 19"决议，呼吁国际社会合作抗疫，⑥7 月 1 日，安理会发布决议强调联合国在抗疫中的关键协调作用及加强国际团结协作以应对疫情。⑦

世界卫生组织（WHO）是联合国下属的主管全球公共卫生事务的专门组织。新冠肺炎疫情暴发后，WHO 及时发出警报，发布详细的应对指南，如《支持国家做好准备和应对的业务规划指南》为成员国疫情防控协调、

---

① 《国际卫生条例》第 5 条。
② 参见《国际卫生条例》附件一 A 规定的缔约国应具备监测和应对的核心能力要求及附件一 B 规定的缔约国港口随时具备的 5 项核心能力要求和 7 项应对国际突发公共卫生事件的核心能力要求。
③ 《国际卫生条例》第 6 条。
④ 《国际卫生条例》第 27、28 条。
⑤ 《国际卫生条例》第 43 条。
⑥ https：//www.un.org/zh/ga/74/res/plenary.shtml.
⑦ https：//undocs.org/zh/S/RES/2532（2020）.

计划和监测工作提供了技术指导；建立新冠肺炎合作伙伴平台，为所有国家及合作方提供疫情实时跟踪，支持和资助国家防范和应对活动；成立 WHO基金会以向合作方提供资金，满足全球公共卫生需求。2020 年 10 月 29 日，WHO 总干事在关于新冠肺炎疫情的新闻发布会上强调"无论疫情发生在哪里，都应该继续加大卫生需求投资，改进所有病例的检测、跟踪和治疗"①。可见，WHO 提供的建议和指导有利于为环北极八国及其他成员国加强北极辖区内疫情的监测与防控，维护北极公共卫生安全。此外，国际海事组织以通函件形式发布了一系列指南，如《应对新冠肺炎疫情确保船岸人员在船安全接触指南》②，为北极地区成员国的船舶航行和船岸界面的疫情防控提供了具体的措施指导。

此外，北极理事会是由环北极八国组成的促进北极国家之间进行合作、协调和互动的政府间高层论坛，对北极区域卫生安全治理发挥着重要作用。随着气候问题的加剧及北极航道的开通，北极理事会不再限于北极环境保护，逐渐关注其他非传统安全领域。③ 北极理事会由可持续发展工作组（SDWG），紧急预防、准备和响应工作组（EPPR）和减少北极污染的行动计划组（ACAP）等负责实际工作。新冠肺炎疫情暴发后，北极理事会于2020 年 6 月发布了有关北极地区新冠肺炎疫情概况的北极高级官员简报，阐释了北极地区的新冠病毒传播概况、目前的公共卫生状况及受疫情影响的程度；④ 2020 年 11 月，EPPR 和 ACAP 分别提交了简报，就北极理事会针对新冠肺炎疫情可能采取的行动及现存的知识差距提出了疑问和分析；⑤ 同时

---

① 《世卫组织应对 COVID – 19 疫情时间线》，https：//www. who. int/zh/news/item/29 – 06 – 2020 – covidtimeline.
② 参见 2020 年 5 月 11 日，IMO 发布的 Circular Letter No. 4204/Add. 16 通函件。
③ 白佳玉：《中国积极参与北极公域治理的路径与方法——基于人类命运共同体理念的思考》，《人民论坛·学术前沿》2019 年第 23 期，第 88 ~ 97 页。
④ "COVID – 19 in the Arctic：Briefing Document for Senior Arctic Officials，" https：//oaarchive. arctic – council. org/handle/11374/2473.
⑤ "EPPR – Covid – 19 in the Arctic：Briefing Document Knowledge gaps and areas for potential action in the Arctic Council，" https：//oaarchive. arctic – council. org/handle/11374/2526；"ACAP – Covid – 19 in the Arctic：Briefing Document，" https：//oaarchive. arctic – council. org/handle/11374/2519.

SDWG 也提交简报，对北极理事会高级官员的防疫工作进行了分析和建议。[①]

二 环北极国家的公共卫生安全法律及政策

迄今为止，大多数北极地区都出现了新冠肺炎感染病例。由于不同国家的卫生环境、医疗状况及疫苗接种等因素的不同，北极地区之间的新冠肺炎感染率和死亡率存在差异，但目前仍低于环北极国家的较南部地区（详见表 1）。此次疫情中，虽然北极地区感染和死亡人数总体较少，但在 2020 年秋冬季后，北极地区疫情呈上升趋势。[②] 2020 年 7 月—10 月，新冠肺炎确诊病例逐渐增多，10 月至今，确诊病例逐步增加至 47.5 万例，死亡病例已达 8661 例。可见北极地区总体疫情逐渐恶化，由于该地区地处偏远，医生和疫苗接种人员数量有限，新冠病毒一旦在本地广泛传播，将会严重冲击北极地区的公共卫生安全。

表 1　北极地区新冠肺炎确诊病例统计（截至 2021 年 3 月 14 日）

地区/国家	人口	确诊病例	死亡病例	感染率 （/每 10 万人）	死亡率 （/每 10 万人）
加拿大（北极）	138014	665	3	481.8	2.2
加拿大（全国）	36708083	914595	22455	2491.5	61.2
芬兰（北极）	794921	4166	47	524.1	5.9
芬兰（全国）	5516224	66869	786	1212.2	14.2
丹麦（全国）	5827463	221151	2392	3795.0	41.0
冰岛（全国）	364134	6072	29	1667.5	8.0
挪威（北极）	487711	2679	7	549.3	1.4

---

① "SDWG's Analysis and Advice for SAOs: Arctic Council COVID – 19 Work," https://oaarchive. arctic – council. org/handle/11374/2524.

② 徐庆超：《北极安全战略环境及中国的政策选择》，《亚太安全与海洋研究》2021 年第 1 期，第 104 ~ 124、4 页。

续表

地区/国家	人口	确诊病例	死亡病例	感染率 (/每10万人)	死亡率 (/每10万人)
挪威(全国)	5367580	80440	639	1498.6	11.9
俄罗斯(北极)	9214068	358433	7496	3890.1	81.4
俄罗斯(全国)	147500000	4341381	90558	2943.3	61.4
瑞典(北极)	415199	30712	378	7396.9	91.0
瑞典(全国)	10327589	712527	13146	6899.3	127.3
阿拉斯加州	731545	60207	306	8230.1	41.8
美国(全国)	325145963	29339486	534279	9023.5	164.3

资料来源：https：//coronavirus. jhu. edu/map. html；https：//coronadatascraper. com/#latest. csv；https：//univnortherniowa. maps. arcgis. com/apps/opsdashboard/index. html #/b790e8f4d97d4414b10c03d5139ea5d5。

（一）美国

美国拥有世界上最发达的卫生医疗体系，从联邦到地方各级政府，均设有公共卫生服务机构。联邦层面，卫生与公共服务部（HHS）负责管理美国公共卫生与安全事务，领导其他部门预防、准备和应对突发公共卫生事件。[①]该部门下设的疾病控制与预防中心（CDC）是公共卫生应急反应体系的核心，主管疾病的预防和控制，防止传染性疾病传播；[②] 州一级设立了卫生局，由州长直接领导；地方市镇设置了公共卫生机构，并建立了传染病通报系统。[③]

美国《公共卫生服务法》（《PHS法案》）是HHS应对突发公共卫生事件的法律基础，授权HHS领导所有联邦公共卫生机构以及协助各州应对紧急卫生事件和控制传染病；《大流行和所有危险防范法》授权在HHS内设立备灾和应对助理办公室并制定《国家卫生安全战略》；《公众准备和紧急状态预备法》（《PREP法案》）授权了HHS秘书发布《PREP法案》声明，

[①]　"Programs & Services," https：//www. hhs. gov/programs/index. html.
[②]　张家栋：《美国发达的医疗卫生体系为何阻挡不了疫情》，《人民论坛》2020年第17期。
[③]　熊李力：《美国公共卫生体系的脆弱性体现在何处》，《人民论坛》2020年第26期。

专门用于免责针对疾病威胁的对策所造成的损失。

2020 年 1 月 22 日，美国报道了第一例新冠肺炎感染病例，1 月 31 日，美国卫生部部长阿扎尔依据《PHS 法案》第 319 节宣布新冠肺炎疫情构成了公共卫生紧急状态，要求整个美国协助医疗保健界应对疫情。自美国对疫情采取全方位机构应对措施以来，CDC 一直在公共卫生的前线支持州和地方政府，其设置了新冠肺炎数据跟踪器，帮助公民查找社区中的病例最新数据及风险概况，① 还发布了 172 个关于新冠肺炎的指导文件，对个人与消费者、教育人员、医疗服务人员、企业、政府机构等不同受众进行疾病预防与控制、旅行建议、疫苗注射、工作场所安全的指导。②

环北极国家中，美国在北极地区的新冠肺炎感染病例位居第二，以美国完备的公共卫生体系，应对疫情的结果却有些差强人意。在此之前，特朗普政府于 2017 年修订了《减税与就业法案》，使强制医疗纳保人数减少；2018 年撤销了联邦紧急公共卫生应对协调机构；2020 年宣布美国停止向 WHO 拨款并退出。随着美国疫情加剧，许多低收入群体无法负担检疫及治疗费用，加之领导人不重视疫情防控，美国新冠肺炎确诊病例和死亡病例激增。2020 年疫情恰逢美国大选，拜登上台后，发布了应对新冠肺炎大流行防范国家战略，以恢复国民信任，开展安全有效的疫苗接种工作和扩大紧急救济措施，多方面开展疫情防护工作；③ 签署了"百日口罩令"；购买了大量疫苗并推进疫苗接种计划以使美国疫情有所缓和。拜登在就任后首次外交政策演讲中表示，停止退出世界卫生组织，重新参与全球公共卫生事务。④

---

① "CDC COVID Data Tracker," https：//covid. cdc. gov/covid – data – tracker/#datatracker – home.

② "Guidance for COVID – 19," https：//www. cdc. gov/coronavirus/2019 – ncov/communication/guidance. html.

③ "National Strategy for the COVID – 19 Response and Pandemic Preparedness," https：//www. whitehouse. gov/wp – content/uploads/2021/01/National – Strategy – for – the – COVID – 19 – Response – and – Pandemic – Preparedness. pdf.

④ 高攀：《拜登政府执政满月 两大优先任务是关键》，《经济参考报》2021 年 2 月 22 日，第 2 版。

（二）俄罗斯

俄罗斯是最大的北极国家，对北极事务治理发挥着重要作用。环境保护、国家安全和社会经济发展是俄罗斯北极政策的三大落脚点。[①] 北极油气开采是关乎俄罗斯社会经济发展的重要项目，疫情发生后，俄罗斯北极地区发现了与采掘工业有关的感染病例。[②]

2020 年 3 月中下旬至 5 月中旬前，俄罗斯第一波疫情来临，俄罗斯政府采取全面防守、关闭边境、居家隔离等严格的防疫政策；2020 年 8 月中旬直至 11 月初，俄罗斯疫情进一步扩大，俄罗斯采取了更加严格的防疫措施，如在人员密集场所内，公民必须佩戴口罩及全面提升核酸检测覆盖率等。[③] 截至 2021 年 3 月 14 日，俄罗斯新冠肺炎确诊病例已达 434 万例，俄罗斯由于人口基数大，在北极辖区内确诊病例达 35.8 万多例，位居北极八国新冠肺炎确诊病例之首。

2009 年俄罗斯政府出台了《2020 年前俄罗斯联邦国家安全战略》，将大规模传染病和流行病视为国家安全在卫生健康领域的重要威胁，[④] 可见俄罗斯早已将卫生防疫工作提升到国家安全层面予以重视。俄罗斯以《公民卫生流行病防疫法》为总纲，《传染病免疫预防法》《公民卫生和流行病福利条例》等为辅共同防治流行传染病。《公民卫生流行病防疫法》于 1999 年颁布，并经多次修订，明确了防治流行病的原则、措施和联邦卫生防疫当局的职责，为公民卫生健康安全提供了法律依据。[⑤]

俄罗斯联邦卫生部负责国内卫生事务。疫情发生后，俄罗斯联邦卫生部发布了预防、诊断和治疗新冠病毒感染的暂行指南，为医疗人员实施救治措

① 章成：《北极治理的全球化背景与中国参与策略研究》，《中国软科学》2019 年第 12 期。
② "COVID‑19 in the Arctic：Briefing Document for Senior Arctic Officials，" https：//oaarchive. arctic‑council. org/handle/11374/2473.
③ 李勇慧：《俄罗斯抗疫基本情况及对内政外交的影响》，《东北亚学刊》2021 年第 1 期。
④ 《2020 年前俄罗斯联邦国家安全战略》第 72 条。
⑤ 参见第 52 号俄罗斯联邦法《公民卫生流行病防疫法》。

施提供临时建议，并派遣了 300 多名专家前往联邦各地区协助抗疫。[①]俄罗斯消费者权益保护和人类福利监督管理局作为管理公民健康和安全的联邦服务机构，通过新冠病毒监测、宣传公众预防措施、建立疫情应急机制等也为防疫工作做出些许努力。[②]为有效防控疫情，俄罗斯政府于 2020 年 1 月成立了防止新冠病毒感染输入扩散行动总部，3 月成立了国务委员会新冠肺炎疫情防控工作组，10 月成立了由卫生部、紧急情况部和贸易部等多部门组成的跨部门委员会，形成了专门的防疫抗疫系统。[③] 12 月，俄罗斯政府启动大规模的新冠疫苗接种项目，就此开展全方位的卫生外交；2021 年 2 月，《柳叶刀》发表文章称，俄罗斯"卫星 V"（Sputnik V）疫苗有效性可达到 91.6%。[④]

（三）加拿大

截至 2021 年 3 月，加拿大新冠肺炎确诊病例已达 91 万余例，不过加拿大北极地区确诊和死亡病例相较其他北极国家并不多。加拿大遵循《大流行性流感计划：卫生部门规划指南》开展防控疫情的公共卫生工作，以减少确诊和死亡病例，减轻加拿大的社会混乱。依据该计划，加拿大实施了"政府全体参与"办法，调动经济、农业、社会和卫生部门合力采取行动，同时，加拿大卫生部门还实施了病例检测、接触者追踪和隔离等遏制措施，为公民提供疫情防护指导和建议。[⑤]

加拿大卫生保健组是维持和改善国民卫生健康的多部门组合，由加拿大

---

① 俄罗斯卫生部官网，https：//minzdrav. gov. ru/news/koronavirus。

② 《关于预防新冠病毒引发疾病传播的情况及对此所采取的措施》，俄罗斯联邦驻华大使馆网，http：//www. russia. org. cn/cn/news/9701/。

③ 李勇慧：《俄罗斯抗疫基本情况及对内政外交的影响》，《东北亚学刊》2021 年第 1 期。

④ 《〈柳叶刀〉刊文：俄罗斯疫苗有效性达 91.6%》，观察者网，https：//m. guancha. cn/interna tion/2021_ 02_ 02_ 580124. shtml？s = wapzwyxgtjbt。

⑤ "The Chief Public Health Officer of Canada's Report on the State of Public Health in Canada 2020," https：//www. canada. ca/en/public - health/corporate/publications/chief - public - health - officer - reports - state - public - health - canada/from - risk - resilience - equity - approach - covid - 19. html#a1. 4.

卫生部、公共卫生局、卫生研究所、专利药品价格审查委员会和食品检验局组成。① 加拿大卫生部是帮助加拿大国民保持和改善健康的联邦机构。② "SARS"疫情后，加拿大成立了公共卫生局，以在应对公共卫生安全威胁方面发挥国家领导作用，加强各级政府间合作，预防疾病与伤害以及提供信息支持决策等。③ 2020年10月，加拿大公共卫生局发布了关于2020年加拿大公共卫生状况的报告，就加拿大新冠肺炎疫情的开始及现状，应对政策及影响进行了系统总结。此外，加拿大公共卫生局开发和管理了公共卫生情报网络，争取及时发现和监测公共卫生事件。

（四）芬兰

芬兰社会事务和卫生部是规划、指导和实施社会和卫生政策的政府部门，以促进国民享有平等、健康和安全的社会生活为目标。④ 该部下设的安全与卫生部处理传染病控制等卫生事务。

2017年芬兰颁布的《传染病法》是防止传染病传播的重要法律，明确了传染病的防控、规划及监测工作。其他法律也对疫情防控做了基本指导，依据2011年《应急准备法》，对构成严重事故的危险传染病，如此次新冠肺炎疫情，州和市政当局必须尽可能履行职责，准备工作与应急计划以应对突发事件威胁；⑤ 依据《特殊情况下的社会和卫生保健咨询委员会法》，社会事务和卫生部可以建议政府成立紧急社会和卫生保健咨询委员会，以预防紧急情况和提供医疗保健设施。⑥ 2017年11月2日，芬兰政府发布了《2017年社会保障战略》，提出了整体安全合作模型，即政府当局、行业、

---

① "Health Portfolio,"https：//www. canada. ca/en/health-canada/corporate/health-portfolio. html.
② "Health Canada," https：//www. canada. ca/en/health – canada. html.
③ "Public Health Agency of Canada," https：//www. canada. ca/en/public – health. html.
④ "Tehtävät ja tavoitteet-Sosiaali," https：//stm. fi/ministerio/tehtavat – ja – tavoitteet.
⑤ 2011年芬兰《应急准备法》第5、12条。
⑥ 2011年芬兰《特殊情况下的社会和卫生保健咨询委员会法》第2条。

组织与公民之间合作应对各种破坏或紧急情况，维护芬兰整体安全。①

2020 年 3 月 11 日，WHO 宣布新冠肺炎构成了全球大流行传染病后，4 月 8 日，芬兰总理府成立了专门研究组，制订应对措施和计划以摆脱疫情危机；9 月 7 日，芬兰社会事务和卫生部发布了控制新冠肺炎疫情综合策略行动计划，指导当局依据《传染病法》采取限制措施，该计划持续更新至 2021 年 5 月。② 进入 2021 年以来，由于新冠肺炎确诊病例逐渐增多，芬兰采取了更加严厉的区域限制措施，如严格隔离、封闭公共场所等。③

（五）挪威

挪威卫生和保健服务部是为公民提供良好和平等的卫生保健服务的国家部门，④ 挪威还设立了卫生监督委员会负责监督儿童福利、社会服务和卫生服务。

挪威于 2001 年通过了《卫生与社会应急法》，以保护国民的生命健康，提供必要的医疗保健、护理以及社会服务；⑤ 2011 年通过了《公共卫生工作法》，以促进社会公共卫生发展和社会卫生公平，该法规定了县、市政当局和州政府等机构在公共卫生方面的职责，在必要的紧急情况下，相关措施的采取参见《卫生应急准备法》。⑥ 此外，对斯瓦尔巴群岛，挪威国王可以颁布适用于《公共卫生工作法》或《卫生应急准备法》的法规，并可以针对当地情况制定特殊规则。⑦

---

① " Yhteiskunnan turvallisuusstrategia," https：//turvallisuuskomitea. fi/yhteis kunnan – turvallisuusstrategia/.
② "Varautuminen uuteen koronavirukseen," https：//stm. fi/varautuminen – koronavirukseen.
③ "Rajoitukset ja suositukset," https：//valtioneuvosto. fi/tietoa – koronaviruksesta/rajoitukset – ja – suositukset.
④ "Ministry of Health and Care Services," https：//www. regjeringen. no/en/dep/hod/id421/.
⑤ " Lov om helsemessig og sosial beredskap (helseberedskapsloven)," https：//lovdata. no/ dokument/NL/lov/2000 – 06 – 23 – 56.
⑥ 挪威《公共卫生工作法》第 28 条。
⑦ 参见挪威《公共卫生工作法》第 2 条；挪威《卫生与社会应急法》第 1~2 条。

新冠肺炎疫情暴发后，挪威政府依据《传染病控制法》① 及其他卫生法规采取了以下应对措施：卫生措施，例如经常洗手和清洁；隔离措施，如及时发现和隔离感染者及其亲密接触者；防止疫情扩散措施，以及对患者和其他高危人群的综合保护措施等。2020 年 5 月 7 日，挪威政府通过了《处理COVID - 19 大流行和措施调整的长期策略和计划》，概述了政府应对疫情的目标、措施及工作基础并对防治疫情工作展开了长期的规划。

（六）瑞典

瑞典的卫生医疗体制由国家、州、市三级行政部门构成，国家卫生部门制定卫生和医疗政策，州级卫生部门负责区域卫生规划，市级卫生部门在区域卫生规划指导下开展卫生医疗服务。② 瑞典卫生和社会事务部是瑞典国家卫生部门，负责增进人民健康，确保病人得到所需护理和福利。在公共卫生安全方面，瑞典公共卫生局是负责全国公共卫生问题的专家机构，以加强公共卫生保护、促进社会发展为宗旨，致力于确保良好的公共卫生条件，使人民免受传染病和其他健康威胁。③

截至 2021 年 3 月 14 日瑞典新冠肺炎确诊病例已达 71 万余例，在北极辖区内的疫情状况也不容乐观。自疫情暴发后，瑞典政府以保护人民的生命和健康为首要目标，采取了一系列措施限制新冠病毒的传播并减轻其对经济的影响。④ 瑞典政府于 2020 年 4 月初颁布了养老院探访禁令，禁止访问全国所有老年人护理院，以防止病毒传播和老人被感染；4 月 7 日，政府决定通过《传染病法》的临时修正案，促使政府迅速采取行动，就限制新冠病

---

① 依据挪威《传染病控制法》第 1~5 节规定，感染控制措施必须以明确的医学依据为基础，对于感染控制而言是必要的，并且在进行全面评估后应采取适当措施。

② 李勤：《德国、瑞典的社区卫生服务》，《全科医学临床与教育》2005 年第 4 期。

③ "Our Mission - to Strengthen and Develop Public Health," https：//www. folkhalsomyndigheten. se/the - public - health - agency - of - sweden/.

④ "The Government's Work in Response to the Virus Responsible for COVID - 19," https：//government. se/government - policy/the - governments - work - in - response - to - the - virus - responsible - for - covid - 1/.

毒传播的临时措施作出决定。① 随着新冠肺炎疫情在 2020 年秋冬季的第二波来袭,瑞典议会于 2021 年 1 月 18 日通过了一项防控新冠肺炎疫情大流行的政府临时法案,允许政府采取更具约束力的传染病控制措施,如禁止在公共场所聚会及限制聚集人数等;② 3 月 24 日,瑞典政府决定扩大对来自所有国家的旅行者的一般入境禁令和检测要求,并取消对来自丹麦和挪威的旅行者的单独入境限制。

(七)冰岛

冰岛卫生部负责全国的卫生工作,依据法律法规实施卫生管理和政策的制定,处理冰岛公共卫生系列事务。③冰岛卫生部发布了《卫生服务法》《卫生与公共卫生法》《健康安全和传染病法》等法案,对可能造成严重影响的国际公共卫生事件适用《健康安全和传染病法》,④ 该法赋予了冰岛政府全面管理卫生安全及为预防传染病采取的一般措施和公共措施的能力。⑤

截至 2021 年 3 月 14 日,冰岛已有新冠肺炎确诊病例 6000 多例,死亡病例 29 例。为应对新冠肺炎疫情,冰岛当局采取了一系列预防措施,2020 年 4 月,根据冰岛首席流行病学家的建议,对国际入境者实行临时申根边境管制和 14 天检疫措施。⑥ 2020 年 10 月,冰岛卫生部部长批准了首席流行病学家提出的采取更严厉措施应对新冠肺炎疫情大流行的建议,如将群

---

① "Decisions and Guidelines in the Ministry of Health and Social Affair's Policy Areas to Limit the Spread of the COVID - 19 Virus," https: // government. se/articles/2020/04/s - decisions - and - guidelines - in - the - ministry - of - health - and - social - affairs - policy - areas - to - limit - the - spread - of - the - covid - 19 - virusny - sida/.

② "COVID - 19 Act Allows Stronger Communicable Disease Control Measures," https: // government. se/articles/2021/01/covid - 19 - act - allows - stronger - communicable - disease - control - measures/.

③ https: //www. government. is/ministries/ministry-of-health/about-the-ministry-of-health/.

④ 冰岛《健康安全和传染病法》第 2 条。

⑤ 冰岛《健康安全和传染病法》第 2、3、4 节。

⑥ "Iceland Introduces Temporary Schengen Border Controls and 14 - day Quarantine for International Arrivals," https: //www. government. is/news/article/2020/04/22/Iceland-Introduces-Temporary - Schengen - Border - Controls - and - 14 - day - Quarantine - for - International - Arrivals/.

众聚会的最大人数从 20 人减少到 10 人，所有体育活动和舞台表演均被暂停。① 2021 年 2 月 23 日，冰岛政府宣布放宽新冠肺炎疫情限制措施，允许个人现场参加体育赛事，参加文化活动的人数上限提高到 200 人。3 月 23 日，冰岛卫生部决定采取更严格的边境防控措施，儿童将与成年人受到相同的边境措施限制。②

（八）丹麦

丹麦卫生部是政府在卫生领域开展工作和制定决策的国家机关，其下设了国家卫生委员会和患者安全局等部门。③ 国家卫生委员会是丹麦卫生部实施应急准备工作的主要部门，其与市政当局、警察和紧急事务管理局密切合作，全面协调应对突发卫生事件。④ 患者安全局是丹麦的卫生监督机构，也是社区应急准备的一部分，其在社区内进行感染检测，提供与传染病传播有关的专业建议。⑤ 此外，丹麦卫生部还成立了流行病委员会，作为一个独立的大学机构为一般危险和社会重大疾病的管理提供建议。

丹麦《卫生法》规定了医院、市政当局等主体提供卫生医疗服务的职责，⑥ 是政府为预防和治疗个人疾病，促进人民健康的卫生法案；丹麦《传染病法》规定了政府当局对具有社会危险性的传染病的防治职责，同时明确了政府对个人和社会应采取的预防和防治措施。⑦

丹麦政府实施了一系列适用于整个国家的限制措施以防止新冠病毒传

---

① "Stricter Anti – COVID – 19 Measures Taking Effect as from 31 October 2020," https：// www. government. is/news/article/2020/10/30/Stricter – anti – COVID – 19 – measures – taking – effect – as – from – 31 – October – 2020/.

② "Stricter COVID – 19 Measures at the Icelandic Border," https：//www. government. is/news/ article/2021/03/23/Stricter – COVID – 19 – measures – at – the – Icelandic – border/.

③ https：//sum. dk/presse.

④ " Sundhedsstyrelsens beredskab," https：//www. sst. dk/da/Opgaver/Beredskab/Sundhedsstyrel sens – beredskab.

⑤ "Om os," https：//stps. dk/da/om – os/.

⑥ 参见丹麦《卫生法》第六节医院服务和第九节当地卫生服务。

⑦ 参见丹麦《传染病法》第 2、5、6 节。

播,如扩大社交距离、佩戴防疫面罩、限制商场聚集人数、减少宗教仪式和聚会活动等措施。① 对居民易大规模聚集的公园和广场等大型公共场所,丹麦政府依据风险程度将该类区域划分为热点区域、警告区域和禁止闲逛区,并授权警察定期盘点,严密监视,对违反者予以罚款。

总体来看,环北极国家均有自己的一套卫生管理体制,从国家卫生部门到地方政府各级卫生局,辅以医院、卫生研究所或委员会等公共机构,并以《卫生法》《传染病法》《紧急事件应急法》等国内法为法律依据开展工作,全方位地保护和保障国民卫生健康安全,防止传染病传播造成危害。针对本次新冠肺炎疫情,各国均采取了一系列疫情防控措施,进行隔离、检疫、研发或购买疫苗、实施入境限制和旅行禁止等,并在政府官网提供每日病例更新的数据,与国民信息共享。

三 新冠肺炎疫情对北极各项事务的影响

北极地区气候极端,冰冷严寒,对环境极为敏感,且基础设施十分稀少,一旦遭遇突发性事件,难以实施及时有效的应对活动。根据北极理事会发布的北极新冠肺炎疫情概况报告,疫情不仅危害了北极地区人民的身心健康和生产生活,还影响了北极地区的行业发展、资源开发等各项事务。可见,新冠肺炎疫情对北极公共卫生安全关系和北极各项事务造成的多维度影响亟须解决。

(一)疫情对北极地区人民造成的危害

北极人民的身体健康易受危害。由于北极地区经历了 1918 年大流感,受到慢性病、肺结核等传染病困扰,长期缺乏基础医疗设施,获得保健的机会不足,人民极易感染新冠肺炎,而落后的北方农村和偏远地区的居民更易受到危害。

---

① "National Measures," https://en. coronasmitte. dk/rules – and – regulations/national – measures.

北极人民的心理健康受到危害。北极地区采取的隔离措施使所有的文化和体育活动被取消或推迟，由于社会活动减少，信息封闭和恐惧疫情，人们的精神压力加大。北极原住民长期群居生活，隔离使青年人与老年人无法接触，需要祖父母关怀的孩童缺少了家庭的温暖，孤独老人的身心健康也受到极大挑战。

北极人民的生活质量下降。疫情使北极地区失业率上升，合格工人可能去其他地方就业，本地的人力资本将会外流，加剧了北极地区的贫困现状。伴随着长时间的居家隔离，家暴也有所增加，妇女和女童受到较多暴力侵害，受到虐待和忽视的儿童难以得到应有帮助。

（二）疫情对北极地区地方行业的影响

北极地区的运输行业受到影响。大多数北极辖区都实施了旅行限制或禁令，以防止新冠病毒传播。航运业首当其冲，在所有领土和区域内定期航班已减少或被取消，通航的航班经常亏损。

利润丰厚的极光旅游业是首批被关闭的行业之一。极光旅游业每年为北极周边国家带来成千上万的游客，而在 2020 年夏季之后，许多北极水域已经对旅游船只关闭。由于旅游限制、需求下降和季节性劳动力减少，旅游业和酒店业将面临严重亏损。不过，疫情过后，由于北极地区整体卫生环境相较全球更加安全，北极可能会成为一个吸引游客的目的地。

（三）疫情对北极地区资源开发的影响

北极地区的经济增长依赖全球贸易，特别是石油、天然气、矿产和鱼类等专门产品的出口贸易，任何贸易中断都会对北极产生深远影响。

其一，油价的急剧下跌导致北极地区的石油和天然气生产中断和减少。例如，康菲石油公司将北坡油田的产量削减了 20%，诺瓦泰克的天然气出口量下降了 28.4%。[①] 其二，受疫情限制，运输困难，矿产需求下降，采

---

① "COVID - 19 in the Arctic: Briefing Document for Senior Arctic Officials," https://oaarchive. arctic - council. org/handle/11374/2473.

矿作业已缩减规模甚至关闭，钻井公司进行了大规模裁员，北极采掘业的长期活力受到破坏。例如，FIFO 工作人员担心新冠病毒向当地人口传播，中断了工作。① 其三，捕鱼业也受到重大影响。受疫情防控措施限制，捕鱼业所依赖的季节性劳动力短缺；因担心新冠病毒传播，亚洲市场的需求也有所降低；而且渔船确保符合工作场所卫生安全标准的成本上升，均对渔业资源开发提出挑战。

四 后疫情时代维护北极公共卫生安全的具体路径

疫情的暴发危害了北极人民的身心健康，使北极事务发展深受影响，然而环北极国家之间对北极地区的卫生安全合作交流甚少，北极地区也没有专门的组织提供统一应对疫情的方案。面对日益凸显的北极公共卫生安全问题，本文以人类命运共同体为理念指导，针对目前国际制度的空缺提出建议，以北极可持续发展为长远规划，呼吁各国在实践层面奉行多边主义，加强国际合作。

（一）遵循人类命运共同体理念，维护北极公共卫生安全

人类命运共同体理念最早在党的十八大上提出，指在谋求本国利益和发展的同时，合理关切他国利益，促进世界各国共同发展。这一理念不仅在中国得到了基本遵循，并多次登上世界舞台，"构建人类命运共同体"被多次写入联合国决议，② 符合国际社会发展的主流。

北极的公共卫生安全关系北极各项事务发展，其作为一项重要的北极安全议题，兼具国家利益和国际利益，具有全球意义和国际影响。人类命运共

① "Round up of COVID – 19 Response around the Arctic," https://thebarentsobserver.com/en/node/6581.
② 参见联合国安理会 S/RES/2344 号决议；联合国大会《防止外层空间军备竞赛》决议；联合国大会《不首先在外层空间部署武器》决议。

同体从人类整体视角出发,超越了传统的国际关系,[①] 能为北极公共卫生安全问题的解决提供新思路。一方面,北极问题兼具多国诉求,公共卫生安全的维护也牵动多国利益,人类命运共同体恰能关怀各国利益,兼顾北极的保护与发展,平衡北极当前利益与长远利益;[②] 另一方面,人类命运共同体的构建要求树立新型安全观,[③] 统筹应对传统安全与非传统安全。可见,北极公共卫生安全问题处于人类命运共同体的适用范围,而由人类命运共同体衍生的人类卫生健康共同体作为全球抗击疫情和公共卫生治理的重要方案,也必然从全人类的角度实现人类整体的卫生利益,为北极公共卫生安全构筑坚实护盾。

(二)推动区域性制度法律化,深入研究全球性制度

关于北极地区的国际制度,按地区可划分为,涉及北极地区的全球性国际制度和特别适用于北极地区的区域性国际制度。[④] 然而目前北极区域性协定不直接涉及公共卫生安全问题,北极理事会也仅以论坛形式存在,无法管制成员国的公共卫生安全问题。在北极传染病的控制与治理中,以巴伦支海欧洲–北极地区联合理事会和波罗的海国家理事会为代表的北极次区域机制使北极地区结核病得到有效控制,可见次区域性组织治理更有成效。[⑤] 因此,推动北极公共卫生安全区域性规范的建立,促使环北极国家有法可依,

① 白佳玉:《中国积极参与北极公域治理的路径与方法——基于人类命运共同体理念的思考》,《人民论坛·学术前沿》2019年第23期。
② 中华人民共和国国务院新闻办公室:《中国的北极政策》,《人民日报》2018年1月27日,第11版。
③ 《决胜全面建成小康社会 夺取新时代中国特色社会主义伟大胜利》,《人民日报》2017年10月19日,第2版。新型安全观即共同、综合、合作、可持续的新安全观。"综合"是要统筹应对传统安全与非传统安全带来的威胁。
④ 王传兴:《论北极地区区域性国际制度的非传统安全特性——以北极理事会为例》,《中国海洋大学学报(社会科学版)》2011年第3期。
⑤ 郭培清、闫鑫淇:《制度互动视角下北极次区域治理机制有效性探析——以北极地区传染病治理为例》,《中国海洋大学学报(社会科学版)》2015年第5期。尽管结核病并非属于全面暴发的新型传染病,但次区域治理机制的制度互动模式为北极新型传染病的治理提供了可鉴的范本。

依靠区域性及次区域性组织的治理，可从微观层面维护北极公共卫生安全。

全球性制度相较区域性制度，更具法律约束力，国家参与度较高。全球性的国际公约多体现为硬法规则，是北极国家及北极利益攸关国家参与北极治理、开展北极合作的主要国际法依据，[①] 具有强制约束力；全球性的国际组织也设置了争端处理机制处理成员国的违约行为。不过，全球性制度在公共卫生安全方面多体现为原则性的规定和措施，不似北极区域性制度治理具有针对性，难以切实解决北极地区公共卫生问题。因此，全球性制度须从宏观层面深入研究北极地区的治理问题，试图提出指导北极公共卫生安全的总方针。

（三）改善北极卫生环境，提高经济增长，实现可持续发展

北极地区的疫情不仅危害了北极公共卫生安全，也借以卫生需求供应不足的短板威胁社会环境、经济发展与资源开发多领域。通过疫情对北极地区造成的多重影响，得以窥见北极地区长期存在物质和社会基础设施赤字，资源依赖型经济脆弱，尤其地区产业受损严重的问题。[②] 因此，维护北极公共卫生安全必须从疫情出发，解决北极近期问题，兼顾北极长远利益，实现北极在公共卫生建设和社会经济增长方面的可持续发展。

1. 改善北极地区的物质和社会基础设施

北极土著居民主要关切粮食和营养安全，除了从陆地和海洋收获食物之外，北极土著居民还从南方地区购买食物。疫情大肆流行，威胁了北极地区脆弱的供应链，粮食供应无法满足人们需求，儿童保育和学校午餐项目也受影响。[③] 北极社区可通过了解疫情对粮食的可获得性、可负担性和质量的影响，解决短期和长期的食品供应与安全问题。北极社区既要满足与健康有关

---

① 白佳玉、王琳祥：《中国参与北极治理的多层次合作法律规制研究》，《河北法学》2020年第3期。

② 徐庆超：《北极安全战略环境及中国的政策选择》，《亚太安全与海洋研究》2021年第1期。

③ "COVID - 19 in the Arctic：Briefing Document for Senior Arctic Officials，" https：//oaarchive. arctic - council. org/handle/11374/2473.

的基础设施需求，也要在疫情期间处理与居民压力和福祉有关的问题，评估新冠病毒对北极社区和社会环境的影响，以减少北极社区的脆弱性。北极国家及各级政府要交流经验，采取适当的风险管理措施减少对妇女、儿童和老人这一弱势群体的侵害，并对社区进行投资，优先建设住房、水和下水道、互联网等基础设施，确保居民获得平等的保健服务。

2. 复原北极地区产业，发展多样化的北极经济体

面对产业受损问题，北极社区一级须提供更广泛的经济指标和数据，评估资源开发和旅游业等关键行业所受的损害，了解疫情对北极经济的影响，开发和保留当地人力资本，为非居民劳动力提供安全和健康的工作条件。北极社区可以通过依赖土著居民的传统经济活动和当地的创新商业结合，提升复原力和支持多样化的北极经济体，以应对未来危机，实现可持续发展。北极国家也要在北极辖区内实施救济和恢复措施，如提供失业保险基金、对陷入困境的公司进行贷款和补贴、支持地区政府的预算及减轻个人的医疗需求资金，利用北极航道开发的机遇加快本国经济复苏与发展，如俄罗斯积极建造航行破冰船，以此提高"北方海航道"的通航能力，改善俄罗斯北极运输系统，优先开拓俄属北极地区未来社会经济的发展。[①]

（四）践行多边主义，促进国际合作

新冠病毒传播不受地域与国界限制，若不加以控制，将威胁全球公共卫生安全。在全球一体化的时期，各国联系日益密切，人员流动频繁，疫情的预防和控制也愈发困难，凭借一国之力难以有效应对。而北极地区牵涉多国利益，卫生安全治理更是牵一发而动全身，因此维护北极公共卫生安全更加呼唤多边主义。

多边主义的核心要求是进行国际合作。首先，促进国与国之间的合

---

① 白佳玉、王琳祥、李玉达：《俄属北极地区经济社会发展态势与中俄北极合作新机遇》，《东亚评论》2020 年第 2 期。

作，疫情是突发性事件，各国要相互扶持，禁止"污名化"行为。环北极八国之间既要积极交流本国北极辖区内的疫情状况，协作应对，还要带动其他域外国家恢复北极地区的整体卫生环境；其次，促进国家与国际组织之间的合作，国际组织是国际法主体建言献策、参与治理的主要平台，通过主管组织的呼吁及要求，有利于提高各国的响应能力与国家间的合作程度；最后，促进国际组织之间的合作，各组织成立宗旨不同，对北极公共卫生保护的功能和效果也不尽相同。此次疫情中，国际海事组织和世界卫生组织发表的应对疫情的联合声明，为缔约国港口和船舶所有人等实施卫生工作提供了具体的建议。①因此，以 WHO 的专门卫生治理为主，协调相关国际组织在卫生层面联合采取行动或制定规范，进行多元化治理，②可更有效和针对性地解决北极公共卫生安全问题。

五 结语

北极地区没有类似于南极条约体系的统一法律制度，其公共卫生治理通常在全球性制度下开展，辅以区域性制度治理。面对疫情对北极各项事务的影响，环北极国家独木难支，更需北极域外国家的支持与合作。现阶段建立统一的北极卫生法律体系并不现实，因此以人类命运共同体理念为价值引领，推动北极公共卫生安全治理，在制度层面依靠全球性制度约束，深入探究卫生领域规定，发挥区域性组织的治理优势，提升区域性规范的法律效力；在国内层面，环北极国家须立足北极地区受疫情影响的实际情况，从社区一级采取针对性措施实现北极的可持续发展；在国际层面，国际法主体要奉行多边主义，加强协作，多维度维护北极公共卫生安全。

---

① 参见 2020 年 2 月 21 日，IMO 发布的 Circular LetterNo. 4204/Add. 2 通函件。
② 白佳玉、李玉达、王安娜：《后疫情时代海上公共卫生安全法治的挑战与中国方案》，《新疆师范大学学报（哲学社会科学版）》2021 年第 5 期 。

B.7

北冰洋200海里外大陆架划界分析[*]

董利民^{**}

摘　要：　《联合国海洋法公约》规定的大陆架制度是北冰洋200海里外
大陆架划界的基本国际法框架。200海里外大陆架外部界限的
确定，需向大陆架界限委员会提交申请，该委员会承担两项
职责，分别为审议与建议、提供咨询意见。其他国家有权对
沿海国提出的外大陆架划界案提交评论照会，大陆架界限委
员会则应对这些评论进行讨论。俄罗斯、加拿大、挪威和丹
麦已经向大陆架界限委员会提交了针对北极地区的外大陆架
划界申请，挪威的划界申请已获同意。目前已有多国对北冰
洋外大陆架划界案提交评论照会，但主要集中于北冰洋沿岸
国，特别是与申请国存在海洋划界争端的国家。西班牙曾就
挪威的北冰洋外大陆架划界案提交评论照会，其关注内容仅
限于作为《斯匹次卑尔根群岛条约》缔约国，对斯匹次卑尔
根群岛大陆架权利的保留。

关键词：　《联合国海洋法公约》　200海里外大陆架　大陆架界限
委员会

---

*　本文系自然资源部北海海洋技术保障中心项目"新时期海洋科技发展对海洋维权的挑战与应
对"的阶段性成果。
**　董利民，中国海洋大学国际事务与公共管理学院讲师，中国海洋大学海洋发展研究院研究员。

近十几年来，北极争夺战愈演愈烈已经是不争的事实。其中，北冰洋沿岸国家对 200 海里外大陆架的争夺也早已成为焦点。与此同时，北冰洋 200 海里外大陆架与该地区的国际海底区域存在直接关系，而该海域的资源权属分配也将对国际社会的利益产生重要影响，因此受到诸多国家的关注。作为重要的"海洋宪章"，《联合国海洋法公约》（以下简称《公约》）所规定的大陆架制度，是北冰洋 200 海里外大陆架划界的基本国际法框架。依据《公约》成立的大陆架界限委员会，也是 200 海里外大陆架划界的主要国际机构。截至目前，俄罗斯、加拿大、挪威和丹麦四个北冰洋沿岸国家已经分别向大陆架界限委员会提交了 200 海里外大陆架划界申请。美国虽然因尚未批准《公约》而无法提交相关申请，但也对该问题保持密切关注。《公约》对有关大陆架的制度作了哪些具体规定？大陆架界限委员会的组成以及职责包括哪些？北冰洋沿岸国家提交的外大陆架划界申请现状如何，相关国家又作出了什么反应？本文拟对这些问题进行梳理和分析。

一 《公约》有关大陆架的规定

国际社会对于大陆架问题的关注早已有之，不过该问题真正引起重视则肇始于 1945 年美国杜鲁门政府发布的有关大陆架资源的宣言，亦被称为《杜鲁门宣言》。该宣言称："邻接美国海岸，位于公海下方的大陆架底土与海床上的自然资源属于美国，并受其控制和管辖。"[1] 虽然该宣言仅阐明了美国关于大陆架上的底土和海床上的自然资源的政策，但美国并未明确主张对大陆架的主权。然而，这仍然引起诸多国家的效仿。不仅如此，许多国家甚至开始主张对大陆架及其海床和底土、上覆水域乃至上空拥有主权。此后，有关大陆架的制度在 1958 年召开的第一届联合国海洋法会议上进行了讨论，并通过了《大陆架公约》。该问题在后来召开的第三次联合国海洋法

---

[1] 1945 US Presidential Proclamation No. 2667, "Policy of the United States With Respect to the Natural Resources of the Subsoil and Sea Bed of the Continental," September 28, 1945.

会议中继续受到重视，并最终成为 1982 年通过的《公约》规定的一部分。

《公约》第 76 条规定了有关大陆架的定义及其划定标准。根据该条第 1 款，沿海国的大陆架包括该国领海以外、依其陆地领土的全部自然延伸，扩展到大陆边外缘的海底区域的海床和底土。如果从测算领海宽度的基线量起到大陆边的外缘之距离不到 200 海里，则扩展到 200 海里。① 由此可见，《公约》就大陆架界限的确定规定了"自然延伸"与"200 海里距离"两项标准。"200 海里距离"标准的引入，意味着无论是否具有自然意义上的延伸，沿海国都可以主张 200 海里的大陆架。② 如果沿海国的大陆架在 200 海里处并未被阻断，那么根据"自然延伸"标准，该国之大陆架将超出 200 海里。在这种情况下，《公约》规定了确定大陆边外缘的两种方式，分别为：①以最外各定点上的沉积岩厚度至少为从该点至大陆坡脚最短距离的百分之一为准划定界线；②以离大陆坡脚的距离不超过 60 海里的各定点为准划定界线。③ 为避免那些拥有广阔、平坦邻近海底的国家确定的大陆边外缘距其海岸过于遥远，④ 第 76 条第 5 款特别对通过这两种方式划定之大陆架的宽度作出了限制，即划定大陆架外部界线的各定点不应超过从领海基线量起 350 海里，或不应超过 2500 米等深线 100 海里。⑤ "2500 米等深线"标准则意味着沿海国确定的大陆架宽度很可能超出 350 海里。需要注意的是，若大陆架的外部界限在海底洋脊上，此时不应超出 350 海里便成为唯一标准。⑥

《公约》大陆架制度的一个明显特征，是对"200 海里内的大陆架"与"200 海里外大陆架（简称外大陆架）"作出区分。首先，尽管沿海国对其大

---

① 《联合国海洋法公约》第 76 条第 1 款。
② Satya N. Nandan and Shabtai Rosenne（eds.），*United Nations Convention on the Law of the Sea 1982：A Commentary*，Vol. 2，Martinus Nijhoff Publishers，1989，p. 841.
③ 《联合国海洋法公约》第 76 条第 4 款。
④ 张海文主编《〈联合国海洋法公约〉释义集》，海洋出版社，2006，第 128 页。
⑤ 《联合国海洋法公约》第 76 条第 5 款。
⑥ 《联合国海洋法公约》第 76 条第 6 款。

陆架拥有主权权利和管辖权,① 但以 200 海里为界,沿海国需要向国际社会分享其对外大陆架的开发收益。具体而言,沿海国对其 200 海里以外大陆架上非生物资源的开发,应当按规定向国际海底管理局缴纳费用或实物,管理局则需依据公平标准将之予以分配,② 沿海国对 "200 海里以内" 大陆架资源的开发则无须缴纳此等费用或实物。其次,以 200 海里为界,大陆架外部界限的确定存在区别。在不考虑相邻或相向国家间大陆架重叠的情况下,沿海国可以单方面直接划定 200 海里大陆架,200 海里以外大陆架外部界限的确定,则需向依据《公约》附件二成立之大陆架界限委员会提交申请。根据《公约》第 76 条第 8 款,沿海国需将外大陆架界限的有关资料提交大陆架界限委员会,委员会进行审议并提出 "建议"。在委员会 "建议" 基础上划定的外大陆架界限,具有确定性和拘束力。③ 根据《公约》附件二的规定,沿海国应尽早将关于扩展到 200 海里以外的大陆架外部界限的资料提交大陆架界限委员会。④ 截至 2019 年末,大陆架界限委员会已经收到 85 件外大陆架划界申请案,⑤ 其中包括俄罗斯、挪威、丹麦和加拿大四国提交的北冰洋区域外大陆架划界案。

二 大陆架界限委员会

大陆架界限委员会是《公约》创立的三大海洋法机构之一,在外大陆架界限的划定中扮演着关键角色。《公约》附件二对该委员会的组成、职责等作了规定。

---

① 《联合国海洋法公约》第 77~81 条。
② 《联合国海洋法公约》第 82 条。
③ 《联合国海洋法公约》第 76 条第 8 款。
④ 《联合国海洋法公约》附件二第 4 条。
⑤ "Submissions, through the Secretary-General of the United Nations, to the Commission on the Limits of the Continental Shelf, pursuant to article 76, paragraph 8, of the United Nations Convention on the Law of the Sea of 10 December 1982," https://www.un.org/Depts/los/clcs_new/commission_submissions.htm.

（一）大陆架界限委员会的组成

大陆架界限委员会由地质学、地球物理学或水文学方面的 21 名专家组成。从《公约》规定的委员任职资格看，仅限定在地质学、地球物理学和水文学方面，排除了法律专家。由此可见，大陆架界限委员会应当是一个比较纯粹的科学和技术机构。委员只能从《公约》缔约国的国民中选任，任期为五年，可以连选连任，在选举大陆架界限委员会的委员时应当顾及确保公平地区代表制的必要。委员并非缔约国在大陆架界限委员会的代表，而应当以个人身份任职。[1] 目前，最新一届委员会由缔约国选出的 20 名专家组成。[2] 这些专家来自欧洲、美洲、亚洲、非洲的 20 个国家，具有广泛的代表性（见表 1），任期为 2017～2022 年。委员会现有中国籍专家一名，为自然资源部第二海洋研究所的唐勇研究员。

表 1 大陆架界限委员会委员

序号	委员	国籍
1	阿德南·拉希德·纳塞尔·阿扎里（Al-Azri, Adnan Rashid Nasser）	阿曼
2	劳伦斯·福拉吉米·阿沃西卡（Awosika, Lawrence Folajimi）	尼日利亚
3	阿尔迪诺·坎普斯（Campos, Aldino）	葡萄牙
4	旺达里·德·兰德罗·克拉克（De Landro-Clarke, Wanda-Lee）	特立尼达和多巴哥
5	伊万·费奥多罗维奇·格卢莫夫（Glumov, Ivan F. ）	俄罗斯
6	马丁·旺·海内森（Heinesen, Martin Vang）	丹麦
7	埃马纽埃尔·卡尔恩吉（Kalngui, Emmanuel）	喀麦隆
8	马兹兰·宾·马东（Madon, Mazlan Bin）	马来西亚
9	埃斯特旺·斯特法内·马安雅内（Mahanjane, Estevao Stefane）	莫桑比克
10	雅伊尔·阿尔贝托·里巴斯·马克斯（Marques, Jair Alberto Ribas）	巴西

[1] 《联合国海洋法公约》附件二第 2 条第 1 款。
[2] Members of the CLCS, https：//www.un.org/Depts/los/clcs_ new/commission_ members. htm# Members.

序号	委员	国籍
11	马尔钦·马祖洛夫斯基（Mazurowski,Marcin）	波兰
12	多明哥斯·德·卡瓦略·维亚纳·莫雷拉（Moreira, Domingos de Carvalho Viana）	安哥拉
13	大卫·科尔·莫舍（Mosher,David Cole）	加拿大
14	西蒙·恩朱古纳（Njuguna,Simon）	肯尼亚
15	朴永安（Park,Yong Ahn）	韩国
16	卡洛斯·马塞洛·帕泰利尼（Paterlini,Carlos Marcelo）	阿根廷
17	克洛德特·拉哈里马纳尼瑞纳（Raharimananirina,Clodette）	马达加斯加
18	唐勇（Tang,Yong）	中国
19	山崎俊嗣（Yamazaki,Toshitsugu）	日本
20	贡柴罗·亚历杭德罗·亚尼兹·卡里索（Yáñez Carrizo, Gonzalo Alejandro）	智利

资料来源：笔者根据联合国网站资料自行整理。Members of the CLCS, https: //www. un. org/Depts/los/clcs_new/commission_members. htm#Members.

（二）大陆架界限委员会的职责

根据《公约》的规定，大陆架界限委员会应承担两项职责。其一为审议与建议职责，即考虑沿海国按照要求提交的 200 海里外大陆架划界资料，并对这些界限提出建议。具体而言，委员会需要对沿海国提出的关于扩展到 200 海里以外的大陆架外部界限的资料和其他材料进行审议，并依据该公约第 76 条以及第三次联合国海洋法会议在 1980 年 9 月 29 日通过的谅解声明提出建议。① 诚如上文所述，虽然大陆架的界限由沿海国自行划定，然而只有在大陆架界限委员会建议的基础上划定的外大陆架界限，才具有确定性和拘束力。基于委员会具有的这项职责，该机构也被视为具有"看守人"角色，能够限制"夸大的大陆架外部界限主张"。② 委员会在作出建议后，应

---

① 《联合国海洋法公约》附件二第 3 条第 1 款。
② 〔美〕路易斯·B. 宋恩等：《海洋法精要》，傅崐成等译，上海交通大学出版社，2014，第172 页。

当以书面形式将其建议递交提出申请的沿海国与联合国秘书长。① 沿海国收到委员会的建议后面临两种选择，若该国接受委员会的建议，则在该建议的基础上划定外大陆架界限，该界限具有确定性和拘束力。② 此外，沿海国还应当将永久表明该国大陆架外部界限的海图以及相关情报，包括大陆基准点，交存于联合国秘书长，而秘书长则应当将其予以公布。③ 如果沿海国不同意委员会之建议，则需要"在合理期间内向委员会提出修正后的或者新的划界案"，以供委员会再次进行审议。④ 此处特别需要指出的是，除非经相关当事方同意，大陆架界限委员会不会考虑涉及陆地或海洋争端的国家提案。根据《大陆架界限委员会议事规则》，如果已经存在陆地或海洋争端，在没有获得所有当事方同意的情况下，委员会不得对争端任一当事国提出的划界案进行审议和认定。⑤

大陆架界限委员会的另外一项职责是，在沿海国要求的情况下，提供咨询意见，以帮助其准备提案。"沿海国在编制上述资料时，可请求大陆架界限委员会提供科学与技术咨询意见。"⑥

在履行上述两项职责期间，大陆架界限委员会还可以与联合国教科文组织政府间海洋学委员会、国际水文学组织及其他主管国际组织开展合作，交换可能有助于其执行职务的科学和技术情报。⑦ 对于缔约国之间因外大陆架重叠产生的争端，大陆架界限委员会并无管辖权。⑧ 相邻或相向国家间大陆架界限的划定，仍然应当根据《公约》第83条的规定进行，即通过协商或

① 《联合国海洋法公约》附件二第6条第3款。
② 《联合国海洋法公约》附件二第7条。
③ 《联合国海洋法公约》第76条第9款。
④ 《联合国海洋法公约》附件二第8条。
⑤ Rules of Procedure of the Commission on the Limits of the Continental Shelf, Annex I, Article 5 (a).
⑥ 《联合国海洋法公约》附件二第3条第1款。
⑦ 《联合国海洋法公约》附件二第3条第2款。
⑧ 《联合国海洋法公约》第76条第10款、附件二第9条；Rules of Procedure of the Commission on the Limits of the Continental Shelf, Annex I, Article 1.

者诉诸第十五部分规定之争端解决程序解决。① 由此可见，就大陆架界限委员会的职务而言，尽管委员会的工作会对缔约国的管辖权产生影响，但其实质上仍然属于科学和技术机构，而非司法机构。②

（三）其他国家提出评论照会的权利

其他国家有权对沿海国提出的外大陆架划界案提交评论照会。根据《大陆架界限委员会议事规则》第50条，联合国秘书长在收到划界申请后，应迅速通知大陆架界限委员会和包括《公约》缔约国在内的联合国全体成员国，并公布划界案的执行摘要与拟议界限。③ 其他国家可以以普通照会的形式对执行摘要所反映的数据发表评论，大陆架界限委员会则应对这些评论予以讨论。④ 值得注意的是，此处的其他国家不仅限于《公约》缔约国。目前，美国、日本、丹麦、中国、冰岛和印度等许多国家已经积极利用该规则，对相关沿海国提交的外大陆架划界案作出评论。需要指出的是，由于联合国秘书长仅能公布划界案的执行摘要，而《大陆架界限委员会议事规则》则允许提出划界案的沿海国将其提交的任何未予公开发布的资料列为机密，并遵循严格的保密规定。⑤ 在这种情况下，其他国家很可能无法仅从公布的信息中找到评价划界案合理性以及委员会建议正当性的充足依据。⑥

三　北冰洋200海里外大陆架划界现状

海洋划界是北极争夺战的重要体现，拥有丰富资源的大陆架自然也成为

---

① 《联合国海洋法公约》第 83 条。
② Alexander Proelss（ed.），*United Nations Convention on the Law of the Sea*：*A Commentary*，Hart Publishing，2017，p. 2077.
③ Rules of Procedure of the Commission on the Limits of the Continental Shelf，Articles 47，50，Article 1 of Annex III.
④ Rules of Procedure of the Commission on the Limits of the Continental Shelf，Article 2 of Annex III.
⑤ Rules of Procedure of the Commission on the Limits of the Continental Shelf，Annex II.
⑥ 范云鹏：《论大陆架界限委员会的法律地位》，《中国海洋法学评论》2007 年第 1 期。

北冰洋沿岸国家关注的焦点。作为大陆架划界以及沿海国主权权利和管辖权的重要依据,《公约》第六部分对此作了专门规定。该公约将海底区域划分为大陆架、外大陆架和"区域"三个部分。大陆架的外部界限是沿海国管辖海域与国际海底区域的边界,沿海国对大陆架、外大陆架拥有主权权利,"区域"及其资源则是人类共同继承财产。由此可见,北极地区大陆架特别是外大陆架的划界,将对"区域"产生直接影响。中国虽然并非北冰洋沿岸国家,但从维护人类共同利益以及国际海洋法治的角度,仍然应当对此予以高度关注。截至目前,俄罗斯、加拿大、挪威和丹麦四个北冰洋沿岸国家,已经向大陆架界限委员会提交了针对北极地区的外大陆架划界案。

(一)俄罗斯提交的外大陆架划界案

俄罗斯是第一个向大陆架界限委员会提交外大陆架划界申请的国家。2001 年,俄罗斯就向大陆架界限委员会提交了包括中北冰洋、巴伦支海海域在内的外大陆架划界申请。[1] 俄罗斯在北冰洋海域申请的外大陆架面积多达 120 万平方公里,几乎占据北冰洋海底面积的一半。[2] 美国、加拿大、挪威、丹麦和日本就该案提交评论照会。其中,日本主要关注俄罗斯在北方四岛附近海域的外大陆架申请,并未提及北极海域,[3] 加拿大、丹麦都指出俄罗斯的申请以及委员会的建议不应妨害两国与后者之间海洋边界的划定,[4] 挪威提请大陆架界限委员会注意两国之间在巴伦支海的海洋划界争端。[5] 根据《大陆架界限委员会议事规则》附件一第 5 (a) 条规定,委员会不应对

---

① Submission Made by the Russian Federation to the Commission on the Limits of the Continental Shelf, Executive Summary.

② Michael Byers and James Baker, *International Law and the Arctic*, Cambridge University Press, 2013, pp. 94 – 96.

③ Reaction of States to the submission made by the Russian Federation to the Commission on the Limits of the Continental Shelf: Japan.

④ Reaction of States to the submission made by the Russian Federation to the Commission on the Limits of the Continental Shelf: Canada, Denmark.

⑤ Reaction of States to the submission made by the Russian Federation to the Commission on the Limits of the Continental Shelf: Norway.

存在海洋争端的案件进行审议。美国在评论照会中指出,俄罗斯提交划界申请的许多数据和资料难以令人信服,鉴于该划界案非常复杂,委员会应当非常谨慎地进行审议。① 经过审议,大陆架界限委员会于2002年向俄罗斯提出建议。针对巴伦支海部分,委员会建议俄罗斯在与挪威达成海洋划界协定后,再行提供划界线的海图和坐标。随着《俄罗斯与挪威关于巴伦支海的划界协定》于2010年签订,两国之间的海洋划界争端已经得到解决。就中北冰洋区域来说,委员会则建议俄罗斯修订其外大陆架划界案。②

此后,经过十多年的调查和研究,俄罗斯于2015年将修订后的北冰洋外大陆架划界申请提交大陆架界限委员会。与2001年提交的划界案相比,新的划界案对中北冰洋底的资料作了更新,也对受《俄罗斯与挪威关于巴伦支海的划界协定》影响的部分作了调整。③ 在新的划界申请中,俄罗斯的基本诉求并未出现较大变化。美国、丹麦和加拿大就该案提交了评论照会,三国均表示不反对大陆架界限委员会对该案进行审议,丹麦和加拿大提请委员会注意其与俄罗斯大陆架可能存在的重叠区域,美国则要求委员会注意该国与苏联1990年签订的《白令海和楚科奇海划界协定》。④ 截至目前,该案仍处于审议过程中。⑤

(二)加拿大提交的外大陆架划界案

2013年12月6日,加拿大赶在《公约》对该国生效即将满十周年之际,向大陆架界限委员会提交了关于北冰洋外大陆架外部界限的初步信息。在初步信息中,加拿大表示将依据获得的资料,在适当时候就北冰洋外大陆

---

① Reaction of States to the submission made by the Russian Federation to the Commission on the Limits of the Continental Shelf: United States of America.

② Oceans and the Law of the Sea: Report of the Secretary-General, UN Doc. A/57/57/Add.1, paras. 38 – 41.

③ Partial Revised Submission of the Russian Federation to the Commission on the Limits of the Continental Shelf in respect of the Continental Shelf of the Russian Federation in the Arctic Ocean.

④ Communications received with regard to the submission made by the Russian Federation to the Commission on the Limits of the Continental Shelf: Denmark, United States of America, Canada.

⑤ CLCS, Progress of work in the Commission on the Limits of the Continental Shelf, UN Doc. CLCS/52/2, March 25, 2020, p. 4.

架划界提交申请。① 此后经过多年的调查与准备，加拿大于 2019 年 5 月 23
日，向大陆架界限委员会提交了北冰洋部分外大陆架外部界限划界申请。根
据加拿大提交申请之执行摘要，该国认为罗蒙诺索夫海岭、阿尔法－门捷列
夫海岭构成加拿大陆块没入水中的延伸部分，地质学和地球物理学进一步证
明中北冰洋海台（central arctic plateau）是加拿大大陆边外缘的自然组成。
加拿大的外大陆架由加拿大海盆与阿蒙森海盆两个部分组成，其外部界限为
符合《公约》第 76 条第 5 款的一条直线，该国主张的外大陆架不超过此
线。② 根据加拿大提交的这份划界申请，该国试图获得包括北极点在内的
120 万平方公里的外大陆架。

2019 年 8 月 28 日和 29 日，美国和丹麦分别就加拿大的外大陆架划界申
请案提交评论照会。美国在照会中指出，留意到加拿大提交的北冰洋外大陆
架划界申请与该国在此等海域的外大陆架存在重叠部分。美国不反对加拿大
提交申请以及大陆架界限委员会对该案进行审议并提出建议，但委员会的建
议不应妨害美国外大陆架界限的确定，也不得妨碍美国与加拿大之间海洋边
界的划定。③ 丹麦的评论照会主要包括两个方面的内容，分别是：丹麦注意
到加拿大提出的划界申请与该国申请之外大陆架存在重叠；丹麦不反对大陆
架界限委员会对该案进行审议并提出建议，但委员会的建议不应妨害丹麦外
大陆架界限的确定，也不得妨碍丹麦与加拿大之间海洋边界的划定。④ 由此

① "Preliminary Information Concerning the Outer Limits of the Continental Shelf of Canada in the Arctic Ocean," https：//www. un. org/Depts/los/clcs_ new/submissions_ files/preliminary/can_ pi_ en. pdf.
② "Partial Submission of Canada to the Commission on the Limits of the Continental Shelf regarding Its Continental Shelf in the Arctic Ocean," https：//www. un. org/Depts/los/clcs_new/submissions_ files/can1_ 84_ 2019/CDA_ ARC_ ES_ EN_ secured. pdf.
③ "Communications Received with Regard to the Partial Submission Made by Canada to the Commission on the Limits of the Continental Shelf：United States of America," https：//www. un. org/Depts/los/clcs_ new/submissions_ files/can1_ 84_ 2019/2019_ 08_ 28_ USA_ NV_ UN_ 001. pdf.
④ "Communications Received with Regard to the Partial Submission Made by Canada to the Commission on the Limits of the Continental Shelf：Denmark," https：//www. un. org/Depts/los/clcs_ new/submissions_ files/can1_ 84_ 2019/2019_ 08_ 29_ DNK_ NV_ UN_ 002. pdf.

可见，虽然美国和丹麦两国都提出与加拿大申请之外大陆架存在重叠区域，但并不反对大陆架界限委员会对该案进行审议。值得指出的是，两国都指出委员会的建议不应妨害本国外大陆架外部界限的确定，以及这两个国家同加拿大之间海洋边界的划定。

（三）挪威提交的外大陆架划界案

2006 年 11 月 27 日，挪威向大陆架界限委员会提交了北冰洋、巴伦支海和挪威海区域的外大陆架划界案。该划界案包括巴伦支海的 Loop Hole、北冰洋的西 Nansen 海盆以及挪威海的 Banana Hole 三个部分。挪威在划界申请中认为，巴伦支海的 Loop Hole 完全位于该国大陆坡脚和 2500 米等深线靠近陆地的一侧；Nansen 海盆构成挪威陆块没入水中的延伸部分；Banana Hole 南部和中部大陆架包括从周围海岸量起 200 海里以外的整个区域，北部大陆架的外部界限则是按照《公约》第 76 条第 4～7 款规定确定的一条直线。[①] 该案提交后，丹麦、冰岛、俄罗斯和西班牙四国向大陆架界限委员会提交了评论照会。其中，丹麦、冰岛、俄罗斯与挪威之间在当时均已经存在或者面临潜在的海洋划界争端。针对该提案，三国均表示并不反对大陆架界限委员会对该案进行审议并提出建议，但也都提请委员会注意它们与挪威之间存在的海洋划界争端。[②] 特别值得注意的是，尽管西班牙与挪威之间并不存在海洋划界争端，但该国也提交了评论照会。西班牙在评论中提请大陆架界限委员会注意，该国作为《斯匹次卑尔根群岛条约》缔约国，已经照会挪威保留对斯匹次卑尔根群岛外大陆架上的资源进行开发的权利。[③] 西班牙也是截至目前唯一一个针对北冰洋沿岸国家外大陆架划界案提交评论照会的域外国家。当然，考虑到《斯匹次卑尔根群岛条约》以及斯匹次卑尔根

---

① Continental Shelf Submission of Norway: in Respect of Areas in the Arctic Ocean, the Barents Sea and the Norwegian Sea, Executive Summary.

② Reaction of States to the Submission Made by Norway to the Commission on the Limits of the Continental Shelf: Denmark, Iceland, Russia.

③ Reaction of States to the Submission Made by Norway to the Commission on the Limits of the Continental Shelf: Spain.

群岛本身的独特法律地位，西班牙的评论照会也具有一定的独特性。经过审议，大陆架界限委员会于 2009 年 3 月向挪威提出建议，对该划界案中的 Loop Hole 表示同意。对于 Nansen 海盆和 Banana Hole 区域，也在挪威提交补充资料后予以同意。①

（四）丹麦提交的外大陆架划界案

丹麦于 2012 年 6 月、2013 年 11 月和 2014 年 12 月，分别向大陆架界限委员会提交了关于格陵兰南部、东部和北部的外大陆架划界案。丹麦在申请中认为，格陵兰南部的外大陆架由位于该岛西南方向的拉布拉多海海域和东部的伊尔明厄海海域两部分组成；② 格陵兰东北部外大陆架的外部界限根据"海德堡公式"划定，西至格陵兰岛 200 海里，东至斯匹次卑尔根群岛 200 海里；③ 对于格陵兰北部的外大陆架，丹麦主张包括罗蒙诺索夫海岭、阿蒙森海盆等在内将近 100 万平方公里的北冰洋中央海区海床是格陵兰岛陆地的自然延伸。该主张不仅超越了北极点，并且延伸至俄罗斯的 200 海里线。④ 相较 2012 年和 2013 年的申请案，由于在北冰洋核心区域主张大面积的外大陆架，丹麦 2014 年提交的外大陆架划界案迅速引起关注，俄罗斯、加拿大、挪威和美国就该案提交了评论照会。四国虽然均表示不反对大陆架界限委员会对该案进行审议并提出建议，但都提请委员会注意丹麦划界案可能与其产生重叠的部分。⑤

① CLCS：Recommendations Prepared by the Subcommission Established for the Consideration of the Submission Made by Norway.

② Partial Submission of the Government of the Kingdom of Denmark together with the Government of Greenland to the Commission on the Limits of the Continental Shelf：The Southern Continental Shelf of Greenland.

③ Partial Submission of the Government of the Kingdom of Denmark together with the Government of Greenland to the Commission on the Limits of the Continental Shelf：The North-Eastern Continental Shelf of Greenland.

④ Partial Submission of the Government of the Kingdom of Denmark together with the Government of Greenland to the Commission on the Limits of the Continental Shelf：The Northern Continental Shelf of Greenland.

⑤ Communications Received with Regard to the submission Made by the Kingdom of Denmark to the Commission on the Limits of the Continental Shelf：Norway，Canada，Russian Federation，United States of America.

四　结论

本文首先对《公约》大陆架制度以及大陆架界限委员会的职责进行梳理与分析，在此基础上对相关北极国家的200海里外大陆架划界案进行了研究。上述研究表明，当前北冰洋200海里外大陆架划界案呈现以下三个方面的特征。首先，200海里外大陆架划界已经成为北极争夺战的重要一环，引起包括北冰洋沿岸国在内的国际社会的共同关注。截至目前，除了美国因尚未批准《公约》，而无法向大陆架界限委员会提交外大陆架划界申请外，其他四个北冰洋沿岸国俄罗斯、加拿大、挪威和丹麦均已提交申请。其中，挪威的申请业已得到大陆架界限委员会的同意。由上文分析可知，已经提交外大陆架划界案申请的四个国家，主张的外大陆架面积均相当大。不仅如此，各国之间的外大陆架划界主张还存在相互交叠之处。据此，与北冰洋外大陆架划界案相关的资源权属分配问题、相邻国家之间的外大陆架划界等问题，在相当长一段时期内仍然会是重要的北极议题。其次，大陆架界限委员会在北冰洋200海里外大陆架划界中扮演着关键角色。俄罗斯、加拿大、挪威和丹麦四国均向大陆架界限委员会提交了划界申请案，美国也积极关注外大陆架划界议题。不过，就《公约》非缔约国是否有权向大陆架界限委员会提交划界申请案，并基于委员会的建议划定具有确定性和拘束力的大陆架外部边界，仍然存在争议。尽管美国尚未向委员会提交划界申请，但对于该问题的研究仍然值得持续关注。最后，诸多国家积极运用提交评论照会的权利，对相关国家的外大陆架划界申请予以关注。需要注意的是，目前对北冰洋外大陆架划界案提交评论照会的国家，主要集中于北冰洋沿岸国家，特别是与申请国存在海洋划界争端的国家。尽管日本、西班牙曾就相关国家的外大陆架划界案提出评论照会，但均具有一定的独特性。日本就俄罗斯外大陆架划界案的评论照会主要关注后者在北方四岛附近海域的外大陆架申请，并不涉及北冰洋的大陆架划界问题，而且双方本就北方四岛的主权归属存在争议；西班牙曾就挪威的外大陆架划界案提交评论照会，其关注的问题则限于作为

《斯匹次卑尔根群岛条约》缔约国，对斯匹次卑尔根群岛大陆架权利之保留。

根据《公约》的规定，大陆架界限外之"区域"及其资源是人类的共同继承财产。[①] 如果北冰洋沿岸国的相关申请获得大陆架界限委员会同意，将直接导致北冰洋国际海底区域面积相应减少的客观结果。依据理论性的研究，即便最大限度地根据《公约》第76条划定北冰洋外大陆架范围，该区域仍存在部分国际海底区域。这部分"区域"约占北冰洋大陆架范围的3%，也即约17.52万平方公里。[②] 这意味着，北极地区至少应当存在17.52万平方公里的国际海底区域。由此，尽管中国并非北冰洋沿岸国，但从维护国际社会共同利益的角度看，仍然应当对相关国家之外大陆架划界申请保持密切关注。在此过程中，中国应当对下述两个方面的问题予以注意。首先，鉴于大陆架界限委员会是由地质学、地球物理学和水文学方面的专家组成，其对外大陆架外部界限的审议具有高度的专业性。因此，中国对于北冰洋大陆架划界案的关注，需要以严谨的科学研究资料为支撑，这就要求我们必须从地质学、地球物理学和水文学方面加强对北冰洋海底的研究。只有掌握充分的研究资料，才能够为中国关注相关问题提供支撑。其次，大陆架界限委员会是由科学家组成的专业机构，包括中国在内的所有《公约》缔约国在划定外大陆架界限时，均应向该机构提出申请。因此，维护大陆架界限委员会的科学和专业属性，避免该机构被政治化，也是值得各国关注的重要问题。最后，基于北冰洋海底仍然存在着国际海底区域的理论性研究，该区域及其资源的治理与开发势必也将得到各国的关注，中国也应当密切留意相关国家对该问题的态度，以维护国际社会的共同利益。

---

① 《联合国海洋法公约》第136条。
② 章成：《北极地区200海里外大陆架划界形势及其法律问题》，《上海交通大学学报（哲学社会科学版）》2018年第6期，第54页。

安 全 篇

Security

B.8

美俄北极安全博弈新态势及未来走向[*]

孙　凯　张现栋[**]

摘　要：　乌克兰危机后，美俄两国在北极地区掀起了新一轮的"军事化"，两国在北极地区的安全博弈由此愈演愈烈。美国与俄罗斯同为北极国家，也同为具有全球影响力的世界大国，两国在北极地区的安全博弈对于北极和平与稳定具有重要影响。本文将对美俄在北极地区相关的军事活动进行梳理，总结美俄在北极地区进行安全博弈的新态势，进而分析美俄北极安全博弈的影响，展望两国北极安全博弈的未来走向，并就如何维护美俄北极和平提出对策建议。

* 本文是山东省泰山学者基金项目（项目编号：tsqn20171204）和山东省高校青年创新计划项目（项目编号：2020RWB006）的阶段性成果。
** 孙凯，男，中国海洋大学国际事务与公共管理学院教授、中国海洋大学海洋发展研究院高级研究员、博士生导师；张现栋，男，中国海洋大学国际事务与公共管理学院国际关系专业硕士研究生。

关键词： 美国 俄罗斯 北极安全

　　1987 年 10 月，苏联领导人米哈伊尔·戈尔巴乔夫（Mikhail Gorbachev）在访问科拉半岛期间，发表了著名的"摩尔曼斯克讲话"。戈尔巴乔夫在讲话中呼吁缓和北极地区的军事紧张局势，并将该地区转变为"和平区"。该讲话标志着冷战期间北极对抗状态的结束，北极地区由此进入合作状态。冷战结束后，美俄两国在北极地区的"军事化"一度销声匿迹，北极理事会主导下的北极合作成为主流。然而近年来，受全球气候变化影响，北极航道通航和北极资源开发的可行性大大提高，各国由于看重北极开发的经济机遇而纷纷加强在北极地区的争夺。2007 年 8 月，俄罗斯在北极点的"插旗事件"正式拉开了北极争夺的序幕。乌克兰危机以来，俄罗斯与以美国为首的西方关系的恶化，也"外溢"并影响到北极地区的国际关系。美俄由此在北极地区掀起了新一轮的"军事化"。北极特殊的地理位置，决定了北极问题攸关人类生存与发展的共同命运，具有全球意义和国际影响。[①] 美俄作为全球大国，在北极地区的安全博弈将对北极地区稳定乃至全球态势产生重要影响。因此，有必要研究美俄在北极地区进行的安全博弈。本文将对美俄北极安全博弈的新态势进行归纳总结，分析美俄北极安全博弈的影响和未来走向，并就维护美俄北极和平提出相关政策建议。

一　美俄北极安全博弈的新态势

　　2020 年 3 月，俄罗斯总统普京正式批准了《2035 年前俄罗斯联邦国家北极基本政策》，以更新俄罗斯的北极战略。同年，美国空军部也发布了首份《美国空军部北极战略》。美国与俄罗斯的两份北极战略文件，都将维护

---

① 《〈中国的北极政策〉白皮书（全文）》，中华人民共和国国务院新闻办公室网，http://www.scio.gov.cn/zfbps/32832/Document/1618203/1618203.htm。

北极地区的安全作为重要内容。从这两份北极战略文件中，也可窥探出美俄在北极进行安全博弈的态势。

俄罗斯《2035 年前俄罗斯联邦国家北极基本政策》提出："作为落实基本政策的一部分，一支常规部队已经组建，可以在不同军事、政治条件下维护俄罗斯北极地区的军事安全……强化北极军事部署是因为俄方面临国家安全挑战，包括北极地区外国军事存在逐渐增加以及俄方在北极的一些活动遭外界抹黑。"① 俄罗斯将自身在北极的军事建设视为回应外部挑战、保卫国家安全的需要。

2020 年 7 月，美国空军部部长芭芭拉·巴雷特（Barbara Barrett）发布了《美国空军部北极战略》，这是美国空军及太空军有史以来的首份北极战略报告。《美国空军部北极战略》强调："俄罗斯在北极拥有最强大的军事存在……俄罗斯最近的北极倡议包括翻新机场和基础设施，建立新的基地，以及发展防空、海岸导弹系统和预警雷达的综合网络，以保护其北方航道的安全。"对此，美国空军及太空军提出北极地区四大战略目标：保持全域高戒备状态、精确投送战斗部队、强化与盟友及伙伴的合作、为北极行动做准备。②美国将俄罗斯在北极的军事建设视为对自身的威胁，并提出相应的战略目标。以上两份北极战略文件反映出美俄在北极地区互相视对方为本国在北极的安全威胁，本质上两国正在北极地区进行安全博弈。具体来讲，美俄在北极地区的安全博弈出现了新的态势，包括频繁举行军事演习，推进破冰船建设，部署战略武器，完善北极军事机构等。

（一）美俄北极军事演习频繁

美俄两国将军事演习视为展示自身实力和威慑对方的重要手段，因而近年来频繁在北极地区举行军事演习。2020 年 4 月 25 日，俄罗斯在弗朗兹·

---

① 《俄罗斯强化北极军事部署》，新华网，http：//m. xinhuanet. com/world/2020 - 03/07/c_ 1210504007. htm。

② U. S. Air Force，"The Department of The Air Force Arctic Strategy，" https：//www. af. mil/Portals/ 1/documents/2020SAF/July/ArcticStrategy. pdf。

约瑟夫群岛（Franz Josef Land）举行了军事演习。该岛距北极点仅有约 900
公里，是世界上最北端的群岛。这座无人居住的岛链由 192 个岛屿组成，一
年中的大部分时间都被锁在冰层下，作战条件极为不利。① 此次演习中俄罗
斯伞兵在高空中从巨型运输机跳下，然后在冬季的荒原上进行为期 3 天的模
拟战斗。俄罗斯通过此次演习向美国证明了俄罗斯军队在寒冷天气下作战的
能力。

2020 年 8 月，俄罗斯海军在阿拉斯加附近举行了有数十艘军舰和战机
参加的大规模军演。该演习是自苏联时期以来俄罗斯在该地区举行的最大规
模的此类演习，40 架战机和 50 多艘军舰参与了此次的军演。② 阿拉斯加是
美国北极国家身份的来源，管控着东北航道的必经之地——白令海峡，因而
在美国的北极战略中占据十分重要的位置。俄罗斯海军在阿拉斯加附近举行
军演的背后，威慑美国的意图十分明显。

同样，美国也通过在北极地区频繁举行军演来"秀肌肉"。不同于俄罗
斯依靠一国之力在北极地区进行军事演习，美国在北极地区的军事演习更加
强调北约盟国之间的协作。2020 年 5 月 4 日，由美军"波特"号驱逐舰、
"唐纳德·库克"号驱逐舰和"罗斯福"号驱逐舰，以及英国皇家海军"肯
特"号护卫舰组成的舰艇编队，沿挪威海岸线驶入了北极附近的巴伦支海
海域。③ 这是美国自 20 世纪 80 年代中期冷战高峰以来，美国军舰首次重回
巴伦支海。尽管该美英联合行动之前就已告知俄罗斯国防部，但针对俄罗斯
的意味还是较为明显。俄罗斯北方舰队联合战略司令部就位于巴伦支海上的
北摩尔斯克（Severomorsk），美国"重返"巴伦支海的背后是展示美国在北
极地区的军事存在，以威慑俄罗斯。此后，在 2020 年 9 月和 10 月，美国

① "Franz Josef Land," https：//www. nationalgeographic. org/projects/pristine-seas/expeditions/franz – josef – land/.
② Vladimir Isachenkov, "Russian Navy Conducts Major Maneuvers Near Alaska," https：//apnews. com/1f6c6dceba65e893aeeee9dfa814ef8f.
③ 林渊：《北约到俄"家门口"挑衅示威》，《中国国防报》2020 年 5 月 11 日，第 4 版；Ryan Browne, "US Navy Sails Warship into Barents Sea for the First Time in Three Decades," http：// lite. cnn. com/en/article/h_ f5a2fe08c6eae1c549c407e2e718c8ac.

军舰又先后在巴伦支海区域航行。① 时任美国海军驻欧洲 – 非洲司令部司令、海军上将詹姆斯·福格三世（James G. Foggo III）对此表示："北极是一个重要的地区……我们与英国的合作展示了北约联盟的力量、灵活性和对在北极和所有欧洲水域自由航行的承诺。"② 美国海军频繁出入巴伦支海，对俄罗斯国家安全而言无疑是一种挑战，尤其是在俄罗斯战略空间被北约和欧盟东扩蚕食的今天。

2020 年，美国战略轰炸机与挪威战斗机在北极至少执行了 4 次联合任务，美挪两国在北极地区的军事合作日益成为"新常态"。③ 美国与挪威在北极地区的合作引起了俄罗斯方面的反对。对此，俄罗斯驻挪威大使馆表示："增加挪威的军事活动并将北约拉到该地区是破坏现有和平、稳定与合作精神的直接途径……俄罗斯方面反复提出了旨在减轻紧张局势和军事演习强度，并保持对俄罗斯与北约边界线的克制的建议……我们的国家仍然反对将北极军事化，并支持该地区和平与共同发展，其中包括使用北方海航道（Northern Sea Route）。"④

2020 年 8 月，美国海岸警卫队战舰"河马（Tahoma）"号以及全新的美国导弹驱逐舰"胡德（Thomas S. Hudner）"号还参与了加拿大领导的"北极熊行动"（Operation Nanook）军事演习。本次演习的目的在于帮助海岸警卫队、海军和国际合作伙伴学习如何在北极地区合作执行行动。⑤ 8 月中下旬，美国和加拿大战机在北极地区开展防空演练，演习范围

① Thomas Nilsen, "U. S. Warship Returns to Barents Sea," https：//thebarentsobserver. com/en/security/2020/10/us – warship – returns – barents – sea.

② Thomas Nilsen, "American Flags in the Barents Sea is 'the New Normal,' Says Defence Analyst," https：//thebarentsobserver. com/en/security/2020/05/american – flags – new – normal – barents – sea – says – defence – analyst.

③ Thomas Nilsen, "Geopolitics is Changing as B – 2 Again Flies Arctic Mission together with Norwegian F – 35," https：//thebarentsobserver. com/en/security/2020/06/arctic – geopolitics – changing – b – 2s – again – flies – high – north – mission – together – norwegian.

④ Peter B. Danilov, "Russia Warns Against Pulling NATO into the Arctic," https：//www. highnorthnews. com/en/russia – warns – against – pulling – nato – arctic.

⑤ "Marine Fleet Exercise in Nuuk," https：//www. highnorthnews. com/en/marine – fleet – exercise – nuuk.

从北冰洋边缘海波弗特海至格陵兰岛图勒。此次演习中，加拿大出动CF－18战斗机、CP－140巡逻机和CC－150T空中加油机，美国出动F－15战斗机、KC－10加油机和C－17运输机。① 尽管与俄罗斯在北极军事实力上存在差距，但美国正依靠盟国之间的协作不断强化在北极的军事存在。

（二）美俄不断推进北极军事能力建设

冷战后，北极地区经历了一波"去军事化"，各国在北极的军事能力较冷战时都有很大差距。在美俄北极安全博弈的今天，两国为维护自身安全，纷纷加强在北极的军事能力。具体手段包括推进破冰船建设、部署战略武器、完善军事机构等。

首先，美俄两国在北极纷纷推进破冰船的建设。俄罗斯目前拥有世界上最大的破冰船队（约40艘破冰船），但这些破冰船多建于20世纪七八十年代，面临船只老化等问题。由于北极地区对于俄罗斯的重要性和破冰船更新的现实需要，俄罗斯不断推进破冰船建设。2019年4月，俄罗斯总统普京在出席第五届"北极－对话区域"国际北极论坛时表示："俄罗斯将继续更新破冰船队并增加冰级船舶的产量。2035年前，俄罗斯北极船队将拥有至少13艘主力重型破冰船，其中9艘为核动力。俄罗斯目前正在圣彼得堡建造3艘新型核动力破冰船。"② 2020年10月，3艘新型核动力破冰船之一的"北极"号正式服役。2020年11月，在以前总理维克托·切尔诺梅尔金（Viktor Chernomyrdin）命名的一艘新破冰船的揭幕仪式上，俄罗斯总统普京承诺俄罗斯将继续现代化其北极舰队，引进建造破冰船和其他同类船只的先进技术。

相比之下，美国目前只有两艘具有机动能力的极地破冰船。为缩小与俄罗斯在破冰船建设上的差距，近年来美国也日益重视破冰船的建设。2020

---

① 《北约与俄北极角力再升级》，人民网，http：//military. people. com. cn/n1/2020/0914/c1011－31860227. html。

② 《普京：北极地区的经济意义将越来越大》，俄罗斯卫星通讯社网，http：//sputniknews. cn/politics/201904091028150876/。

年6月9日美国白宫发布《关于在北极和南极地区维护美国国家利益的备忘录》（Memorandum on Safeguarding U. S. National Interests in the Arctic and Antarctic Regions），以对美国的破冰船采购作出规划。该备忘录表示："为保护美国在两极地区的安全利益以及与盟友和伙伴一道保持在北极地区的强大安全存在，美国需要在2029财年之前建立一支准备充分、能力强大和随时可用的北极安全破冰船队。"这支极地破冰船队将包括至少3艘重型极地破冰船。该备忘录还要求国土安全部部长等根据破冰船队的规模和组成，评估并确定至少2个美国本土破冰船基地和至少2个海外破冰船基地，并拟定包括船只租赁的相关方案，以在2022—2029财年之间实现良好过渡。① 2020年12月，美国国会两院批准了另外3艘极地破冰船的建设，将在2021年财政年度增拨6.1亿美元，以用于购买极地破冰船。②

其次，美俄两国争先在北极部署先进武器。2020年11月30日，俄罗斯首次完成在北极地区发射"匕首"高超音速导弹试验。此后，俄国防部决定为北方舰队海军航空兵装备"匕首"高超音速导弹发射系统。"匕首"导弹是俄罗斯最新型的战略武器之一，是在大规模冲突中、动用核武器前完成战略任务的作战武器，旨在摧毁敌方的关键设施，包括军事基础设施和国家指挥机构。"匕首"导弹的威力将有效提升俄罗斯在北极地区的反制能力。③ 同样，美国也积极在阿拉斯加部署战略武器。2020年4月21日，首批两架F-35A到达阿拉斯加的埃尔森空军基地（Elson Air Force Base）。预计到2021年底，将有共54架F-35A战斗机部署在这里。在此之前，阿拉斯加州的美军埃尔门多夫空军基地已经有两个中队的F-22战斗机。阿拉斯

① White House, "Memorandum on Safeguarding U. S. National Interests in the Arctic and Antarctic Regions," https：//www. uaf. edu/caps/resources/policy - documents/us - memorandum - on - safeguarding - natl - interests - in - the - arctic - and - antarctic - regions - 2020. pdf.

② Malte Humpert, "U. S. Steps up Arctic Engagement as Congress Authorizes Three Additional Polar Icebreakers," https：//www. highnorthnews. com/en/us - steps - arctic - engagement - congress - authorizes - three - additional - polar - icebreakers.

③ 《俄北方舰队配备"匕首"导弹》，人民网，http：//military. people. com. cn/n1/2020/1229/c1011 - 31982492. html。

加州由此成为美国第五代战斗机最为密集的一个州。^①

最后，美俄两国加快完善北极相关军事机构。2020 年 6 月，俄罗斯总统普京签署法令，自 2021 年 1 月 1 日起，北方舰队将与西部、南部、中部和东部军区一起成为独立的军事行政单位，进而获得"第五军区"的地位。俄罗斯历史上首次将一支舰队提升到"军区"的地位，可见俄罗斯对于北极地区的重视，希望借此提高俄罗斯在北极的军事协作水平。同样，美国也不断完善现有的北极军事机构。2020 年 12 月 11 日，美国参议院通过了《2021 财年国防授权法》（NDAA），其中包含一项授权成立新的国防部地区中心——泰德·史蒂文斯中心（Ted Stevens Center），该中心将是美国国防部首个北极中心，通过一个独特的学术论坛来支持国防战略目标和政策重点，同时也将建立强大的国际安全领导者网络。在得到国会授权后，美国国防部将在 120 天内建成该中心。^②

二　美俄北极安全博弈的影响

全球变暖引发的北极海冰融化，使北极航道和北极资源的价值日益凸显，也为各国在北极地区的竞争埋下了伏笔。北极并非孤立于全球其他地区之外，而是受到外部地缘政治的影响。冷战后北约和欧盟的东扩被俄罗斯视为是以美国为首的西方对其"缓冲地带"的侵蚀，是对俄罗斯国家安全的挑战。乌克兰危机本质上在美俄两国关系中起到导火索的作用。在俄罗斯看来，收回克里米亚是对西方挤压俄罗斯战略空间的回击；而在以美国为首的西方眼中，俄罗斯的行为破坏了乌克兰国家主权和地区秩序。两国由此陷入"安全困境"，近年来关系持续恶化。

① 《F-35A 战斗机抵达美国阿拉斯加州　北极圈又迎来新访客》，新华网，http://www.xinhuanet.com/mil/2020-05/06/c_1210605976.htm。

② "New DOD Arctic Security Studies Center Approved by Congress," https://www.sullivan.senate.gov/newsroom/press-releases/new-dod-arctic-security-studies-center-approved-by-congress.

美国特朗普政府上台后，进一步将俄罗斯视为"竞争对手"。2017年，特朗普政府推出的《美国国家安全战略》（National Security Strategy of the United States of America）提出"中国和俄罗斯挑战美国的力量、影响力和利益，试图侵蚀美国的安全和繁荣"①。2019年6月出台的美国《国防部北极战略》（Report to Congress Department of Defense Arctic Strategy）重点关注"与中国和俄罗斯的竞争"，并认为"这是对美国长期安全和繁荣的主要挑战"。②2019年5月，美国国务卿蓬佩奥（Michael Pompeo）在北极理事会部长级会议前发表讲话，称北极"已经成为权力和竞争的竞技场"，认为俄罗斯在北极地区采取了"侵略性"的行为。③美国将俄罗斯定位为"竞争对手"，进一步恶化了两国在北极地区的关系，美俄两国的北极安全博弈近年来不断加强。美国与俄罗斯作为世界大国，在北极地区的安全博弈将对北极产生重要影响，具体包括：美俄两国在北极地区的"安全困境"升级；北极小国采取措施维护自身安全；北极地区发生冲突的风险增加。

（一）美俄在北极地区的"安全困境"升级

美俄在北极出于防御目的而采取一系列军事行动，结果二者的行为反而使地区态势更为恶化。美俄在北极的安全博弈本身是两国自克里米亚事件后陷入安全困境并"外溢"到北极地区的结果，然而近年来两国对北极地区的"军事化"，包括部署部队和战略武器、建设破冰船等军事行动，反过来又进一步升级了原有的"安全困境"，并使北极地区成为新的军事焦点。

---

① White House, "National Security Strategy of the United States of America," https://trumpwhitehouse. archives. gov/wp – content/uploads/2017/12/NSS – Final – 12 – 18 – 2017 – 0905. pdf.

② U. S. Department of Defense, "Report to Congress Department of Defense Arctic Strategy," https:// media. defense. gov/2019/Jun/06/2002141657/ – 1/ – 1/1/2019 – DOD – ARCTIC – STRATEGY. PDF.

③ "Looking North: Sharpening America's Arctic Focus," https://ee. usembassy. gov/americas – arctic – focus/.

乌克兰危机后，俄罗斯与美国在北极的军事合作几乎都陷于停滞，包括搁置联合军事演习，暂停北极地区国防参谋长会议（Arctic Chiefs of Defence Staff），俄罗斯退出北极安全部队圆桌会议（Arctic Security Forces Roundtable）等等。从2004年开始，俄罗斯和美国每两年在巴伦支海举行一次"北方之鹰"（Northern Eagle）海军演习，2008年挪威也被邀请参加演习。然而自2014年起，"北方之鹰"海军演习被取消；北极地区国防参谋长会议是北极各国加强互信和对话的有效机制，该会议曾举行过两次，但在2014年克里米亚入俄后也被暂停；北极安全部队圆桌会议始于2011年，参与国包括北极八国以及法国、德国、荷兰和英国，是各国军事领导人进行非正式讨论的场所，然而俄罗斯自2014年起就再没有参加过。

在北极进入大国竞争时代的背景下，美俄两国在北极地区的军事建设使北极安全环境是否正在重新进入"新"冷战的讨论日益升温。长期以来，北极地区被认为是一个特殊的"和平区"和"对话区"，独立于全球政治动态之外，呈现区域治理、功能性合作与和平共处的特征。① 然而自乌克兰危机以来，关于"北极例外主义"（Arctic exceptionalism）已结束的言论日渐兴起。罗伯特·休伯特（Rob Huebert）更是认为"冷战从未结束，现在进行的是冷战的重演，而北极则是美俄竞争的核心地区"②。尽管休伯特关于"冷战重演"的观点有待商榷，但美俄在北极地区近年来不断加大的军事建设的确进一步升级了两国在北极地区的安全困境。

（二）北极小国采取措施维护自身安全

俄美北极关系是推动北极地缘政治发展的主导性力量，北极地区的国际

---

① Juha Käpylä, Harri Mikkola, "On Arctic Exceptionalism: Critical Reflections in the Light of the Arctic Sunrise Case and the Crisis in Ukraine," https://www.fiia.fi/en/publication/on-arctic-exceptionalism.

② Rob Huebert, "A New Cold War in the Arctic?! The Old One Never Ended!" https://arcticyearbook.com/arctic-yearbook/2019/2019-commentaries/325-a-new-cold-war-in-the-arctic-the-old-one-never-ended.

关系从属于俄美结构性的矛盾和竞争关系。① 美俄关系的恶化，使北极小国，尤其是北欧－北极国家（丹麦、挪威、瑞典、芬兰、冰岛）纷纷采取措施维护自身的安全，具体选项包括：依靠北约；强化在北极的军事能力；推动北欧国家北极合作等。

乌克兰危机后，隶属于北约成员国的挪威和丹麦，呼吁北约加入北极安全事务并在北极地区建立军事存在。② 瑞典和芬兰也在考虑是否将加入北约作为必要选项。2020 年，在瑞典极右翼政党瑞典民主党（Sweden Democrats）改变对北约的立场后，瑞典议会首次出现多数人支持将加入北约作为一种可能的安全政策选择。③ 尽管这并不意味着瑞典将申请加入北约，但意味着瑞典将在必要时考虑加入北约。在北极地区日益朝着美俄"两极"发展时，通过加入北约或者呼吁北约加强在北极的军事存在，日益成为北极国家的可能选择。

除依靠北约保障国家安全外，北极小国纷纷加强自身在北极的军事能力。2019 年丹麦首相梅特·弗雷德里克森（Mette Frederiksen）表示，由于担心北极地区可能出现的潜在冲突，丹麦准备将其在北极的国防开支增加 2倍。④ 同年，丹麦政府宣布将斥资 15 亿丹麦克朗用于北极能力建设一揽子计划，以加强丹麦国防部在北极和北大西洋的任务管理能力。2020 年 10月，挪威国防大臣弗兰克·巴克－延森（Frank Bakke-Jensen）介绍了挪威国防部 2021—2024 年的修订后的长期计划，政府在 2024 年的国防开支将比当下增加 83 亿挪威克朗，到 2028 年将增加 165 亿挪威克朗，以用于加强武装力量和发展军事能力。⑤

① 邓贝西、张侠：《俄美北极关系视角下的北极地缘政治发展分析》，《太平洋学报》2015 年第 11 期，第 38 页。

② 邓贝西：《北极安全研究》，海洋出版社，2020，第 123 页。

③ Anna Ringstrom, "Majority in Swedish Parliament Backs 'NATO option' after Sweden Democrats Shift," https：//www. reuters. com/article/sweden－nato－idUSKBN28J1UL.

④ Kevin McGwin, "Denmark will Triple Arctic Defense Spending," https：//www. arctictoday. com/denmark－will－triple－arctic－defense－spending/.

⑤ Hilde-Gunn Bye, "Norwegian Long-Term Defense Plan：'The Main Perspective is on the Coming Four-Year Period,'" https：//www. highnorthnews. com/en/norwegian－long－term－defense－plan－main－perspective－coming－four－year－period.

此外，北欧国家的合作传统使其在大国竞争时代加强在北极的合作。2009 年 11 月 4 日，丹麦、芬兰、冰岛、挪威和瑞典在赫尔辛基签署了建立北欧防务合作（NORDEFCO）的谅解备忘录，以加强各国的国防实力，探索共同的协同作用并促进有效的共同解决方案。① 近年来随着北极地区形势的变化，北欧国家在应对北极安全等问题上的共同利益日益增多，北欧各国也愈发重视在北极地区的合作，尤其是在北极进入大国竞争时代的背景下。2019 年，丹麦国际事务研究所（Danish Institute for International Studies）的一份报告就强调"北极的大国政治正在加剧……近年来，俄罗斯加强了其军事存在，沿着其海岸线建立了新的和重新开放的旧军事基地……而美国则调整了外交和军事重心，从大国竞争的角度看待北极政治和安全"。报告建议"丹麦加强与其他北欧北极国家的协调，提高透明度和可预见性；发展足够的北极军事能力，避免过度依赖美国和北约"。② 除在政策上日益重视北欧合作外，北极小国还积极组织北极军演。其中，"北极挑战"演习更是以北欧合作为核心。2019 年 5 月 22 日—6 月 4 日，瑞典、芬兰和挪威空军主办了"北极挑战 - 2019"军演（Arctic Challenge Exercise 2019），来自 9 个国家的 100 多架飞机参加了此次演习。

（三）北极地区发生冲突的风险增加

2019 年，美国国务卿蓬佩奥在北极理事会部长级会议前发表的讲话，标志着北极"权力和竞争的新时代"的到来，是北极地缘政治的重要节点。③ 大国竞争时代，美俄在北极地区的军事建设和军事演习等活动日益增加，北极地区发生冲突的风险也随之上升。

---

① "About NORDEFCO," https：//www. nordefco. org/the - basics - about - nordefco.

② Mikkel Runge Olesen, Camilla Tenna Nørup Sørensen, "Intensifying Great Power Politics in the Arctic-Points for Consideration by the Kingdom of Denmark," https：//pure. diis. dk/ws/files/3166021/Intensifying_ great_ power_ politics_ Arctic_ DIIS_ Report_ 2019_ 08. pdf.

③ 徐庆超：《北极安全战略环境及中国的政策选择》，《亚太安全与海洋研究》2021 年第 1 期，第 111 ~ 112 页。

　　大国竞争时代，美俄双方在北极的军事活动将加剧双方之间的不信任，恶化地区紧张局势。西方批判俄罗斯在北极地区的军事演习侵犯北欧国家的水域和领空，而俄罗斯则指责美国打算在北方海航道及其周边地区开展航行自由行动。邓肯·德普雷奇（Duncan Depledge）等人认为，"如果华盛顿和莫斯科双方的态度没有重大转变，军事竞争加剧（以及随之而来的意外武装冲突）的风险将会持续存在"①。挪威北极大学和平研究中心研究员本杰明·谢勒（Benjamin Schaller）认为，当前北极地区"合作安全的理念已经普遍消失，威慑和迫在眉睫的军备竞赛的风险已经回到安全议程的首位……北极作为和平区受到的威胁越来越大"②。芬兰国际事务研究所项目主管阿卡迪·莫什（Arkady Moshes）认为，俄罗斯与美国之间的关系是一种"路径依赖"关系，两国正处于冲突的道路上，持续的时间越长，越难向更好的方向改变。③ 美俄在北极军事建设的加强，以及两国针锋相对的关系，正使北极地区面临越来越大的冲突风险。

　　相较于该地区日益上升的冲突风险，北极地区现有的安全和对话机制显然无法保障北极地区的和平与稳定。如上所述，美俄之间共同举行的军事演习被暂停，包括北极地区国防参谋长会议和北极安全部队圆桌会议在内的安全对话机制也已被搁置。目前，美俄北极安全对话的机制仅剩北极海岸警卫论坛（Arctic Coast Guard Forum）还在运作。然而，由于各国海岸警卫机构涉及的国家安全层次不同，承担的职责也不尽相同，难免导致北极海岸警卫

①　Duncan Depledge, Mathieu Boulègue, Andrew Foxall and Dmitriy Tulupov, "Why We Need to Talk about Military Activity in the Arctic: Towards an Arctic Military Code of Conduct," https://arcticyearbook.com/arctic - yearbook/2019/2019 - briefing - notes/328 - why - we - need - to - talk - about - military - activity - in - the - arctic - towards - an - arctic - military - code - of - conduct.

②　Benjamin Schaller, "The Forgotten Spirit of Gorbachev," https://arcticyearbook.com/arctic - yearbook/2019/2019 - commentaries/326 - the - forgotten - spirit - of - gorbachev.

③　Arkady Moshes, "EU-Russia Relations: Quo Vadis? Muddling, Normalization, or Deterioration," https://ponarseurasia.org/eu - russia - relations - quo - vadis - muddling - normalization - or - deterioration/.

论坛框架下仅能就低敏感的问题进行对话和磋商。① 因此，目前的北极安全治理机制存在着"治理赤字"，难以应对日益加剧的军备竞赛。

三 美俄北极安全博弈的未来走向

当今，美俄两国北极安全博弈面临着新的变化。首先，拜登当选美国总统后，与前任总统特朗普相比，是否会在北极安全政策上做出改变？其次，俄罗斯在 2021 年接任北极理事会和北极海岸警卫论坛的主席国，俄罗斯在担任主席国期间将采取怎样的安全政策？又将如何影响美俄两国北极安全博弈？以下将对美俄两国安全博弈的未来走向作出具体探讨。

（一）美俄两国北极军备竞赛将继续

与特朗普政府关注北极地区的资源开发并退出《巴黎协定》相比，拜登政府更加关注北极地区的气候变化问题，并将气候变化置于国家安全的优先事项。2020 年 11 月，当选总统拜登任命前国务卿约翰·克里（John Kerry）为首位美国总统气候特使，该职位隶属于国家安全委员会，是国家安全委员会内首个专责处理气候变化问题、解决影响国家安全的气候危机的职位。此后，美国重返《巴黎协定》，进一步彰显了拜登政府对于气候变化的重视。然而拜登政府对于气候问题的关注，以及与俄罗斯在气候变化问题上合作的可能性，并不代表着美国将暂缓在北极地区的军事能力建设。

此前，拜登在其竞选计划曾表示："将利用北极理事会来关注俄罗斯在北极的活动，与理事会伙伴一起，让俄罗斯对其军事化行动负责。"② 因而拜登政府对于气候变化问题的关注，不意味着美国放弃与俄罗斯在北极地区

---

① 刘芳明、刘大海、连晨超：《北极海岸警卫论坛机制和"冰上丝绸之路"的安全合作》，《海洋开发与管理》2018 年第 6 期，第 52 页。

② Alina Bykova，"Biden versus Trump: How a New President Will Affect the Arctic," https://www.highnorthnews.com/en/biden-versus-trump-how-new-president-will-affect-arctic.

的军备竞赛，尽管美俄可能在北极气候变化问题上开展合作。美国国务院前海洋和渔业大使大卫·鲍尔顿（David Balton）认为，"拜登政府可能跟随特朗普政府的脚步，继续阻止俄罗斯在北极地区的军事化……美国将继续加强与北极盟友的结盟关系，阻止俄罗斯再出现此类行径，重建安全平衡"①。2021 年 2 月 4 日，拜登到美国国务院发表演说，首次阐明其外交政策。拜登的演讲正式为其外交政策定调，未来美国在北极地区仍将继续坚持对俄罗斯采取强硬政策，美俄在北极的军备竞赛不会因为特朗普的下台而停止。背后的根本原因在于，大国竞争成为北极地区的主题已成定局，不会随着政府更迭而发生改变。随着北极海冰的进一步融化，各国在北极地区竞争的态势将会愈演愈烈。

（二）北极安全向美俄两极格局发展

近年来俄罗斯在北极地区的军事建设，使俄罗斯在北极的军事能力有了长足进步。尽管仍未达到冷战时的水平，但俄罗斯仍是当之无愧的北极军事强国，是北极安全格局中理所当然的"一极"。相比之下，由于美国在北极地区的军事能力有限以及与北极－北约盟国之间的盟友关系，美国在北极的相关军事演习和军事建设往往更为依赖盟友之间的协作。依靠与盟友在北极的协作和自身军事能力的加强，美国正日益成为北极安全格局中的另一"极"。

由于北约盟友之间的伙伴关系和美欧合作的历史传统，美国近年来采取了联合其他北极国家打压俄罗斯的政策。除美俄外，加拿大、丹麦、冰岛、挪威是美国的北约盟国。瑞典和芬兰虽然不是北约成员国，但近年来与北约的合作也日益密切。2014 年，瑞典和芬兰两国同北约签署"东道国协定"，允许在紧急情况下同北约军队举行联合训练和演习。2016 年，北约获准在征得瑞典允许后向该国派遣驻军。同年 6 月，芬兰首次以东道国身份参加了

---

① Olivia Popp, "How U. S. Arctic Policy and Posture Could Change Under President-elect Biden," https: //www. newsecuritybeat. org/2020/12/u－s－arctic－policy－posture－change－president－elect－biden/.

北约"波罗的海-2016"海上联合军演。2018年10月,北约举行了自冷战以来最大规模的军事演习"三叉戟接点"(Trident Juncture),来自31个国家的5万名士兵在挪威、波罗的海和北大西洋进行演习,值得注意的是,非北约成员国芬兰和瑞典也参与了此次演习。由于演习地点的特殊性,此次演习引起了俄罗斯的强烈反应。俄罗斯国防部部长谢尔盖·绍伊古(Sergei Shoigu)警告说:"北约的演习是模拟对俄罗斯的进攻性军事行动。"① 北欧-北极国家在地理位置上与俄罗斯邻近,乌克兰危机后对俄罗斯更是抱有深深的不信任感,因而倾向于同美国在北极地区开展安全合作。

未来美俄之间的北极安全博弈将继续朝着俄罗斯对抗以美国为首的西方国家的"两极"格局发展。张新平、胡楠在2013年提出:"因北极周边地区对北极事务的安全化进程,北极形成北极安全复合体,北极安全复合体的特性由权力关系和友好敌对关系决定。"因而张新平和胡楠认为,未来北极安全复合体包括两个实力强大且相互对抗的"极"——美欧与俄罗斯,未来"两极"可能向冲突态势转变,也可能向安全机制演变。② 目前来看,短期内美俄"两极"冲突的风险将继续增加,"两极"向安全机制转变的可能性较小。

(三)短期内北极仍将保持和平与稳定

北极能否保持和平与稳定,与各国在北极的军事能力以及使用军事能力的意愿密切相关。首先,美俄在北极的军事建设决定了双方在北极地区的军事能力,在双方军事能力到达一定水平之前,在北极地区很难爆发大规模冲突。其次,美俄两国在北极是否有使用武力解决分歧的意愿同样是影响北极地区和平的重要因素。在双方没有这一意愿的前提下,两国之前的矛盾和分歧仍将以和平的方式解决。即便分歧难以弥合,可能会转向新一轮军备竞

---

① Charles E. Ziegler, "A Crisis of Diverging Perspectives: U. S. – Russian Relations and the Security Dilemma," *Texas National Security Review*, Vol. 4, Issue 1, Winter 2020 – 2021, p. 18.

② 张新平、胡楠:《安全复合体理论视阈下的北极安全分析》,《世界经济与政治》2013年第9期。

赛，而不是直接使用武力。

从美俄在北极地区的军事能力看，尽管两国在北极地区掀起了"再军事化"进程，但距离冷战时仍有较大的能力差距。苏联解体后，俄罗斯在北极地区的军事重建从一个较低的起点开始，即便经过几年的重建，俄罗斯在北极地区的军队和资产仍然比较稀疏和分散。① 此外，俄罗斯的安全机构不仅肩负着纯粹的军事职能，还肩负着诸如清理苏联时代制造的环境混乱、搜救行动，打击石油泄漏、偷猎、走私和非法移民等问题。② 瓦列里·科涅谢夫（Valery Konyshev）和亚历山大·塞尔古宁（Alexander Sergunin）由此认为，西方过分夸大了俄罗斯在北极地区的军事能力，俄罗斯在该地区的武装力量的两个组成部分——海军和空军——都不如北约。③ 美国在北极地区的作战力量较冷战时也存在较大差距，在潜艇、航空母舰、大型舰船、战机等数量方面远不及 20 世纪 80 年代，20 世纪 80 年代美国在北极地区拥有 78 艘潜艇，而在 2010 年前后却仅有 33 艘。④ 以破冰船为例，美国目前面临着巨大的"破冰船困境"，美国在北极地区仅有 2 艘具有机动能力的破冰船，与北极大国身份极不匹配。因此，目前美俄两国在北极地区不具备挑起军事冲突的能力。

从美俄双方使用武力的意愿看，目前两国都没有意愿在北极地区挑起军事冲突。俄罗斯北极战略的主要目标是推动北极经济发展而非对外军事扩张。⑤ 俄罗斯北极地区蕴藏着丰富的石油和天然气资源。俄罗斯将开发

---

① Mathieu Boulègue, "Russia's Military Posture in the Arctic: Managing Hard Power in a 'Low Tension' Environment," https://www. chathamhouse. org/2019/06/russias – military – posture – arctic/5 – russias – arctic – military – intentions.

② Valery Konyshev and Alexander Sergunin, "Russian Military Strategies in the High North," in L. Heininen (ed.), *Security and Sovereignty in the North Atlantic*, London: Palgrave Macmillan, 2014, p. 81.

③ Valery Konyshev and Alexander Sergunin, "Russian Military Strategies in the High North," in L. Heininen (ed.), *Security and Sovereignty in the North Atlantic*, London: Palgrave Macmillan, 2014, p. 89.

④ Valery Konyshev and Alexander Sergunin, "Is Russia a Revisionist Military Power in the Arctic?" *Defense and Security Analysis*, Vol. 30, Issue 4, pp. 6 – 7.

⑤ 肖洋：《安全与发展：俄罗斯北极战略再定位》，《当代世界》2019 年第 9 期，第 47 页。

北极地区视为其经济发展的重要引擎，包括北极资源和北极航道的开发。对于俄罗斯而言，挑起北极的军事冲突必然将破坏北极资源和北极航道开发的地缘环境，破坏其在北极地区的发展战略。2020年10月，俄罗斯联邦安全委员会副主席德米特里·梅德韦杰夫在保护北极国家利益机构间委员会（Interagency Commission on Protecting National Interests in the Arctic）首次会议上说："包括美国在内的北约国家正试图通过各种手段限制俄罗斯在北极的活动，而俄罗斯将维护北极地区的和平与稳定的伙伴关系视为目标。"① 因此，目前来看，俄罗斯并没有意愿破坏北极地区的和平与稳定。从美国角度看，鉴于俄罗斯在北极地区强大的军事能力以及与俄爆发冲突的严重后果，美国也不会在北极地区主动挑起事端。

四 维护北极和平态势的路径

如上文所述，短期内美俄两国在北极地区没有能力和意愿主动挑起军事冲突，北极地区仍将保持和平与稳定。然而以长远的眼光看，目前北极地区安全治理机制存在的"治理赤字"，并不能保证北极地区的长久和平。因此，如何管控好美俄在北极地区的军备竞赛，使两国北极安全博弈"斗而不破"就成为摆在两国政府面前的一道现实难题。

针对如何管控美俄两国在北极地区的"军事化"这一问题，学界也作出了诸多讨论，具体对策包括制定北极军事行为准则、建立北极军事论坛、扩大北极理事会授权等，然而这些对策在实践中都面临着一定的问题。

（一）制定北极军事行为准则

邓肯·德普雷奇等人认为，在北极进入大国竞争的新时代的情况下，可通过制订北极军事行为准则（Arctic Military Code of Conduct）减少北极地区

---

① "Dmitry Medvedev: The Arctic must Remain a Territory of Peace," https://arctic.ru/international/20201013/983454.html.

的冲突。制订北极军事行为准则的目的在于：让所有拥有能够在北极开展行动的武装力量的国家共同界定北部高纬度地区军事活动的红线。邓肯·德普雷奇等人认识到北极地区存在着一系列包括国家主权在内的安全需求，因而不试图通过北极军事行为准则限制北极地区的军事行动，而是界定什么是在北极可接受和合法的军事实践，使北极环境保持"低紧张"态势。邓肯·德普雷奇等人还考虑到当前地缘政治环境下，界定"可接受的军事行动"的难度，因而提出了首要任务是"界定不可接受和非法的军事做法"。① 邓肯·德普雷奇等人认识到在大国竞争的新时代要求北极各国"去军事化"的难度，主张在允许各国开展军事活动的基础上制订北极军事活动红线，以维护北极地区的和平与稳定。然而，制订北极军事行为准则的构想在地缘政治日益强化的北极很难得到实施，双方围绕"界定不可接受和非法的军事做法"必然也将有一番争论。目前看来，美俄两国需要采取更加务实有效的方法来预防可能发生的冲突。

（二）建立北极军事论坛

除制订北极军事行为准则外，另一种观点认为通过建立军事论坛，可以为北极各国提供对话和沟通的平台，从而有助于缓解北极地区的"安全困境"。马齐亚·斯佩里利蒂（Marzia Scopelliti）和埃琳娜·孔德·佩雷斯（Elena Conde Pérez）认为，国家安全问题已经成为包括俄罗斯在内的多个北极国家的担忧，很可能对北极合作产生负面影响，因而需要一个永久性的地区论坛来解决军事安全问题。② 亚当·麦克唐纳（Adam MacDonald）同样认为必须在北极地区现有机构内或在新的场所设立论坛，论坛的目的不在于

---

① Duncan Depledge, Mathieu Boulègue, Andrew Foxall and Dmitriy Tulupov, "Why We Need to Talk about Military Activity in the Arctic: Towards an Arctic Military Code of Conduct," https://arcticyearbook.com/arctic-yearbook/2019/2019-briefing-notes/328-why-we-need-to-talk-about-military-activity-in-the-arctic-towards-an-arctic-military-code-of-conduct.

② Marzia Scopelliti and Elena Conde Pérez, "Defining Security in a Changing Arctic: Helping to Prevent an Arctic Security Dilemma," *Polar Record*, Vol. 52, Issue 6, p. 674.

劝阻在北极地区使用军事力量，而是有选择地将军事纳入制度框架内，阻止在地区分歧中使用军事力量。[1] 然而对于建立北极军事论坛的观点，也有学者存在不同看法。凯瑟琳·斯蒂芬（Kathrin Stephen）认为，假如此前有一个北极安全理事会，当俄罗斯-北约理事会（Russia-NATO Council）于2014年暂停时，该机构也将被"宣布死亡"，因此斯蒂芬认为创建一个新的北极安全论坛不仅不能解决问题，反而可能制造问题。[2] 创建一个新的北极军事论坛需要各国有强烈的北极安全合作意愿，也需要各国付出巨大的努力。北极军事论坛从建章立制到运转良好需要较长时间，而且容易受到地缘政治的影响，通过建立新的北极军事论坛来促进北极地区的长久和平显然也并不现实。

（三）扩大北极理事会授权

第三种观点则认为，可通过扩大北极理事会授权，将军事纳入北极理事会议题来维护北极和平。安妮卡·伯格曼·罗莎蒙德（Annika Bergman Rosamond）提出，"在北极理事会内正式讨论军事安全发展并非不可想象，北极国家应更有效地利用多边框架来促进开放和坦诚的跨境安全对话，从而远离北极地区潜在的军事化"[3]。希瑟·康利（Heather A. Conley）和马修·梅利诺（Matthew Melino）则认为相较于北极理事会成立时的1996年，今天的北极面临着更加复杂的地缘政治，"在不断变化的全球和北极经济、军事和环境动态中，北极理事会必须考虑改革其结构，以更好地满足这一充满活力的区域所面临的大量不同需求"。康利和梅利诺提出了北极理事会改革的四种方案，其中最为彻底的一种是：成立类似于欧洲安全与合作组织（OSCE）的"北极安全与合作组织"，该组织将涵盖经济议题、环境/人类

---

[1] Adam MacDonald, "The Militarization of the Arctic: Emerging Reality, Exaggeration, and Distraction," *Canadian Military Journal*, Vol. 15, No. 3, 2005, p. 19.

[2] Kathrin Stephen, "An Arctic Security Forum? Please, No!" https://www.thearcticinstitute.org/arctic-security-forum-please-dont/.

[3] Annika Bergman Rosamond, "Perspectives on Security in the Arctic Area," https://pure.diis.dk/ws/files/61204/RP2011_09_Arctic_security_web.pdf.

议题，并将首次涵盖安全议题。康利和梅利诺希望通过将安全议题纳入北极理事会范畴，解决一系列硬安全和软安全问题。① 显然，将安全议题纳入北极理事会范畴突破了北极理事会的现有授权。

然而，将安全问题纳入北极理事会范畴也存在一些问题。首先，北极理事会最初成立的目的主要在于保护北极地区的环境，而非维护北极地区的安全。1996 年，《关于成立北极理事会的宣言》（Declaration on the Establishment of the Arctic Council）明确规定："北极理事会不应处理与军事安全有关的事项。"这意味着，将安全问题纳入北极理事会议题将面临较大的结构调整；其次，并非所有国家都支持北极理事会纳入安全议题；最后，北极理事会处理安全议题不见得会有较好的效果，甚至可能"破坏北极国家和原住民社区在气候变化、环境议题、卫生和科学研究等重要问题上的合作与协调"②。

如上，制订北极军事行为准则、建立北极军事论坛以及扩大北极理事会三种维护北极和平的途径在实践中都存在一些问题。目前来讲，比较务实的做法是恢复美俄北极安全对话机制。乌克兰危机后，美俄两国在北极的安全对话机制——北极地区国防参谋长会议和北极安全部队圆桌会议已被搁置。美俄北极安全对话的机制仅剩北极海岸警卫论坛还在运作。近年来，两国在北极的军事演习、建设日益增加，但却缺少相关的安全对话机制，这对北极的长久和平来说无疑是一大挑战。

重启北极地区国防参谋长会议和北极安全部队圆桌会议具有现实可行性。其一，北极地区国防参谋长会议和北极安全部队圆桌会议都是受乌克兰危机影响而被搁置，二者本身并不是因为机制失效而暂停，机制本身仍具有效用；其二，重启美俄北极对话机制恰逢其时。早在 2019 年，俄罗斯联邦

---

① Heather A. Conley and Matthew Melino，"An Arctic Redesign：Recommendations to Rejuvenate the Arctic Council，" https：//csis－website－prod. s3. amazonaws. com/s3fs－public/legacy_ files/ files/publication/160302_ Conley_ ArcticRedesign_ Web. pdf.

② Ragnhild Groenning，"Why Military Security Should be Kept Out of the Arctic Council，" https：// www. thearcticinstitute. org/why－military－security－should－be－kept－out－of－the－arctic－council/.

安全会议第一副秘书尤里·阿韦里亚诺夫（Yuri Averyanov）就曾提议恢复举行北极地区国防参谋长会议，认为恢复该机制有助于保持较低的政治紧张局势和保障地区安全。① 2021 年 2 月，俄罗斯驻美国大使安纳托尼·安托诺夫（Anatoly Antonov）再次呼吁重启北极地区国防参谋长会议。② 俄罗斯不断释放出呼吁美俄北极安全对话机制的信号，显示出俄罗斯对于加强与北极其他国家互信、促进北极地区和平的意愿。2021 年俄罗斯即将担任北极理事会主席国和北极海岸警卫论坛主席国，且俄罗斯把国家安全问题视为其担任主席国期间的优先事项之一，此时由俄罗斯推动重启美俄北极安全对话机制恰逢其时。

五　结语

近年来，美俄北极安全博弈日益加剧的背后，主要有三方面原因的推动。其一，北极地区丰富的资源和北极航道开发的巨大利益为大国争夺埋下了伏笔；其二，乌克兰危机后美俄关系恶化进而"外溢"到北极地区是两国北极"再军事化"的导火索；其三，北极进入"大国竞争时代"是两国安全博弈的时代背景。在各种因素作用下，美俄在北极地区走向了安全博弈。

北极的和平与稳定是北极各国的共同利益所在，也是各国的责任所在。美国与俄罗斯作为北极大国，同时也是世界大国，在北极地区的安全博弈对于北极地区稳定乃至全球态势都具有重要影响。近年来，俄罗斯与美国通过出台相关北极战略文件、频繁举行北极军事演习以及推进北极军事能力建设等措施，不断强化自身在北极地区的实力，也使两国在北极地区的安全博弈愈演愈烈。尽管从目前来看，两国在北极地区的安全博弈不会威胁北极地区

---

① 《俄安全委：应恢复举行北极地区国防参谋长会议》，俄罗斯卫星通讯社网，http://sputniknews.cn/politics/201909301029692098/.

② "Russia Calls for Resumed Contacts between Arctic States' General Staff Chiefs," https://arctic.ru/international/20210225/991287.html.

的和平，但美俄在北极地区的相关军事活动正在升级两国在北极地区的安全困境，增加了两国在北极地区发生冲突的风险。为维护北极地区和平，两国应尽快重启北极安全对话机制，以此沟通信息和建立互信，防止因意外事件导致的冲突。

B.9
北约战略调适与北极安全格局转变

吴 昊*

摘　要：　北约是北极事务的重要参与方、北极治理的重要行为体、北极
　　　　秩序的重要建构者、北极安全的重要维系者，其战略和实践对
　　　　于北极地区格局演变的影响是独特的。在国际格局纵深演化的
　　　　时代背景下，在联盟体系内部复杂因素的耦合影响下，北约在
　　　　近几年正面临新的发展议题、正经历新的战略调适与转向。近
　　　　些年，北极地区的战略关注和力量投送在持续增强，北极地区
　　　　战略交往愈发密切、战略竞争动态演化以及体系坍缩风险提
　　　　升。北极地区正在发生的多维态势变迁，北约正面临的发展困
　　　　境与进行中的战略调适转向，二者之间恰好形成一种战略与时机
　　　　上的联系和牵引。北约战略调适与转向对北极地区国际关系、北
　　　　极地区安全格局、中美俄三国北极关系架构等的影响是深远的。

关键词：　北约　北极　北极治理　战略调适

北约是当今世界最有影响力和最具关注度的政治－安全联盟，其战略与
实践对于国际格局的影响是复合且深远的。北极长期以来都是北约安全战略
重点关注的场域，其对北极的战略关注和资源输送等是非常突出的。北约在
近几年所面临的战略窘迫和所需要的战略调适在不断凸显，特别是法国总统
马克龙（Emmanuel Macron）的"我们正在经历北约的脑死亡""美国正在

---

* 吴昊，男，山东大学东北亚学院国际政治专业 2019 级博士研究生。

背弃我们"等言论在全球范围内引起轩然大波，全球范围内关于北约"脑死亡"的讨论、对于北约存续必要性的争论等正持续开展。这表明，目前一段时间影响北约战略与实践的因素在不断增多，从根本上而言，北约其实正面临新的战略调适必要期和机遇期。与此同时，北约相关的军事行动却并未停滞。2020年6月6日—16日，北约在波罗的海开展为期10天的联合军事演习，6月11日俄罗斯波罗的海舰队司令发表声明，表示于当日开始在波罗的海开展打击海上目标的军事演习。[①] 同一时间段，俄罗斯和北约在波罗的海同场亮剑，其背后的军事指向和战略诉求是复杂的，给北极地区安全乃至国际安全局势所带来的影响是深远的。有鉴于此，处于战略调适与转向时期的北约，其北极战略与实践的走向如何，其对北极安全格局的影响怎样，需要我们系统分析和深刻把握。

一　北约的发展困境与战略调适转向

历经70多年的发展演变，北约整体性的战略演化与战略扩张态势，其实一直持续不断，其行动空间和能力拓展的全球性色彩愈发浓厚。[②] 进入21世纪以来，北约在行动空间和能力、战略对手行为和划定、防务功能界定和扩展、责任分担机制及完善等方面均有了极大程度的进步和发展，北约在全球事务中的介入和参与愈发明显和深刻，这种拓展进程已突破国际社会的传统预期和基本预判，对于西方传统的国际关系和格局框架构成多维冲击，对国际格局的演变有着重大影响。

（一）北约正面临的发展困境

当代国际秩序是一个高度全球化的秩序，与历史进程和实践开展相伴

---

① 《北约在波罗的海联合军事演习，俄战斗机迅速展开打击海上目标演练》，搜狐网，https：//www. sohu. com/a/401324596_161795?_trans_=000019_hao123_pc。
② 冯存万：《北约战略扩张新态势及欧盟的反应》，《现代国际关系》2020年第2期，第24页。

随，行为体之间的诸多差距正在不断消解，国际秩序变得愈发"去中心化"。① 多元行为体之间的竞合态势强于以往任何一个历史时期，其中的利益竞争与合作、安全依赖与冲击、战略信任与疑惑等正呈现多维并行之势，多种力量和因素既可以聚合全球战略关注和治理投入，又可以撕裂全球战略诉求和利益谋划，对于全球格局的塑造是深刻的。随着世界多极化和逆全球化的不断纵深发展，国际格局诸多因素正在经历新的演变和重组。北约需要正面客观地认识到当前世界所正在发生的深刻变局，认识到世界范畴内融合和差距并存的现状，需要以多层次和多层面的方式适应现实的世界，并需要考虑其能够在世界事务及其治理格局中所占的份额。随着地缘政治挑战的不断增长、更加复杂和破坏性的网络与混合威胁、高新技术快速发展深刻改变了世界战争的方式等导致北约面临不可预测的安全环境，② 北约进行战略调适的现实需求和因素耦合在不断强化。

首先，美欧之间战略诉求差异和安全利益错位给北约发展带来的困扰。近些年来，美国对于维系国际秩序稳定、保障北约实际运作的积极性和责任感在不断降低。随着美国国家实力的相对下降、经济增速减缓，美国的危机感和战略不自信在不断增多。美国战略重心逐渐向中东、亚太转移，对于欧洲事务和安全的关注和投入在降低。特朗普政府奉行"美国优先"的外交政策，2019 年出台"印太战略"，美国战略关注和力量投送倾注于印太地区，加上美国"退群"行动频频，美国和欧洲盟友之间的威胁认知差异和安全利益分歧在加大。③ "美国的实际政策是：让欧洲人承担自己的安全责任，督促欧洲国家增加国防开支"。④ 实际上，美国的防务开支占国内生产

① 〔英〕巴里·布赞、〔英〕乔治·劳森：《全球转型——历史、现代性与国际关系的形成》，崔顺姬译，上海人民出版社，2020，第 10 页。
② "NATO：Ready for the Future-Adapting the Alliance（2018 – 2019）"，https：//www. nato. int/nato_ static_ fl2014/assets/pdf/pdf_ 2019_ 11/20191129_ 191129 – adaptation_ 2018_ 2019_ en. pdf，last accessed on 21 February 2021.
③ 赵怀普：《从"欧洲优先"到"美国优先"：美国战略重心转移对大西洋联盟的影响》，《国际论坛》2020 年第 3 期。
④ 周琪：《欧美关系的裂痕及发展趋势》，《欧洲研究》2018 年第 6 期，第 103 页。

总值的比重远远高于欧盟盟友，欧盟盟友并未达到北约提议的占国内生产总值2%的要求。从美国国家安全战略的角度而言，盟友国家所作的贡献不足、所带来的责任和风险却在加重，美国与北约盟友之间的防务分摊出现了严重的失衡。① 美国在近几年动辄以撤军为威胁逼迫其他的北约盟友增加军费，很多北约成员国感到被抛弃和背叛，对美国的战略信任和依赖在不断降低。受此影响，北约其他成员国认为美国维系北约稳定性和战略长久性的意愿和能力在逐渐降低，北约日常运作和实践拓展所面临的诸多阻碍在不断增多，对北约未来发展的战略疑惑和不自信在骤增，故而，马克龙才会以"脑死亡"对北约的日常运行机制提出严厉批评。

其次，"西方缺失"战略语态下的北约战略调整所带来的症结式困惑。欧美国家于2020年慕尼黑安全会议上针对西方世界的现状展开激烈辩论，题为"西方缺失"的《慕尼黑安全报告》再次凸显了直观体现于北约、根本存在于西方世界的裂痕。西方世界越来越多的国家，其国内民粹主义势力不断抬头，英国脱欧给欧洲各国和欧盟运行所带来的冲击和挑战，美欧关系恶化所带来的连带影响，俄欧关系暗流汹涌，欧洲一体化和欧盟自身运行所存在的诸多挑战等等，均在不同程度上加剧了北约运行和功能强化的难度。北约作为连接美欧安全关系与双方价值观的纽带，其发展与转型离不开美国与欧洲的共同影响。② 这是因为，北约的存续发展取决于两个方面：一是同盟的主导者即美国是否有意愿或有能力维持同盟关系；二是同盟中处于从属地位的欧盟盟友是否认可并接受美国的领导。③ 传统上，作为北约"灵魂国家"的美国，它主导着北约的形成与演进方向，使北约能够经历不同时代、处于不同态势格局而大致与美国的全球战略调整相适应和战略诉求相契合。④

---

① 左希迎：《美国国家安全战略的转变》，中国社会科学出版社，2020，第175页。
② 吴昕泽、王义桅：《北约再转型悖论及中国与北约关系》，《太平洋学报》2020年第10期，第31页。
③ 宋芳：《"北约过时论"的历史演变与现实意涵》，《国际观察》2020年第3期，第154页。
④ 李海东：《北约维护西方安全的原则和行动探析》，《人民论坛·学术前沿》2020年第23期，第59页。

近些年，美欧在北约战略竞争对手选择和战略优先指向上的差异和分歧在不断增加，这导致北约在未来发展方向和基本着力点上存在越来越多的战略摇摆和不确定性。美国将中国视作其最大的战略竞争对手和霸权冲击势力，美国在政治、经济、军事等多方面与中国开展不同程度、方式各异的战略竞争，譬如掀起新一轮针对中国的贸易保护主义浪潮、与中国华为公司开展芯片竞争、与中国开展 5G 主导权的竞争等。越来越多的除美国之外的北约成员国则愈发认识到中国实力的不断增强、中国话语权的不断凸显、中国负责任参与全球事务的信心和能力，中国对于世界事务、对于欧洲国家发展的良好意愿和积极助力等，都使这些国家认识到与中国建立友好关系并开展合作实践的现实需求性和不可或缺性。美国意图将中国确立为其与北约之共同的战略敌人和竞争对象，北约却并未按其意愿和导向进行战略设定和拓展。2019 年末，美国与欧洲国家在北约战略对手选择话题上再度出现分歧。美国国务卿蓬佩奥宣称北约正面临中国给北约安全带来的冲击，北约必须选择新的安全视角；同年北约峰会推出对华政策"内部报告"，并提出"应对中国崛起带来的机遇和挑战"的计划。德法两国持不同的观感，马克龙直言恐怖主义才是北约共同的敌人，并不是俄罗斯或中国；德国外长马斯（Heiko Josef Maas）也表示欧洲应与中俄两国建立伙伴关系。① 欧洲国家虽把中国视为战略伙伴和经济竞争者，但绝不会是"敌人"，北约则将自身视为"北美与欧洲共同应对包括中国崛起在内的系列挑战的唯一平台"②。随着中美两国全球战略竞争态势不断加剧，北约与美国在对外优先诉求上的差异将长期存在。

（二）北约正经历的战略调适

鉴于全球事务发展所应当考虑的因素和层面不断变得复杂化和多元化，

---

① 冯存万：《北约战略扩张新态势及欧盟的反应》，《现代国际关系》2020 年第 2 期，第 37 页。

② "Opening Remarks by NATO Secretary General Jens Stoltenberg at the Munich Security Conference," https：//www. nato. int/cps/en/natohq/opinions_ 173709. htm.

北约在未来的发展所需要考量的因素和处理的问题在不断增多，需要更多的资源储备和战略能力。2019 年北约伦敦峰会的核心议题依然是"责任分担"，北约成员国在组建本国军队和加强防务一体化上存在严重分歧，特别是随着东欧地缘政治安全和风险的不断增多，东欧安全防务政策的未来走向存在很大的不确定性，导致北约面临复杂的地缘环境、出现真空地带的可能大为提升。而且，此次峰会首次把"中国崛起"列入正式议题之中，认为中国崛起给北约带来了新的机遇，但也需要关注中国军事现代化的快速发展、中国在世界各地和网络空间的广泛存在，以及对全球基础设施的重大投资。实际上，此次的北约峰会显示出北约取悦美国、忧虑中国的矛盾心态，一方面希望美国能够维持其基本的军事投入，保障北约军事行动的灵活度和自由度、延续北约安全战略的稳定性和畅通性，通过依循美国的战略偏好、取悦美国以获取更大的战略支援；另一方面对于中国的实力增强和战略崛起而保持战略观察和行动克制，过分渲染中国的军力崛起和军事威胁，其实是意图将联盟内部的战略关注转向外部，以尽可能地化解联盟内部的战略竞争和矛盾纠纷，以更好地聚合联盟内部的力量以谋求更好的未来发展。所以说，在目前或将来的一段时间，既取悦美国又保持与中国的友好关系，将会是北约重要且现实的选择。

为了应对更多不确定的挑战，北约在 2020 年启动了"北约 2030 进程"（NATO 2030）。北约秘书长延斯·斯托尔滕贝格（Jens Stoltenberg）在其针对这一进程的讲话中提到，"北约必须保持军事上的强大、增强政治性与全球性。军事力量对北约至关重要，北约未来会继续加大军事投入并增强军事能力"①。而且，在《北约 2030：为新时代而团结》（NATO 2030：United for a New Era）中"如何防止内部分裂"问题是北约的重要追求。北约提出应该做好三个方面的改变和提升，"一是加强盟国的团结和凝聚力，包括巩固跨大西洋纽带的中心地位；二是加强北约盟国之间的战略信任、政治磋商和

---

① "Secretary General Launches NATO 2030 to Make Our Strong Alliance even Stronger," https：//www. nato. int/cps/en/natohq/news_ 176193. htm.

利益协调；三是加强北约的政治作用以及完善相关手段，以更为妥善地应对当前和未来任何可能的对联盟安全构成的威胁和挑战"①。2020 年 12 月 1 日~2 日，北约外长会议召开，共同商讨北约持续性适应能力建设、俄罗斯军事发展、中国崛起等议题。斯托尔滕贝格提出，"我们需要准确系统评估中国崛起而导致的全球均势转移。中国并不是我们的对手，我们必须要在军备控制和气候变化等问题上与中国接触。但是，中国正在投资大规模新武器，从北极到非洲都对我们的基础设施进行投资，中国正在离我们越来越近。我们需要拉动全体北约国家和其他志同道合的国家以共同面对这一问题"②。透过北约在近几年的战略动向可见，当下及未来，为了增强军事能力以提升北约的战略自信、妥善应对不确定挑战、更好地追求和实践"北约全球化"战略，北约会将战略资源更好地聚合于具有全球性战略价值和竞争烈度的区域，所以，北极地区会是北约战略关注和力量投送的关键区域。

二 北约的北极战略倾向与实践参与偏好

由于北约突出的军事和安全联盟属性，加上北极地区突出的战略和地缘价值，北约的北极战略倾向其考量因素是复杂的、其战略诉求是多样的、其实践参与是多维的。在北约战略调适转向的当今时期，北约的北极角色、战略选择、参与偏好、实践进程等需要我们系统考虑。

（一）北极地区国际关系基本态势

人类活动极大地改变了地球生态系统的一些关键要素，我们已经步入了"人类世"时代。"人类世"时代的全球环境问题较之以往更加复杂，呈现

---

① "NATO 2030：United for a New Era，" https：//www. nato. int/nato_ static_ fl2014/assets/pdf/ 2020/12/pdf/201201 - Reflection - Group - Final - Report - Uni. pdf.

② "Foreign Ministers Meet to Discuss NATO's Continued Adaptation and Global Security Challenges，" https：//www. nato. int/cps/en/natohq/news_ 179799. htm? selectedLocale = en.

非线性、突发性及难以预测性等特征。① 在"人类世"时代，在全球环境问题不断凸显的牵连效应之下，北极地区在政治、军事、环境、科技等多方面发生着纵深变化。其一，政治上传统地缘政治竞争长期存在且解决的难度很大，彼此之间的政治关系所牵连的敏感因素很多。其二，北极地区的军事战略价值长期以来都是北极国家的关注重点，北极各国一直都是通过各种方式加强其北极军事存在、提升其北极军事威胁力，北极军事竞争的形势一直比较紧张。其三，生态环境变化速度加快、程度加深，给全球生态环境安全造成的影响在不断增强，各国单独应对环境问题的难度很大，进行安全合作的需求和必要不断提升；而且，受新冠肺炎疫情的影响，北极地区的原住民社区面临着独特的公共健康和社会安全风险。② 其四，北极科技发展速度在加快，大数据和5G等新技术手段在北极地区迅速推广，各国北极科技合作的条件在逐渐成熟，各方在新技术领域的关系正在深刻发展。其五，北极地区治理机制失灵现象持续加剧。北极地区的治理机制主要分为区域性机制和全球治理机制，区域性机制具有排他性且缺乏强制性规范，一方面降低了非北极国家参与北极治理的可能性，另一方面无法有效协调北极国家之间的利益纷争。全球性机制难以有针对性地解决北极地区具体的治理问题，且国际社会容易忽视北极国家的地缘优势，实际操作难度较大、实际成效比较有限。

（二）北约的北极角色与战略选择

北极地区独特的地缘位置，使其成为全球层面极为突出的战略争夺要地。特别是冷战时期，北极地区是美苏之间进行战略核打击的必经之地。由于欧亚大陆与北美大陆最北端的海上直线距离仅为2000多千米，北极成为美苏将对方置于战略核打击范围内的隐蔽场所与最短路径，也一度成为全球

---

① 孙凯：《"人类世"时代的全球环境问题及其治理》，《人民论坛·学术前沿》2020年第11期。

② 徐庆超：《北极安全战略环境及中国的政策选择》，《亚太安全与海洋研究》2021年第1期，第113页。

战略核武器部署最为密集的区域。① 冷战中后期，苏联实施"堡垒防御战略"，潜射弹道导弹的打击范围进一步扩展。美国里根政府实施"前沿海洋战略"（Forward Maritime Strategy），其核心就是将北约集团的航空母舰战斗群和潜艇部署在敌方阵地前沿，在冲突爆发时能够迅速向北冰洋欧洲海域派遣航空母舰和空中打击力量，并遏制苏联海军进入北大西洋。美国、英国等北约集团的攻击型潜艇对在北极冰层下活动的苏联潜艇进行定位，发挥了关键作用。② 美苏作为拥有战略核武器且在北极地区拥有领土的国家，北极地区特殊的地缘位置和安全局势使美苏均希望能够在该地区保持战略均衡，压倒性优势的出现并不利于任何一方全球战略的稳定，美苏对于在北极地区使用核武器是相当克制的。北极地区在冷战时期一直处于战略对峙的关键场域地位，并非军事武力对抗的实践场域。而且，1987 年，米哈伊尔·戈尔巴乔夫在摩尔曼斯克发表了具有分水岭性质的讲话，呼吁采取和平措施以减轻北极地区的战略紧张局势。

20 世纪 90 年代，随着全球气候变暖的加剧，北极地区的生态环境问题逐渐凸显，成为地缘政治和区域治理的主要影响要素，北极地区的军事和安全对峙态势在降低。位于挪威斯塔万格的欧洲盟军北欧司令部（Joint Headquarters North）于 2003 年被撤销，取而代之的是盟军转型司令部（Allied Command Transformation）的分支机构。北约与俄罗斯之间的安全竞争态势逐渐降低，良性态势逐渐凸显。2007 年俄罗斯"北极插旗事件"导致这一态势发生转变。2007 年 8 月 2 日，一个俄罗斯科考队从北极点下潜至海底，插上一面钛合金制造的俄罗斯国旗。插旗这一举动"宣示主权"的意味浓厚，引起加拿大、美国、挪威、丹麦等北极国家的强烈反应。2013 年底以来，乌克兰危机持续发酵，导致北极地区安全局势进一步紧张。乌克兰危机导致俄罗斯和美欧之间的关系再次紧张，美欧持续对俄罗斯施加多轮经济制裁，导致俄罗斯与其他北极国家之间的经济联系基本

---

① Robert Cowley（ed.），*The Cold War：A Military History*，Random House Trade Paperbacks，2006，p. 27.
② 邓贝西：《北极安全研究》，海洋出版社，2020，第 92～93 页。

中断，由此导致北极地区经济、能源、海空搜救等领域的合作受到明显的消极影响。2014 年 9 月 4 日，2014 北约峰会举办专场会议讨论乌克兰局势问题，并促成乌克兰冲突双方于 9 月 5 日签署 12 点停火协议并于当天正式生效。同一天，时任北约秘书长拉斯穆森（Anders Fogh Rasmussen）宣布将成立一支快速反应先锋部队，旨在针对俄罗斯。北约已经正式承认乌克兰是申请加入北约的申请国成员身份，乌克兰局势的后续发展将继续对北约有着重要影响。

北极一直在北约战略蓝图中占据重要位置，北约也通过多种方式开展北极实践行动。2009 年 1 月 29 日，时任北约秘书长夏侯雅伯（Jaap de Hoop Scheffer）在冰岛就北极地区的安全前景发表演讲，呼吁各方需要对北极安全问题予以持续关注，运用新的手段并提出解决方案。这是冷战结束以来，北约高层首次确认北极是一个战略上非常重要的地区。① 2009 年 4 月，北约斯特拉斯堡/凯尔峰会联合声明首次正式提及北极问题，其中称："北极地区事态的发展引发国际社会关注。我们欢迎冰岛提出主办一场北极问题研讨会的倡议，也欢迎冰岛希望北约提升对北极地区安全情势发展的关注度。"② 2010 年 11 月，北约在里斯本峰会上宣布，其未来可能的北极政策将与该组织传统的"部队生成"和"威慑"角色完全不同，主要是监控可持续发展和政治稳定，并不会明确地与"安全"联系在一起。③ 2013 年，《北约对当前世界挑战的应对》报告明确提出，北约可以在北极地区航道利用、航行自由、搜救行动、能源开发、灾害应对等方面发挥重要作用。④

---

① Alexander Shaparov, "NATO and a New Agenda for the Arctic," https://russiancouncil.ru/en/analytics – and – comments/analytics/nato – and – a – new – agenda – for – the – arctic/.

② Ragnheidur Arnadottir, "Security at the Top of the World: Is There a NATO Role in the High North?" https://www.defensenews.com/opinion/commentary/2020/07/28/nato – is – the – right – forum – for – security – dialogue – in – the – high – north/.

③ Nigel Chamberlain, NATO Watch, "NATO's Developing Interest in the Arctic," http://www.natowatch.org/shte/default/files/briefing – paper – no – 27_ – _ nato – and – the – arctic.pdf.

④ Robert Czulda, Robert Łos, "NATO Towards the Challenges of a Contemporary World," https://depot.ceon.pl/bitstream/handle/123456789/3220/NATO% 20Approach% 20to% 20Arctic% 20Region.pdf? sequence = 1.

北约非常重视其北极实践行动的有效开展，目前，北约主要是通过在北极定期的体系化军演的方式彰显其存在和发挥影响。"寒冷应对"（Cold Response）军演自 2006 年首次开展以来，已连续开展多次，旨在加强在严酷的北极环境中开展军事行动的能力，并提升盟友合作能力，演习内容包括在崎岖地形和极端寒冷天气下进行训练演习。"三叉戟接点 2018"（Trident Juncture 2018）军演共有 31 个北约成员国及其伙伴国家的 50000 名人员参加，共动用约 250 架飞机、65 艘船只和多达 10000 辆车辆，这是北约自 1991 年以来最大规模的军事演习。目标是确保对北约部队进行训练，能够共同行动并随时准备应对来自任何方向的任何威胁。[①] 通过北约的北极战略和历次军演活动，北约作为北极事务的重要参与方、北极治理的重要行为体、北极秩序的重要建构者、北极安全的重要维系者这一角色已经非常明确。

（三）北约北极战略与实践的特征

北约的北极战略与实践开展呈现内部分裂和相对保守的特征。北约成员国基于各自不同的战略考量而对北约在北极地区的基本角色没有达成统一意见。挪威在提升该组织在北极的地位中扮演了领导者的角色。挪威是世界上唯一一个在北极圈内拥有永久军事总部的国家，其在北极防卫作战能力上投入甚多。同样地，加拿大也在北极的防卫作战能力上投入巨大。然而，加拿大并不主张北约持续扩大在北极的影响力。加拿大考虑到，在北极问题上结成同盟可以使北约的非北极国家也能在北极发挥影响，否则，这些国家将不会有这个机会。如果北约能在北极问题上结成同盟，加拿大作为一个主权国家，有权决定北约可以在加拿大管辖的北极地区扮演什么样的角色。北约不能忽视北极的整体性，也不应在北极事务上占据过多的战略比重、承担过多的战略责任。[②]

北约北极战略与实践开展呈现内部分裂的特征。北约决策机构——北

---

① "Trident Juncture 2018，" https：//www. nato. int/cps/en/natohq/news_ 158620. htm.

② Luke Coffey，Daniel Kochis，"NATO Summit 2016：Time for an Arctic Strategy，" https：//www. heritage. org/global – politics/report/nato – summit – 2016 – time – arctic – strategy.

大西洋理事会目前采取的是"一致通过"的决策机制，这意味着成员国的态度对北约战略与实践的影响非常重要。挪威 2009 年 3 月发布《北方新基石：挪威北极战略的下一步行动计划》，为挪威北极地区经济和社会的可持续发展奠定基础是其主要的战略目标。加速北极地区教育、交通、电力和航空领域的基础设施建设步伐，加强与国际社会的交流合作等是其基本主张。① 2009 年加拿大政府颁布《加拿大北方战略：我们的北方，我们的遗产，我们的未来》，其核心目标是维护加拿大的主权安全，防范北极地区非国家行为体所带来的新安全威胁。② 2019 年 9 月，加拿大颁布《北极和北方政策框架》，为加拿大政府到 2030 年及以后的北极优先事项、活动和投资进行总体指导，提出要更清楚地界定加拿大北极边界，增加与北极国家和非北极国家的互动。③ 可见，挪威更为关注北极能源开发、基础设施建设、经济持续发展等层面，加拿大更为关注其本国的北极主权和获益、北极地区国际关系的稳定等层面，两国在北极事务中的定位和实践等存在差异。

作为北约"脑死亡"论的提出方，法国的北极战略和偏好对于北约北极实践的影响是非常重要的。2016 年 6 月，法国发布《北极大挑战——国家路线图》官方政策文件，确定法国在北极的经济、国防和科学利益，强化法国在北极国际组织中的合法地位和影响力，谋求北极治理中国家利益与国际利益的平衡，充分保护北极环境等几大目标。④ 法国将本国的战略关注

① Norwegian Ministry of Foreign Affairs, "New Building Blocks in the North: The Next Step in the Government's High North Strategy," https://www. regjeringen. no/globalassets/upload/ud/vedlegg/nordomradene/new_ building_ blocks_ in_ the_ north. pdf.
② Minister of Indian and Northern Development, "Canada's Northern Strategy: Our North, Our Heritage, Our Future," http://library. arcticportal. org/1885/1/canada. pdf.
③ Government of Canada, "Canada's Arctic and Northern Policy," https://www. rcaanc-cirnac. gc. ca/eng/1562782976772/1562783551358.
④ Ministry of Foreign Affairs, "The Great Challenge of The Arctic-National Roadmap for the Arctic," https://www. diplomatie. gouv. fr/IMG/pdf/frna_ - _ eng_ - interne_ - _ prepa_ - _ 17 - 06 - pm - bd - pdf_ cle02695b. pdf.

表1　部分国家的北极战略

国家	文件名	颁布时间	北约成员国
冰 岛	《关于冰岛北极政策的议会决议》	2011 年 3 月	是
挪 威	《北方新基石:挪威北极战略的下一步行动计划》	2009 年 3 月	是
丹 麦	《丹麦王国北极战略:2011—2020》	2011 年 8 月	是
加拿大	《加拿大北方战略:我们的北方,我们的遗产,我们的未来》	2009 年 7 月	是
	《加拿大北极外交政策宣言》	2010 年 8 月	
	《北极和北方政策框架》	2019 年 9 月	
美 国	《第 90 号国家安全决策指令》	1983 年 4 月	是
	《第 26 号总统决策指令》	1994 年 6 月	
	《第 66 号国家安全总统指令/第 25 号国土安全总统指令》	2009 年 1 月	
	《美国北极战略》	2013 年 5 月	
	《北极地区国家战略实施计划》	2014 年 1 月	
	《2015 年北极地区国家战略执行报告》	2016 年 3 月	
瑞 典	《瑞典北极地区国家战略》	2015 年 10 月	否
	《瑞典的北极地区战略》	2020 年 10 月	
芬 兰	《芬兰北极地区战略 2013》	2013 年 8 月	否
俄罗斯	《2020 年前俄罗斯联邦北极地区国家政策原则及愿景规划》	2009 年 3 月	否
	《俄罗斯北极地区 2020 年前发展与社会安全保障战略》	2013 年 3 月	
	《2035 年前俄罗斯联邦国家北极基本政策》	2020 年 3 月	
	《2035 年前俄罗斯联邦北极地区发展和国家安全保障战略》	2020 年 10 月	
英 国	《应对变化:英国的北极政策》	2013 年 10 月	是
	《超越冰雪:英国的北极政策》	2018 年 4 月	
德 国	《德国北极政策指导方针》	2013 年 7 月	是
	《德国北极政策指导方针:承担责任,建立信任,塑造未来》	2019 年 8 月	
法 国	《北极大挑战——国家路线图》	2016 年 6 月	是

聚焦于北极能源资源价值,拓展法国的北极话语权,对于加强北极军事存在、维系北约北极军事效应的积极性和主观性不高。如表1所示,北约国家中除加拿大、法国、德国和英国之外,其余国家北极政策的出台时间均是 2015 年之前,对于纵深变化的北极事务的指导性和效应到底如何,需要实际验证。诚然,为了更好地适应北极的态势变迁和更有效地指导北极实践,这些国家应该会出台新的北极政策文件,其可能的北极

优先事项和基本诉求存在不确定性，给北约未来的北极实践参与提出新的要求。

北约北极战略与实践开展呈现相对保守的特征。北约的机体运行和战略实践开展深受美国的国家战略和外交政策的影响。北约是美国全球战略的重要构成、是美国与欧洲盟友开展集体行动的重要依托，其对外战略和实践开展服务于美国的战略诉求与实践，北约能够在北极地区发挥多大的作用其实是取决于美国的意愿。过去几年，特朗普政府施行"美国优先"政策，并未出台美国政府官方层面的北极战略文件，北极在美国全球战略中的重要性在降低，美国的北极参与度和北极引领力大幅下降，受此影响，北约的北极战略与实践开展也不得不呈现相对保守的特征。囿于北约国家在北极地区有着错综复杂的安全利益，越来越多的行为体广泛且深入地参与北极事务，北极地区的全球战略价值和战略竞争强度不断提升，北约相对保守地参与北极事务是更有利于维护其北极利益的。北约是当今世界最大规模且最具影响力的政治－安全联盟，本来就容易获得高度的战略关注和招致多样的战略评价。在北极地区，北约处于美国与俄罗斯进行战略竞争的关键位置，北约如果广泛且深入地参与北极地区事务特别是安全事务，则更易导致过高的战略关注和不当的战略评价，易导致北约处于灵活度欠缺和可控性不足的战略局面。所以，在多重因素的耦合作用下，北约在参与北极事务及其治理之中，现在和将来都将保持相对保守和有限介入的特征。

三 北约战略调适对北极安全格局的影响

北约战略调适与转向是内嵌于当今世界格局整体变迁之中的，其战略调适对于北极安全格局的影响也应当从北极地区事务发展以及治理态势变迁的整体层面进行系统考量。北约战略调适与北极安全格局转变是百年变局时代世界事务发展及其治理演变的重要构成和样态呈现。

（一）北约战略调适与北极安全格局的联结

随着北极地区经济开发的"市场特性"和生态环境的"非市场特性"日渐凸显，北极地区日益融入全球化进程之中。① 北极地区目前正面临着"现实政治挑战"（Revenge of Realpolitik），因为美俄等北极国家和中国等主要的非北极国家均更加深入地参与到北极事务及其治理之中，北极地区的战略关注和力量投送在持续增强，北极地区战略交往愈发密切、战略竞争动态演化以及体系坍缩风险提升。北极地区生态环境恶化不断加速、能源和航道价值不断凸显，导致北极事务成为全球关注的焦点，北极地区从战略关注边缘转变成充满不确定性的战略核心关注。② 北约在北极安全问题上扮演着重要角色，北约的集体防御政策对北极安全影响深远，是美国、加拿大、挪威、丹麦等国制定其国防安全政策的重要影响因素。③ 北极安全事务、北极安全合作、快速反应部队是近几次北约峰会的重点讨论内容，北约对于北极事务特别是北极安全事务长期保持高度关注和灵活参与。鉴于北极地区正在发生的多维态势变迁，北约正面临的发展困境与进行中的战略调适转向，二者之间恰好形成一种战略与时机上的联系和牵引。

（二）北约与俄罗斯在北极的安全关系处理

北约作为美国及其欧洲盟友与俄罗斯开展军事对峙的突出性军事组织，其在北极地区必将与俄罗斯有着多重外交往来和战略竞争。近几年，俄罗斯在北极地区的军事举措频繁。2018 年 6 月，俄罗斯北方舰队启动警报演习；2019 年 8 月，俄罗斯开展了过去 30 年中最大规模的"海洋盾

---

① 赵宁宁、欧开飞：《全球视野下北极地缘政治态势再透视》，《欧洲研究》2016 年第 3 期，第 43 页。

② Marc Lanteigne, "The Changing Shape of Arctic Security," https：//www. nato. int/docu/review/articles/2019/06/28/the－changing－shape－of－arctic－security/index. html.

③ Center for Strategic and International Studies, "A New Security Architecture for the Arctic," https：//csis－prod. s3. amazonaws. com/s3fs－public/legacy＿ files/files/publication/120117＿ Conley＿ ArcticSecurity＿ Web. pdf.

牌-2019"（Ocean Shield-2019）海军演习；2020年8月，"海洋盾牌-2020"军事演习再度开展，俄罗斯北方舰队、太平洋舰队、黑海舰队、波罗的海舰队四支舰队均参加。连续三年军事活动不断，表明俄罗斯对北极地区的高度重视和进行安全维护的决心，俄罗斯在北极地区的索求正在变得越来越清晰。而且，俄罗斯于2021年5月担任北极理事会为期两年的轮值主席国，北极地区环境、社会和经济问题是其优先选项，致力于降低北极地缘政治冲突的烈度。最有可能的情况是，俄罗斯将提议设立一个单独的论坛来讨论北极安全问题，维持北极地区秩序的平衡稳定。①

面对俄罗斯在北极地区持续性的军事行动和战略延展，以美国为首的北约在北极开展具有指向性的行动，以维护稳定的战略空间。2018年美国重组海军第二舰队，行动范围包括美国东海岸与大西洋北部海域，与俄罗斯在北冰洋海域开展航母体系化竞争。2018年北约重启冰岛的一座航空站，供美军在北大西洋和北冰洋部署P-8型海神反潜巡逻机，这意味着以美国为首的北约与俄罗斯围绕北极开展新一轮博弈。2019年5月12日，时任美国国务卿蓬佩奥在北极理事会第11届部长级会议上表示："北极地区已成为权力和竞争的舞台，我们正在进入一个在北极进行战略接触的新时代。"② 2020年2月24日，美国国民警卫队CH-47契努克号（CH-47 Chinook）在位于阿拉斯加的埃尔曼多夫-理查森联合基地（Joint Base Elmandorf-Richardson）进行"北极鹰2020"（Arctic Eagle 2020）军演，旨在保障美国北部州的国土安全和应急行动的顺利开展。2020年3月3日，在美国北方司令部举行的阿拉斯加军演期间，美国海军陆战队成功发射M142高机动火炮火箭系统。可见，俄罗斯和以美国为首的北约在北极地区频频"过招"，双方在北极地区所开展的军事行动之场地选择、时间节点、

---

① Ruben Tavenier, "Russia and the Arctic Council in 2021: a New Security Dilemma," https://globalriskinsights.com/2021/02/russia-and-the-arctic-council-in-2021-a-new-security-dilemma/.

② Connie Lee, "Special Report: Great Power Competition Extends to Arctic," https://www.nationaldefensemagazine.org/articles/2019/8/12/great-power-competition-extends-to-arctic.

力量投入等在很大程度上是"针锋相对"的。俄罗斯指责西方国家搞"北极军事化",西方国家则以"不断增长的俄罗斯威胁"为本国的北极军事行动作辩护,由此给北极地区的地缘战略竞争和安全形势带来的影响是复杂且深刻的。而且,"加大军事投入并增强军事能力"是"北约2030进程"的重要内容,这也会在很大程度上提升北极地区军事竞争的烈度,对北极安全格局的影响是深远的。

(三)北约对中美俄北极关系架构的影响

美国意图树立并显化俄罗斯和中国"北极战略威胁者"的形象,确立中俄为美国和北约的共同战略竞争对象。2019年6月,美国国防部发布北极战略报告,重申了中俄两国对该地区安全的挑战,认为美国应提高对北极挑战的认识,加强在该地区的行动,包括进行演习和寒冷天气训练,并加强北极的"基于规则的秩序"。[①] 2020年3月30日,美国战略与国际研究中心发布《2050年北极大国竞争》报告,全面分析2050年之前俄罗斯和中国在北极地区可能的军事部署和经济发展状况,特别是认为中俄两国北极联合发展的战略部署,将对美国在北极地区的领导力和存在感造成冲击。强调美国必须加强在北极地区的外交和安全存在、创建利于美国的北极安全倡议。[②] 拜登政府的总体外交战略目标是"重新领导世界",恢复美国的全球领导力,有选择性地回归多边主义,深化与盟友和伙伴国的关系,在气候变化、环境保护、公共健康卫生等议题领域加大国际协调。[③] 拜登将比特朗普更加重视北极事务及其治理,提振美国北极领导

---

① Office of the Under Secretary of Defense for Policy, "Report to Congress Department of Defense Arctic Strategy," https：//media. defense. gov/2019/Jun/06/2002141657/ - 1/ - 1/1/2019 - DOD - ARCTIC - STRATEGY. PDF.

② Center for Strategic and International Studies, "America's Arctic Moment：Great Power Competition in the Arctic to 2050", March 30, 2020, https：//www. csis. org/analysis/americas - arctic - moment - great - power - competition - arctic - 2050.

③ 赵明昊:《重新找回"西方":拜登政府的外交政策构想初探》,《美国研究》2020年第6期。

力将是重要追求。

美国海岸警卫队 2019 年 4 月发布《北极战略展望》①，美国国防部 2019 年 6 月发布《北极战略》②，美国重视北极地区复杂的战略环境，凸显北极安全竞争态势；以大国作为主要对手，依循并服务于战略竞争逻辑的特征极为明显。2021 年 1 月 5 日，美国海军发布《蓝色北极——北极战略蓝图》，明确提出现在及未来，大国之间围绕北极地区自然资源和海上航道控制权的各类争议和军事冲突风险上升，使美国在北极同时面临环境与地缘战略两方面的挑战。美国海军必须维持在北极的长期存在，实现海军、海军陆战队和海岸警卫队能力的整合；强化在北极地区的伙伴关系，加强协同作战与互操作能力；加强美国海军的北极行动能力，保障美国在北极的安全和利益。③鉴于北约在美国全球战略中的特殊性，④无论是《2050 年北极大国竞争》等美国智库的相关报告，还是拜登政府或美国各部门未来的北极政策，对于北约北极实践的导向作用都是非常显著的。

随着中国对北极地区事务的参与度在不断加深、对北极治理的影响力在不断增强，中国已成为北极地区的利益攸关方。实际上，美俄在北极地区的战略竞争关系长期存在且正在不断发展，受"北约 2030 进程"和《2050 年北极大国竞争》报告等对中俄两国威胁程度的偏颇夸大的影响，中美俄三国在北极地区复杂的战略竞合关系架构正在持续发展和不断演变，北极地区其实已成为中美俄全球关系大架构的重要组成部分。北约处于中美俄北极复合关系架构的战略旋涡之中，其战略调适与转向对于中美俄北极关系发展的

①　US Coast Guard, "United States Coast Guard Arctic Strategic Outlook," https://www. uscg. mil/ Portals/0/Images/arctic/Arctic_ Strategy_ Book_ APR_ 2019. pdf.

②　Office of the Under Secretary of Defense for Policy, "Report to Congress Department of Defense Arctic Strategy," https://media. defense. gov/2019/Jun/06/2002141657/ - 1/ - 1/1/2019 - DOD - ARCTIC - STRATEGY. PDF.

③　The Department of the Navy, "A Blue Arctic: A Strategic Blueprint for the Arctic," https:// media. defense. gov/2021/Jan/05/2002560338/ - 1/1/0/ARCTIC% 20BLUEPRINT% 202021% 20FINAL. PDF/ARCTIC% 20BLUEPRINT% 202021% 20FINAL. PDF.

④　Ellen Hallams, *A Transatlantic Bargain for the 21st Century: The United States, Europe, and the Transatlantic Alliance*, Strategic Studies Institute and U. S. Army War College Press, 2013, p. 8.

影响是非常突出的。北极大国竞争时代的北约北极参与，需要考虑的因素更为复杂、需要协调的关系更为层次化。如何促进北极地区国际关系的平衡稳定、规避北极利益攸关方之间因恶性竞争而带来的战略透支，这是北约在未来很长一段时间的重要追求。

（四）战略调适时期的北约北极战略之走向

应当注意的是，未来5年北约将经历一轮新的政治调整。这一方面是与全球性民粹主义、反全球化浪潮相伴随，与全球性战略调整趋势相一致。过去几年，"激进右翼与民粹主义、种族主义等思潮形成合流"[①]，在西方国家大肆蔓延，"从美国到欧洲，逆全球化的右翼民粹思潮对经济全球化乃至国际和平与安全的潜在冲击不容忽视"[②]，也非常不利于北约这样的政治－安全联盟的发展。另一方面是因为，绝大多数的北约国家到2025年都将进行大选，这意味着这些国家将拥有新的政府或实施新的国家政策。这导致北约国家的未来政策走向充满不确定性，也可以说达成新的共识其阻力更甚。在多方面因素耦合影响下，北约国家的行动方针和优先事项等可能的差异将变得持续化。未来，北约需要为了更有力地应对发展困境、提升北约存续的合理性、更好地维持跨大西洋关系等作出努力。

截至2020年，北约并没有同意芬兰和瑞典加入北约的申请，北约与北极国家在北极治理中的关系在经历动态变化，利益需进行持续协调；北约在北极事务特别是北极安全事务中的政策和行动，均会有北约成员国中非北极国家的参与。这其实也就承认一个事实，任何向北极扩散的安全危险和挑战，对于北约成员国中的非北极国家来说都是利害攸关的，因为它们可能会被牵扯到冲突之中。[③]北约成员国中的北极国家和非北极国家在本国北极战

---

① 贾立政、王慧、王妍卓：《大变局下的国际社会思潮流变——2020国际社会思潮发展趋势研判》，《人民论坛》2020年第36期，第14页。

② 熊李力：《2019年世界民粹思潮发展态势与溯源》，《人民论坛》2019年第35期，第28页。

③ Joshua Tallis, "NATO is the Right Forum for Security Dialogue in the High North," https：//www. defensenews. com/opinion/commentary/2020/07/28/nato－is－the－right－forum－for－security－dialogue－in－the－high－north/.

略和行动、北约整体性北极战略和实践的开展中，需要进行充分且广泛的政策沟通和行动协调。北约对于北极事务的战略关注和力量威慑必须与其维持北极地区安全格局稳定等意愿保持谨慎的平衡。[①] 北极地区原住民社会福祉、卫生健康问题，北极塑料污染等海洋环境问题，智能化技术和手段给北极地区带来的冲击和影响，开发和使用实用性强的绿色能源解决方案等是北极地区的新议题，也是北约北极参与和势能增强的重点。

四　结语

过去几年，北约所面临的发展困境在不断凸显、所需要的战略调适在不断增强，北约的战略性思考和整体性研讨的必要性愈发强化。由于北约成员国发展程度不同、利益诉求不同、发展战略不同、所处环境和要求不同、文化及制度规范差异等，北约联盟体系内的差异和竞争由来已久且仍将继续存在。未来，北约的势力扩张步伐并不会停滞，而是会对战略规划和行为方式进行一定程度的改变和优化。北约的战略拓展态势将由战略蓬勃之势转向战略稳健之态，对于国际局势特别是国际安全格局的演变会有着更为系统且敏感的感知和界定，其战略也将因此进行适时调整与改变。北约的战略调适与转向是国际格局演化进程中的无奈与必然的选择，意图通过战略调适以更好地规避风险与挑战、更好地获得战略自由和收益，北约的战略调适意涵复杂且深远。

作为参与北极事务及其治理的重要行为体之一，北约对北极安全事务的影响是复杂的。北约是美国和俄罗斯在北极地区进行战略竞争的重要参与者和介入方，其战略调适、政策偏好和实践转向对美俄北极关系的影响是非常重要的。在此影响下，北约战略调适与转向对北极安全格局的影响是极为深远的，能够引起北极地区的能源资源开发、航道价值拓展、地缘关系架构、

---

① Andrea Charron, "NATO and The Geopolitical Future of the Arctic," https：//arcticyearbook. com/arctic - yearbook/2020/2020 - briefing - notes/363 - nato - and - the - geopolitical - future - of - the - arctic.

治理机制建设等一系列的连带反应。对中国而言,北约战略调适与北极安全格局转变之间的多维联动对中国北极战略与实践的影响是不容忽视的,中国应当对处于战略转型时期的北约的北极战略与实践进行客观分析,处理好中国与北约在北极地区的关系,对北约未来可能在北极地区开展的行动做好战略预判和准备。

国 别 篇

Country

B.10

从特朗普到拜登：
美国北极政策新发展*

黄 雯**

摘　要：　特朗普政府通过北极资源能源开发、提升北极行动能力等方
　　　　式，不断增强美国在北极地区的战略存在，对中国参与北极
　　　　事务以及中俄北极合作高度警惕、严加防范。拜登上任后，
　　　　面临日益复杂的北极政治环境，开始调整美国北极政策实
　　　　践，进一步提升美国在北极地区的行动能力。作为重要的北
　　　　极大国，美国北极政策的调整将对北极地缘态势以及中国参
　　　　与北极事务产生重要影响。

　＊　本文是南北极环境综合考察与评估国家重大专项课题"极地国家政策研究"（项目编号：
　　CHINARE2016－04－05－05）、教育部哲学社会科学研究重大课题攻关项目"中国参与极地
　　治理战略研究"（项目编号：14JZD032）的阶段性成果。
＊＊　黄雯，女，博士，广东外语外贸大学国际关系学院讲师，研究方向为极地海洋战略、美国外交。

关键词： 拜登政府 北极政策 美国外交

作为具有重要影响力的北极大国，美国北极政策的调整对北极政治、经济、地缘态势的影响巨大，其北极政策实践被国际社会广泛关注。特朗普政府时期，美国积极推动北极资源开发，通过提升北极行动能力维护美国在北极地区的安全利益，对中国、俄罗斯等国参与北极事务保持高度警惕。拜登就任美国总统后，面临新的国内、国际环境，逐步调整了美国的北极政策并表现出新的特点。在中美关系逐步由合作转向竞争的时代背景下，拜登政府北极政策的调整将对中国参与北极事务产生重要影响。本文将在总结特朗普时期北极政策实践的基础上，梳理拜登政府北极政策的新变化。

一 特朗普政府的北极政策

特朗普就任美国总统后，主张"美国利益优先"，以此为指导积极调整美国内政、外交政策，对奥巴马时期的北极政策进行了较大幅度调整，着力提升北极地区在美国全球战略中的地位，不断提升在北极地区的行动能力，在战略上防范和遏制中国、俄罗斯对北极事务的参与。同时，重视北极地区的资源开发，积极推动阿拉斯加州北极地区的经济社会发展。

第一，提升北极地区在美国全球战略中的地位。北极地区自然环境和地缘态势的不断变迁对美国国家利益带来的挑战引起了特朗普政府的高度重视。特朗普将北极事务纳入美国"亚太再平衡"战略的重要组成部分，进一步扩展为"印太战略"，提升北极事务的战略地位是特朗普政府北极政策的重要变化。由国防部委托智库完成的《2025亚太再平衡》（Asia‐Pacific Rebalance 2025）报告第一次涉及北极。该报告认为，为了保障俄罗斯在北极地区的经济安全、资源安全，以及主权不受侵犯，俄罗斯不断提升在北极地区的军事存在并扩大其反介入与区域封锁能力。中、日、韩、新加坡等亚洲国家逐步加快了北极政策实践，积极参与到北极事务中。而美国太平洋司令部过于集中于远东。为了保护美国在北极的国家利益，报告要求太平洋司令部应彰显其北极存在，加强联合行动和高寒训练。①

2017 年 10 月，美国正式提出"印太战略"。② 2019 年 6 月，美国国防部发布《印太战略报告》（The Indo - Pacific Strategy Report），将北极地区和印太地区整合到对"一带一路"的整体竞争中来。③ 同时，国防部还发布《2019 北极战略报告》（Arctic Strategy 2019）。报告指出，美国是一个在北极地区拥有领土主权和海洋主权的北极国家；北极是一个共享区域，即北极是一个存在共同利益的区域，其安全和稳定依赖于北极国家建设性地应对共同的挑战；北极是潜在的战略竞争走廊，即北极是大国竞争和侵略的潜在途径。在此基础上，要从两个方面认知美国面临的来自北极地区的战略风险。一方面，北极地区的自然环境变化给经济、社会活动带来不可预测的风险，并衍生出一系列安全问题，包括边境安全、经济安全、环境安全、粮食安全、航行自由、地缘政治稳定、人类安全、国防、自然资源保护以及主权等。另一方面，地缘战略竞争使越来越多的参与者在北极寻求经济利益和地缘政治利益，使北极地区成为具有战略竞争力的地域。中俄的北极活动不断增加，对美国的国家安全利益形成了威胁，美国应限制中俄利用这一地区的能力。④ 特朗普政府将北极纳入"亚太再平衡"战略和"印太战略"中，意味着美国将从全球战略的高度，重新审视和谋划北极地区在美国全球战略、对华战略中的地位和作用，北极事务在美国全球战略中的地位得到提升。

第二，对中国参与北极事务以及中俄北极合作保持警惕。随着中美大国

---

① 阮建平：《"地缘竞争"与"区域合作"：美国对"一带一路"倡议的地缘挑战与中国的应对思考》，《太平洋学报》2019 年第 12 期，第 43 页。

② "Defining Our Relationship with India for the Next Century," https：//www. state. gov/secretary/ remarks/2017/10/274913. htm.

③ "The Indo - Pacific Strategy Report," https：//media. defense. gov/2019/Jul/01/2002152311/ - 1/ - 1/1/DEPARTMENT - OF - DEFENSE - INDO - PACIFIC - STRATEGY - REPORT - 2019. PDF.

④ "Arctic Strategy 2019," https：//media. defense. gov/2019/Jun/06/2002141657/ - 1/ - 1/1/ 2019 - DOD - ARCTIC - STRATEGY. PDF.

关系的发展变化,特朗普政府对中国参与北极事务的认知愈加负面。美国认为中国在积极推动自身参与北极事务的进程,对中国在北极地区可能实行的军事行动高度警觉,对中国可能带来的战略威胁保持戒备。《中国的北极政策》白皮书发布后,特朗普政府对中国提出"冰上丝绸之路"倡议的动机高度关注和警惕,认为中国意欲通过该倡议扩大在北极地区的地缘政治影响力。时任美国国务卿蓬佩奥在讲话中指出,中国和俄罗斯企图将北极地区作为"战略保护区",并强调北极已经成为全球权力竞争的舞台,呼吁北极八国必须适应这种新的未来。① 在海岸警卫队和国防部发布的北极政策文件中,都将中国视为当前北极秩序的破坏者和北极地缘政治的竞争对手。在美国国防部发布的 2019 年度《中国军事与安全发展报告》(Military and Security Developments Involving the People's Republic of China) 中,增加了"中国在北极"的专题,共提及"北极"21 次(上年仅提到 1 次),大力渲染中国北极活动的威胁。报告认为,中国在冰岛和挪威都设有研究站,并运营一艘由乌克兰制造的"雪龙号"破冰船,但民用研究有利于增强中国在北冰洋的军事存在,其中可能包括将潜艇部署到北极地区。② 《2019 北极战略报告》则指出,中国在北极地区威胁美国国土安全利益的活动和能力不断增强,并试图在北极地区发挥作用。受到其他地区局势紧张、竞争或冲突加剧的"战略溢出"的影响,中国在北极地区的战略投入可以牵制美国在印太和欧洲地区与中俄的战略竞争。

随着"冰上丝绸之路"建设的推进,特朗普政府对中、俄的北极事务参与尤为警惕。美国海岸警卫队最新版的《2019 北极战略展望》(Arctic Strategic Outlook 2019) 报告指出,中俄不断挑战国际秩序将引发关于北极地区能否继续维持和平、稳定的担忧。《2019 北极战略报告》进一步指出,

---

① "Pompeo Aims to Counter China's Ambitions in the Arctic", https://www.politico.com/story/2019/05/06/pompeo – arctic – china – russia – 1302649.

② "Annual Report to Congress: Military and Security Developments Involving the People's Republic of China", https://media.defense.gov/2019/May/02/2002127082/ – 1/ – 1/1/2019_ CHINA_ MILITARY_ POWER_ REPORT. pdf.

俄罗斯通过成立新部队、翻新旧机场和其他基础设施，以及在北极海岸线建立新的军事基地，逐步加强军事存在。①

第三，提升美国在北极地区的行动能力。为应对北极地区面临的诸多挑战，特朗普政府主张采取措施提升美国在北极地区的行动能力，并设定了五大目标，一是提高在动态变化的北极地区的有效行动能力。填补海岸警卫队北极行动能力建设的缺口、建立对北极地区区域态势的持续感知和理解、填补通信能力缺口。二是完善基于规则的秩序。加强伙伴关系并主导有关的国际论坛、应对海事领域国际秩序面临的挑战。三是通过创新和适应以促进北极地区弹性和繁荣。促进地区弹性并领导北极地区的危机响应工作、解决海事执法任务中的新兴需求、推动北极地区海上交通系统现代化。四是建立北极感知。增强领域感知基础设施的现代化，改善通信、情报及监视与侦查（ISR），增加现场观测和加强环境模拟，支持海岸警卫队的国土安全任务。五是加强北极行动。定期在北极进行演习和部署、寒区训练、改善北极状态、支持弹性基础架构、与其他联邦部门和机构就民事应急响应进行合作等。②

为实现提升美国在北极地区行动能力的目标，美国海军、空军迅速行动，制定相关战略规划以推动行动能力提升。2019年1月，海军发布《北极战略展望》（Strategic Outlook for the Arctic）指出，尽管当今世界局势正在重返大国竞争时代，北极地区存在着众所周知的威胁、机遇和挑战。但根据分析与评估，美国海军认为北极地区发生冲突的可能性较低，任何一个北极国家都不太可能愿意承担发生大规模冲突的风险，并且各国已展现和平解决分歧的能力。③ 2021年1月，美国海军发布《蓝色北极》战略报告，勾勒了未来20年北极地区的发展轮廓，反映了美国在北极地区的主要安全利益

---

① "Arctic Strategic Outlook 2019", https：//www.uscg.mil/Portals/0/Images/arctic/Arctic_Strategic_Outlook_APR_2019.pdf.

② "Arctic Strategic Outlook 2019", https：//www.uscg.mil/Portals/0/Images/arctic/Arctic_Strategic_Outlook_APR_2019.pdf.

③ "Strategic Outlook for the Arctic", https：//www.navy.mil/strategic/Navy_Strategic_Outlook_Arctic_Jan2019.pdf.

和行动目标。美国始终寻求和平、合作与稳定，但是历史证明，和平是依靠力量实现的。美国海军将与联合部队、盟友以及合作伙伴坚定不移地维护海军力量，加强合作伙伴关系，并为蓝色北极建立更强大的海军部队。①

2020 年 6 月，美国空军发布《美国空军部北极战略》（Department of the Air Force Arctic Strategy），这是美国空军部门首次颁布北极战略。该战略指出，由于北极地区距离美国本土较远，航空航天能力对于提供全域感知、预警、卫星指挥和控制以及有效威慑至关重要。美国应加强兵力和投资以应对中俄威胁，空军提出了四个重点目标：第一，通过投资导弹预警和防御系统，以及改善指挥、控制、通信、情报及监视与侦查（C3ISR）能力，空军将通过保持警惕来护卫国土安全。第二，空军和太空部队将利用阿拉斯加和格陵兰岛等地的基地，进行力量投射。具有热效率和耐用性的基础设施将与第五代飞机和致命性能力相结合，以确保空军和太空部队在未来保持反应迅速。第三，在北极地区有强大的联盟和伙伴关系是美国的战略优势。加强美国与北极合作伙伴之间的合作、互操、作战和演习。空军和太空部队必须利用北极国家之间强大的防御关系，维护北极地区基于规则的国际秩序。第四，美国国防部将继续集中力量开展关于北极行动的培训、研究和开发。②

极地破冰船的建造升级，以提升破冰舰队能力也是特朗普政府提升北极行动能力的重要举措。2020 年 6 月，特朗普签署《保护美国在北极和南极地区的国家利益备忘录》（Memorandum on Safeguarding U. S. National Interests in the Arctic and Antarctic Regions）指出，美国将制定并执行一项极地安全破冰舰队采购计划，以服务于美国在极地地区的国家利益。为了尽可能降低成本，并同时保持破冰舰队的能力，相关部门可

①　"A Strategic Blueprint for the Arctic"，https：//www. navy. mil/Press – Office/Press – Releases/display – pressreleases/Article/2463000/department – of – the – navy – releases – strategic – blueprint – for – a – blue – arctic/.

②　"Department of the Air Force Arctic Strategy"，https：//www. af. mil/News/Article – Display/Article/2281305/department – of – the – air – force – introduces – arctic – strategy/.

进行协调，制定极地安全破冰舰队的租赁方案作为近期至中期（2022-
2029财年）的过渡战略，以减轻海岸警卫队"极地之星"（Polar Star）
未来退役的压力。①

第四，重视北极资源能源开发。早在竞选期间，特朗普就表示出对气候
变化真实性的怀疑，对奥巴马政府制定的气候政策大肆批判。2015年12
月，《巴黎协定》顺利通过，成为人类历史上应对气候变化里程碑式的国际
法律文本。②特朗普认为《巴黎协定》将大部分的缩减排放任务都指派给发
达国家，而中国、印度等发展中国家压力较小，但减排所带来的治理收益是
全球共享的。中国、印度等国继续扩大其煤炭产量，相应地增加温室气体排
放量，但是美国的资源生产被限制和禁止，这对美国经济增长是不利的。③
不顾国际社会的一致反对，特朗普宣布美国退出《巴黎协定》，终止执行协
定的所有条款。

受此影响，美国国内有关气候变化的研究经费大幅缩水，相关气候项目
受到影响。在美国2018年度财政预算中，特朗普已经将环保部门的预算削
减了31%，许多环保项目和气候变化研究项目都将受到影响。④美国多个政
府机构的气候研究经费都将面临削减，其中能源部、国家海洋和大气管理
局、国家科学基金会等机构均涉及北极事务，难逃研究经费减少的影响。

与奥巴马政府时期相比，气候议题在特朗普北极事务议程中的排序明显
下降。与之形成鲜明对比的是，资源开发议题得到特朗普政府的关注和重
视。2019年，美国国会研究局发布《北极变化：背景及呈国会议题》
（Changes in the Arctic: Background and Issue for Congress）。报告指出，北极

---

① "Memorandum on Safeguarding U. S. National Interests in the Arctic and Antarctic Regions",
https://www. whitehouse. gov/presidential - actions/memorandum - safeguarding - u - s - national -
interests - arctic - antarctic - regions/.

② 吕江：《〈巴黎协定〉：新的制度安排、不确定性及中国选择》，《国际观察》2016年第3
期，第92页。

③ 何彬：《美国退出〈巴黎协定〉的利益考量与政策冲击——基于扩展利益基础解释模型的
分析》，《东北亚论坛》2018年第2期，第105页。

④ 《特朗普签署行政命令推翻奥巴马气候政策，煤矿工人现场鼓掌》，http://www.
thepaper. cn/baidu. jsp? contid = 1650111。

地区海冰减少导致人类活动增加，同时增加了关于北极地区的利益与关切。具体包括：北极航道；北极地区矿产和生物资源的获取；北冰洋沿岸国家关于"外大陆架"的划分；大规模的商业捕鱼活动对濒危物种造成的影响等问题。① 高度重视北极地区的资源能源利益，推动北极地区的资源、能源开发，加快阿拉斯加州社会经济发展是特朗普政府北极政策的重要内容之一。阿拉斯加州蕴含有丰富的能源资源，包括天然气、石油，以及铅、铜等矿物资源。② 阿拉斯加生产的石油通过管道系统源源不断地流向美国南部市场，对国内能源保障十分重要。同时，阿拉斯加州经济发展高度依赖能源产业，居民生活水平、经济收入、就业率等与其密切相关。特朗普政府气候政策的变化使阿拉斯加州北极地区的资源开采成为可能，推动了北极资源、能源的开发进程和阿拉斯加州的经济社会发展。

不过，如何平衡资源开发与环境保护之间的关系历来是美国北极开发过程中需要克服的难题。2017 年 4 月，特朗普政府发布"优先海上能源战略"，扩大在北极和大西洋的石油钻探。2017 年 11 月，美国参议院投票同意未来开放 150 万英亩的北极国家野生动物保护区用于能源开发。拟任能源和自然资源委员会主席的参议员莉萨·穆尔科斯基（Lisa Murkowski）强调"我们需要在联邦地区进一步扩大能源开发"。阿拉斯加州参议员丹·莎利文（Dan Sullivan）进一步指出，能源开发会带来更多的就业机会，并刺激阿拉斯加州经济增长。③ 12 月，共和党的最终税收计划经国会两院通过并写入宪法，允许在北极地区进行能源开采。与此同时，美国安全和环境执法局批准了意大利埃尼集团在波弗特海的石油钻探申请。该局局长司各特·安热

---

① "Changes in the Arctic: Background and Issue for Congress", https://fas.org/sgp/crs/misc/R41153.pdf.
② 阿拉斯加的锌、铅、铜、煤产量丰富，在美国资源总量中占有相当比重。参见 "Arctic Economics in the 21st Century: The Benefits and Costs of Cold, CISI European Programe", http://csis.org/files/publication/130710_ Conley_ ArcticEconomics_ WEB. pdf。
③ "The Senate's Sly Plan to Begin Drilling in Arctic Refuge", available at: https://www.mensjournal.com/adventure/the – senates – sly – plan – to – begin – drilling – in – arctic – refuge – w510202.

勒（Scott Angelle）认为，批准钻探有利于实现特朗普设定的以能源开发为主导的目标。①尽管面临来自环保组织、原住民群体的激烈反对，资源开发议题仍然得到了特朗普政府的重视和推动，进入到特朗普时期美国北极政策的议程之中。

二 拜登政府北极政策的调整

拜登上任后对特朗普政府的北极政策进行了调整，更加倚重于军事和安全等手段维护美国的北极利益，进一步增强美国在北极地区的行动能力。

第一，加强陆军在北极地区的行动安排。2021年3月，美国陆军发布题为《夺回北极主导权》（Regaining Arctic Dominance）的北极战略文件。文件指出，美国是一个北极国家，北极安全问题直接关系到美国国防和国家利益。② 美国陆军北极战略将以确保北极领土的安全作为重要使命，陆军必须了解北极在国防方面的作用、大国竞争背景下复杂的北极地缘政治格局，以及不断变化的环境如何影响未来的行动。在此基础上，美国陆军才能生成、投射和部署能够在北极地区作战和竞争的兵力，以支持作战司令部开展北极行动，并与盟国和伙伴开展北极安全合作。

文件指出，美国陆军在北极地区面临着两个方面的挑战。一方面，北极是陆军（作为联合部队的一部分）在全球竞争中与对手进行对抗的地方，这要求陆军适应新形势并组建和部署掌握多域作战能力的标准化部队。另一方面，北极带来了极寒天气和地形方面的挑战，这对美国陆军在北极地区开展行动增加了难度。对此，文件进一步阐明了陆军在北极地区的作战方法：其一，陆军在未来不仅能够往北极投射军事力量，也能够从北极向外投射兵

① "Trump Administration Approves Oil Project in Arctic Waters", available at：http：//www.globaltrademag.com/global－logistics/trump－administration－approves－oil－project－arctic－waters? gtd＝3850&scn＝trump－administration－approves－oil－project－arctic－waters.

② "Regaining Arctic Dominance", available at：https：//api.army.mil/e2/c/downloads/2021/03/15/9944046e/regaining－arctic－dominance－us－army－in－the－arctic－19－january－2021－unclassified.pdf.

力，从而保障在竞争、危机和冲突中占据有利位置，以维持长期作战的优势。其二，陆军将采用标准化的兵力态势和通过多域部队来保卫国家安全，并为大国竞争对手制造困境。其三，陆军将与盟国和伙伴接触并加强安全合作，以维护北极地区和平稳定。其四，陆军将组建具有北极作战能力的部队，为在极寒天气和高海拔山区环境下作战并赢得胜利做好准备。

第二，对中国参与北极事务的防范进一步加强。在特朗普政府时期，美国对中国的北极认知逐步由"合作"转向"竞争"甚至是"对抗"，认为中国在多个方面对美国北极地区的国家安全利益造成威胁，美国要对中国的北极活动保持戒备和防范。

拜登上任后，美国对中国参与北极事务的警惕和防范进一步加剧，认为中国正在试图使其北极事务参与正常化，努力获得国际社会广泛认可。2018年，中国发起"冰上丝绸之路"倡议，该倡议以"一带一路"倡议的软实力策略为基础，通过投资北极地区的基础设施建设来实现中国的利益。同时，中国也表示有兴趣建造跨大陆和跨境数据电缆，以促进欧亚之间的高速数据传输。

第三，对中俄北极合作高度关注和警惕。伴随着中美大国博弈的加剧以及美俄战略对抗的持续，美国对中俄在国际事务中的合作高度警惕，严加防范，这种焦虑和猜忌也体现在对中俄北极合作的态度上。在美国陆军发布的《夺回北极主导权》报告中明确指出，美国的大国竞争对手俄罗斯和中国正试图利用军事和经济力量进入北极地区。该报告认为，俄罗斯正在积极采取行动获得北极地缘竞争的主导权，俄罗斯作为北极圈内领土面积最大的国家，其首要任务就是捍卫其在北极地区的领土权益，以确保免受北约的侵犯。

三　结语

拜登上任后，逐步对特朗普时期的美国北极政策进行了调整，维护和巩固美国在北极地区的战略利益。与特朗普政府相比，其北极政策目标不会发生根本性变化，最终目的是要塑造美国在北极治理中的领导地位，但实现北极政策的手段和方式会有所不同，政策效果也会发生变化。作为重要的北极大国，拜登政府北极政策的调整必将对北极治理以及中国北极事务参与产生重要影响，中国应当对美国北极政策实践的变化保持动态关注，对中国参与北极事务的方式、手段及时作出有针对性的调整，有效维护中国在北极地区的国家利益。

B.11
瑞典北极政策：重心、考量及挑战

——以瑞典 2020 版新北极战略为出发点

郭培清　唐鹏玮*

摘　要：　2020年瑞典政府发布了新版北极战略，将其新旧北极战略进行对比，可以注意到瑞典北极政策重心为加强北极地区国际合作、维护北极地区国家安全、促进北极地区科学研究、推动北极地区经济发展、保护北极地区气候环境，以及改善北极地区社会条件。瑞典将这六部分作为其北极政策重心，背后有着多重考量，包括维护自身安全稳定、获取北极经济利益、应对北极气候变暖、提升北极科研实力和改善北极社会问题等。然而，其北极政策的落实面临国际层面的大国活动左右北极总体态势、区域层面的其他北欧国家竞争，以及国家层面的自身实力难以支撑北极政策等挑战。

关键词：　瑞典　北极政策　国际合作

2020年9月24日，瑞典政府发布了新一版的《瑞典北极地区战略》（以下简称2020版新北极战略）。同2011年瑞典政府发布的上一版《瑞典北极地区战略》相比，瑞典最新北极战略的议题更加细致全面，深入契合了北极地区急剧变化的环境、政治、经济及军事局势。瑞典这份新北极战略，对于指导瑞典今后在北极地区的政治实践有着重要作用。瑞典作为北极

---

* 郭培清，中国海洋大学国际事务与公共管理学院教授、博士生导师，中国海洋大学海洋发展研究院高级研究员；唐鹏玮，中国海洋大学国际事务与公共管理学院国际关系专业研究生。

八国之一，其北极战略不仅在国家议程中占据着重要地位，还对北极治理有着较为深远的影响。因此，本文以瑞典2020版新北极战略为出发点，对瑞典北极政策的重心、背后的考量因素以及面临的挑战进行一定的梳理和分析，最终对中瑞两国北极合作进行相应的探讨。

一　瑞典北极政策重心

结合瑞典此次出台的新北极战略内容，在对比其2011版旧北极战略之后，可以注意到瑞典北极政策在延续2011版旧北极战略对气候环境、经济发展、人文社会等内容重视的基础上，面对显著变化的北极自然生态环境、安全态势、政治局势和经济活动，在2020版新北极战略中创造性地进行了大刀阔斧的改进，强调了国际合作、国家安全以及科学研究的重要性。

（一）加强北极地区国际合作

在2020版新北极战略的开篇，瑞典就指出其北极战略以国际合作为基础，认为国际合作"对于处理本区域面临的跨境挑战至关重要"①。瑞典认为北极地区的国际合作有助于确保北极人民的可持续发展，促进北极地区的持续稳定并应对北极地区气候变化。具体而言，可以将其分为表层体制合作和深层理念合作。

在表层体制方面，瑞典多边合作框架有两种方式：一是加强官方体制内的合作，既强调遵循既有的国际法律框架，又重视北极理事会等区域合作组织；二是加强民间联系合作，发挥社会组织和地方行动者的作用。深层理念上，瑞典希望将"多边合作"这一理念扩展至北极国家以及对参与北极治理抱有浓厚兴趣的域外国家。瑞典积极欢迎域外国家参与北极理事会工作，成为北极理事会"观察员国"。但这种"多边合作"实质仍是瑞典立足自身

---

① Government Offices of Sweden，"Sweden's Strategy for the Arctic Region，" https：//www. government. se/4ab869/contentassets/c197945c0be646a482733275d8b702cd/swedens – strategy – for – the – arctic – region – 2020. pdf.

话语体系定义的"多边",根本目的在于保障自身核心利益,争夺北极话语权,维护北极国家在促进北极地区和平稳定和可持续发展方面的特殊地位。

此外,瑞典2020版新北极战略还强调了合作基础——国际法框架和制度框架,以及努力方向——多边合作与双边合作。在国际合作基础方面,瑞典一方面强调坚决贯彻《联合国海洋法公约》《斯匹次卑尔根群岛条约》《巴黎协定》等国际法的重要性,认为这些国际法是北极和平与稳定的基础;另一方面指出北极理事会是北极合作的核心,要求加强北极理事会在北极事务中的作用,同时也不忘提到其他北极区域性组织对于北极地区国际合作的必要性。在具体合作对象上,瑞典明确点出要加强同欧盟、美国、加拿大、俄罗斯等的合作。

(二)维护北极地区国家安全

瑞典在2020版新北极战略中指出:"北极面临着新的机遇,但也面临着严峻的挑战……面临该地区的快速发展,政府现在有理由对北极政策采取新的统一把握。"① 9年来,北极地区的显著变化促使瑞典政府转换思维,重新审视北极地区并制定全新的北极战略予以应对。而这在瑞典2020版新北极战略中表现最为明显的就是将国家安全提升到同气候环境、经济发展和人文社会同等重要的地位。

2011版旧北极战略中"国防"一词出现0次,"安全"与"军事"等词在文本中出现13次,远远低于2020版新北极战略中有关文字出现的41次,可见瑞典高度重视国防安全的新转向。这一重大转变同瑞典对北极地区的安全状况认知紧密相关。

在2011版旧北极战略中,瑞典承认"长期以来,瑞典的安全一直受到北极地区事态发展的影响",但是"北极目前的安全政策挑战不是军事性质的"。甚至,在当时瑞典政府看来,所谓北极地区的气候灾难与国家间的能

---

① Government Offices of Sweden, "Sweden's Strategy for the Arctic Region," https://www. government. se/4ab869/contentassets/c197945c0be646a482733275d8b702cd/swedens – strategy – for – the – arctic – region – 2020. pdf.

源利益冲突，不过是媒体层面的"危言耸听"。尽管存在重大挑战，但真正需要强调的是"北极合作的特点是冲突程度低、共识广泛""使用民事手段比军事手段更可取"①。可见，瑞典政府在撰写 2011 版旧北极战略时，主要持较为乐观的态度。

到了瑞典 2020 版新北极战略，瑞典政府几乎全然推翻过去乐观、理想化的认知预设，认为"过去 9 年的剧烈气候变化和该地区新的地缘战略现实，给瑞典北极政策带来了日益增加的挑战和不断变化的条件"②。瑞典认为目前人们对北极地区自然资源日益增长的兴趣、北极地区美俄对峙以及域外国家对北极事务越来越明显的兴趣构成了北极地区目前的安全趋势。该趋势加深了瑞典作为小国的不安全感，推动瑞典对北极地区状况认知的转变——明确北极已从一个低紧张地区转变为各国瞩目的战略要地。基于此，瑞典在战略层面将国家安全问题提升至更高层级，认为其包括北极地区局势的安全稳定以及瑞典在北极维护其国家利益的能力，并在具体行动中提出两点措施：一是继续加强国际合作；二是提高自身军事能力。

（三）促进北极地区科学研究

在 2020 版新北极战略中，除了国际合作和国家安全之外，瑞典还着重提到了极地科学研究。

瑞典希望成为一个世界领先的北极研究国家，在北极科学研究方面拥有更大的国际影响。为此瑞典计划继续加强在北极及其周边地区的研究、环境监测；支持极地研究国际合作；鼓励北极地区研究人员与原住民的交流；考虑建造一艘可以全年运行、环境友好的极地研究船。

在具体实现途径上，瑞典认为需要加强国际合作、构建物流平台和促进

---

① Government Offices of Sweden, "Sweden's Strategy for the Arctic Region," https：//www. government. se/contentassets/85de9103bbbe4373b55eddd7f71608da/swedens – strategy – for – the – arctic – region.

② Government Offices of Sweden, "Sweden's Strategy for the Arctic Region," https：//www. government. se/4ab869/contentassets/c197945c0be646a482733275d8b702cd/swedens – strategy – for – the – arctic – region – 2020. pdf.

知识交流。在国际合作层面上，瑞典提到在北极地区进行实地研究考察的成本十分高昂，因此既需要加大对相关科学研究的支持和投入力度，又需要加强同其他国家的跨国界合作，分担极地科学研究的成本。因此，瑞典计划为在各种平台和网络上开展的北极研究和教育合作作出贡献，并积极参加北极大学项目下的合作交流。在物流平台构建方面，瑞典指出其在北极地区拥有十分领先的研究设施，为北极的科学研究提供了十分重要的服务。同时，瑞典提到其政府机构——极地研究秘书处将继续努力为北极研究服务。在知识交流层面，瑞典则强调了北极地区原住民的作用，指出瑞典将加强研究人员和原住民在生活和工作上的知识交流，使传统知识和科学研究相互促进、相互发展。

（四）推动北极地区经济发展

从 2011 版旧北极战略中 20 多次强调"可持续发展"，到 2020 版新北极战略中将"可持续发展和瑞典的商业利益"作为瑞典政府努力的六大方向之一，可以看出瑞典北极政策一直以来都将北极经济发展放在突出位置。

瑞典的战略目标是成为"一个具有吸引力、创新和竞争力的北极国家""利用瑞典的北极资源，促进增长、就业，增加繁荣和可持续发展"，瑞典政府认为北极地区可持续发展，就是"最大程度上减少该地区利用自然资源的负面后果和影响"。① 瑞典对可持续发展的重视与北极地区脆弱的自然环境有着密不可分的联系。与此同时，通过强调可持续发展，瑞典为其开发丰富的北极资源赋予了正当性。在其 2020 版新北极战略中，瑞典提到将在三个关键领域采取措施——自然资源的利用、运输和基础设施、旅游业，为北极地区可持续发展作出突出贡献。具体而言，就自然资源的可持续利用，瑞典强调了可持续利用能源和发展可持续渔业。就可持续运输和基础设施，瑞典一方面着重提到了北极地区可持续运输、通信以及基础设施，另一方面

---

① Government Offices of Sweden, "Sweden's Strategy for the Arctic Region," https：//www. government. se/4ab869/contentassets/c197945c0be646a482733275d8b702cd/swedens – strategy – for – the – arctic – region –2020. pdf.

瑞典也表示将为北极海域提供海上和空中联合监测工作，以促进北极海上运输的环保和安全。同时，瑞典还将积极参与并推动国际海事组织所进行的减少航运温室气体排放的战略。就可持续旅游而言，瑞典强调了北极旅游业的区域和国际合作。

在"瑞典在北极的商业利益"方面，瑞典则希望借助瑞典的北极知识和资源促进经济发展、就业增长，实现繁荣和可持续发展，并减少对环境和气候的影响。而商业利益的获取主要包括三部分：政府的引导；对国际投资的吸引；加强商业、学术界和公共部门的互动。这不仅意味着瑞典已经认识到变暖的北极地区所能够给瑞典带来的丰厚利益，而且意味着瑞典试图通过自己涉北极的专业知识和能力，以及相对雄厚的北极科研实力，来增加自己在竞争日趋激烈的北极地区同其他国家角逐利益的筹码和议价权，并借此提升自己国家地位。

（五）保护北极地区气候环境

尽管瑞典 2020 版新北极战略在行文架构上同旧版有所区别：如将"国际合作"归为优先事项之一，将"极地研究与环境监测"从"经济发展"主题下分立出来加以强调，但其内在逻辑仍一以贯之，仍承继了 2011 版旧北极战略对气候环境的重视。[①]

2011 年，在全球变暖、冰川加速融化的大背景下，瑞典政府认为北极与瑞典本土的气候互相影响，重视北极是关注瑞典环境状况所必需的。事实上，这种"必需性"与"依赖性"，与北极同瑞典经济、社会发展间的深度联系息息相关。瑞典在 2011 版旧北极战略中指出，全球变暖使降水增加、水土流失加剧，这会破坏北极地区的基础设施，进而对萨米人相对脆弱的文化与生活产生不利影响。在明确自身责任的同时，瑞典也愿同其他北极国家一起强调气候变化在国际社会事务中的优先性。在 2020 版新北极战略中，

---

① Government Offices of Sweden，"Sweden's Strategy for the Arctic Region," https：//www. government. se/4ab869/contentassets/c197945c0be646a482733275d8b702cd/swedens – strategy – for – the – arctic – region – 2020. pdf.

瑞典仍然十分关注气候环境，继续将其作为努力重点之一。

为此，瑞典将依据《巴黎协定》的目标，努力减缓全球变暖对北极地区的影响，并在此领域发挥领导作用。同时，瑞典努力保护生物多样性，并为北极环境中具有重大自然和文化价值的地区提供保护。在重视开发的同时，倡导循环经济战略，减少人类活动对北极环境的消极影响。此外，瑞典还提到原住民应当运用传统的和当地的知识文化，切实参与到北极环境保护与治理中来。

（六）改善北极地区社会条件

人文社会也是瑞典北极政策的重心之一，在瑞典的新、旧版北极战略中都占有重要地位。瑞典在其 2020 版新北极战略中明确指出"在尊重北极原住民权利的情况下使他们享有良好的生活条件以及可持续的经济和社会发展"[1]。

瑞典涉人文社会的北极政策主要围绕三大主体——萨米人、青年、妇女展开，旨在提升他们在北极事务中的参与度。2011 版旧北极战略中，瑞典政府主要提及以下几个方面：北极地区气候环境变化对原住民的影响、萨米人语言的存续、对萨米社会的研究方案等。而 2020 版新北极战略中依旧保留对萨米人文化身份、语言保护等问题的重视，并增加了"努力确保北极有关机构活动中体现性别平等"和"努力确保北极地区所有年轻人都拥有良好生活条件，有权改变自己生活并影响社会发展"的部分。[2]

在涉萨米人部分，2011 版旧北极战略中的表述较为笼统——"维护和提高萨米人的自立能力、语言、文化和生活方式"[3]，瑞典政府在 2020 版新北

---

[1] Government Offices of Sweden, "Sweden's Strategy for the Arctic Region," https：//www. government. se/4ab869/contentassets/c197945c0be646a482733275d8b702cd/swedens – strategy – for – the – arctic – region – 2020. pdf.

[2] Government Offices of Sweden, "Sweden's Strategy for the Arctic Region," https：//www. government. se/4ab869/contentassets/c197945c0be646a482733275d8b702cd/swedens – strategy – for – the – arctic – region – 2020. pdf.

[3] Government Offices of Sweden, "Sweden's Strategy for the Arctic Region," https：//www. government. se/contentassets/85de9103bbbe4373b55eddd7f71608da/swedens – strategy – for – the – arctic – region.

极战略中给出了更为具体的解决方案，包括：继续与挪威、芬兰加强合作，共同保护发展萨米文化、应对当地社区中出现的问题；努力完成与北欧萨米人的公约谈判；推进萨米人议事会发挥作用等。在涉青年部分，瑞典表明将努力使青年人的所有决定和倡议可以纳入北极政策的规划、实施和后续行动之中。在涉妇女部分，瑞典不仅提出努力确保相关机构中的性别平等，并提出努力确保包括萨米人社会在内的北极社区中性别平等。

此外，在人文社会方面，瑞典还在 2020 版新北极战略中提到维护北极地区的社会生活，这包括加强北极地区包括数字基础设施在内的基础设施建设、加大投入维护北极地区原住民生活方式等，以应对人口外流、老龄化等社会挑战。

二 瑞典北极政策重要考量

从 2011 版旧北极战略在气候环境、经济发展和人文社会三个方面对瑞典北极政策作出规划，到 2020 版新北极战略进一步强化对气候环境、经济发展和人文社会的重视，并将国际合作、国家安全和科学研究放在同前三者同样重要的位置，瑞典北极政策在继承和发展 2011 版旧北极战略的基础上，在这 9 年中发生了较为深刻的转变，这背后有着多重考量。

（一）维护自身安全稳定

近些年来，大国竞争逐渐蔓延到了北极，北极走向"再军事化"。[①] 再加上北极地区目前尚缺乏行之有效的安全治理机制，北极安全态势发生显著改变，瑞典国家安全稳定受到了显著威胁。

在冷战期间，北极地区曾长期是美苏两国对抗的前沿阵地，美苏双方在北极地区设立了大量的军事基地并部署了相当规模的核武器。不过在 1987

---

① 姜胤安：《北极安全形势透析：动因、趋向与中国应对》，《边界与海洋研究》2020 年第 6 期，第 104 页。

年戈尔巴乔夫发表"摩尔曼斯克讲话"之后，北极地区局势开始缓和，北极军事对抗的主要国家美国和俄罗斯逐渐削减了自身在北极的军事存在。并在之后建立起以北极理事会为核心的北极治理机制，北极走向和平。然而，随着气候变暖，地缘政治竞争重回北极，美俄两国纷纷在北极加强了军事存在。俄罗斯在 2007 年北极海底插旗后，不断扩张自身在北极的军事实力。从成立北方舰队联合战略司令部，整合其北极军事力量，到将其主要的海基核力量集中到北极，从为北方舰队配备大量先进的军事装备，到在北极地区修复并新建大量的军事基地，再到在北极地区举行大规模演习，俄罗斯大幅加强了其在北极地区的军事实力。美国也不甘示弱，从重建辖区以北极地区为主的第二舰队，到在北极地区参加、举行军事演习，再到发布北极军事战略为重返北极提供指导，美国与俄罗斯展开了针锋相对的对抗。加拿大、挪威、丹麦等北极国家也纷纷采取加强军事合作、提高国防开支、重建北极军队等措施加强自身在北极地区的军事存在。

与此同时，北极地区缺乏行之有效的北极安全治理机制，北极安全态势进一步恶化。目前北极地区治理最为重要、影响力最大的平台是北极理事会。但北极理事会自成立起，就明确表明其议程不包括北极地区安全问题。这不仅使北极理事会在面临北极地区不断恶化的安全问题上缺乏发言权，其北极治理权威遭到破坏，而且使北极地区安全风险因缺乏有效的治理平台和机制而被放大，加剧北极地区紧张态势。而北极地区目前仅存的安全合作平台——北极海岸警卫论坛虽然为北极各国海岸警卫队之间的磋商洽谈提供了一个初步平台，但海岸警卫队毕竟是一个半军事半民事组织，其在面临完全的军事问题时并无用武之地，并不能阻止北极地区安全局势恶化。

北极地区安全态势导致了作为小国的瑞典具有深深的不安全感，其一方面认为国家安全受到了来自俄罗斯的威胁，瑞典国防大臣胡尔特奎斯特（Peter Hultqvist）认为"不能完全排除俄罗斯对瑞典的武装袭击可能性"[①]；另一方面

---

① Frederic Puglie, "'Russian Aggression': Sweden to Reconstitute armed Forces over Feared Attack," https: //www. washingtontimes. com/news/2020/nov/5/sweden – military – prepares – russian – attack – gotland/.

瑞典认为自己会被裹挟到北极地区大国竞争之中，国家利益受损。毕竟，对于瑞典这样的小国来说，瑞典在国家实力方面远远无法与美俄等大国相提并论。通过开展国际合作，利用北极理事会等多边治理平台，瑞典能得到与大国相当的平等地位，在北极治理中获得并发挥应有的制度性权力和结构性权力。通过强调国际法对北极的重要性，瑞典指出《联合国海洋法公约》等国际法规在北极的适用性，提出"北极没有国际法的真空"，"国际法是北极地区安全与稳定基础"，意在避免北极地区陷入"实力至上"的现实主义局面。[①]

（二）获取北极经济利益

在北极地区军事紧张态势不断升级的同时，受气候变暖影响，北极地区资源和航道开发愈加可行，为了获取气候变暖所带来的经济收益，北极国家和非北极国家都积极参与北极的经济活动。

北极国家近些年来纷纷增加了其在北极的经济开发活动。俄罗斯是北极国家中对北极经济开发热情最高、投入最大的国家，其经济开发活动主要集中在北极地区油气资源和航道开发方面。俄罗斯投入了大量资源开发北方海航道和北极地区油气资源，北方海航道货运量在过去的 5 年里增长了 5 倍。[②] 在北极油气开发方面，俄罗斯能源部估计，到 2035 年，北极石油产量占俄罗斯石油总产量的比例将从 2007 年的 11.8% 提升到 26%。[③] 美国和挪威也在不断推进其北极油气开发进程。在其北海油田枯竭之后，挪威将目光转向北极，在近些年先后批准了多个巴伦支海石油开发项目，美

① Government Offices of Sweden, "Sweden's Strategy for the Arctic Region," https：//www. government. se/4ab869/contentassets/c197945c0be646a482733275d8b702cd/swedens - strategy - for - the - arctic - region - 2020. pdf.

② Maritime Executive, "Russian LNG Carrier Completes Winter Trips on the Northern Sea Route," https：//www. maritime - executive. com/article/russian - lng - carrier - completes - winter - trips - on - the - northern - sea - route.

③ Rosemary Griffin, "Insight from Moscow：Russian Arctic Oil and Gas Development Continues Despite Climate Concerns," https：//www. spglobal. com/en/research - insights/articles/insight - from - moscow - russian - arctic - oil - and - gas - development - continues - despite - climate - concerns.

国则在特朗普任期中大力推进阿拉斯加地区的油气租赁销售。此外,丹麦的自治领地格陵兰也希望依靠开采其丰富的稀土资源、铀矿等来提高自身经济自主性,积极吸引外资参与其矿产开发。加拿大则把目光放在了北极基础设施开发上,投入了大量资金改善其北极地区的运输和通信网络等基础设施。除了矿产资源和航道开发,冰岛等国家也对北极地区随气候变暖而愈加丰富的渔业资源有着浓厚的兴趣。

除了北极国家,非北极国家也积极参与到北极地区的经济开发之中。韩国、日本分别于2013年、2015年出台了各自的北极政策。韩国积极利用其区位优势和技术优势,同北极国家在能源、航道、造船和投资等方面展开深入的合作。① 日本也对北极地区能源和航道开发表现出巨大的兴趣,将其视为日本的北极政策重心。日本政府已经与相关研究机构从运输成本上对北极航道使用的可行性进行了多方论证,并已开始利用北极航道从事汽车、食品、精密机械、天然气及石油制品等进出口商品贸易。② 此外,法国、德国等国家也对参与北极经济开发表现出浓厚的兴趣。法国参与了加拿大、挪威和俄罗斯在北极地区的多个油气开发、基础设施项目;③ 德国则与俄罗斯在"北溪2号"天然气管道项目上进行了深入的合作。④

在北极国家和非北极国家纷纷参与北极经济开发,北极经济活动显著增加的背景下,为了避免自身利益受损,并在北极利益角逐中优先获益,瑞典迫切需要一个崭新的、合乎当前形势的北极战略指导其北极经济活动。因此,在瑞典2020版新北极战略中,瑞典指出气候寒冷、人口稀少等原属北极发展劣势的因素,如今反能成为吸引高科技与互联网公司的重要条件,转化为独特的区位优势。基于自身的领先技术与经验积累,瑞典在相应领域拥有广阔的发展与输出前景,2020版新北极战略中特别提到"基础产业的创新环境技

① 郭锐、孙天宇:《韩国"新北方政策"下的北极战略:进程与限度》,《国际关系研究》2020年第3期,第144页。
② 邹鑫:《试析日本北极战略新态势》,《国际研究参考》2019年第4期,第17页。
③ 周菲:《法国北极战略:构建逻辑与行动路径》,《边界与海洋研究》2020年第3期,第74页。
④ 陈燕:《德国新北极政策解析》,《辽东学院学报(社会科学版)》2021年第1期,第27页。

术解决方案，这些技术可以在全球市场上出口"。吸引多元资本注入，作用于瑞典发展，最终可以将成果有效推送到国际市场，形成良性循环。

（三）应对北极气候变暖

全球气候变暖速度加快，而北极地区气候变暖速度更是远超全球其他区域。2019 年，一项发表在《科学进展》上的研究指出，近 10 年北极地区气温升高了 0.75℃，与之相比，在过去的 137 年里，全球气温才升高了 0.8℃，足见北极升温速度之快。[①] 北极迅速变暖带来一系列消极影响，不仅对北极地区造成了恶劣影响——危害北极地区生物多样性和北极居民生活方式，也对全球其他地区造成了消极的溢出影响。由于夏季海冰融化和永久冻土融化，冻土中储存的大量温室气体释放出来，对全球气候造成严重影响。与此同时，北极陆地冰盖的融化，特别是格陵兰岛上冰盖的融化，会导致全球海平面显著升高。此外，由于北极地区覆盖冰面的区域显著减少，其反射阳光的能力越来越差，这进一步导致了全球变暖的加速。

与此同时，瑞典政府长期以来受环保思潮影响，对气候变化高度重视。早在 20 世纪 70 年代，瑞典首相奥洛夫·帕尔梅（Olof Palme）在向议会提交的《能源政策法案》中，就提及了气候变化问题。[②] 到了 1988 年，瑞典政府又提交了《20 世纪 90 年代环境政策》，要求减少环境污染，这是瑞典首部环保政策。之后，瑞典先后出台了多项气候政策，采取了包括征收碳税、发展可再生能源、实行碳交易政策等措施以减少温室气体排放。2017 年，瑞典又推出了其气候政策框架，要求在 2045 年实现零温室气体排放。[③] 由此可见，瑞典政府对气候变化的重视。

在这样的背景下，瑞典国内无论是政府和社会都对北极气候变化十分忧

---

① Eric Niiler, "The Arctic is Warming much Faster than the Rest of Earth," https://www.wired.com/story/the-arctic-is-warming-much-faster-than-the-rest-of-earth/.

② 宋娇娇：《瑞典政府的气候治理之路》，硕士学位论文，北京外国语大学，2020，第 30 页。

③ Nima Khorrami, "Sweden's Arctic Strategy: An Overview," https://www.thearcticinstitute.org/sweden-arctic-strategy-overview/.

虑，认为北极气候变化是亟待解决的问题。早在 2011 版旧北极战略中，瑞典就指出"北极是全球最脆弱的地区之一，其面临的气候变化超出临界值的风险非常大"。2017 年，瑞典外交大臣玛戈特·瓦尔斯特伦（Margot Wallström）在北极环境论坛上直言"北极受气候变化严重影响"，"国际社会必须努力应对北极气候危机"。① 瑞典自然协会也表示"北极作为一个敏感地区，其受到了气候变化的严重打击"。② 因此，在 2020 版新北极战略中，瑞典延续了旧版战略对北极气候变化的重视，将气候环境作为努力的六大重点方向之一，希望通过落实《巴黎协定》、加强北极理事会的气候和环境相关工作、在《生物多样性公约》等国际协议中发挥主导作用来应对北极地区气候变化。

（四）提升北极科研实力

北极因其独特的自然环境和地理条件，其科学价值十分突出。一方面，特殊且极具价值的气候、海洋、生态等资源可以为多种科学研究提供重要的素材；另一方面，通过开展极地科研，如勘探极地区自然资源、进行极地科考航行、在极地地区开展天文研究等，不仅有助于相关国家获取极地地区经济利益，如开发极地生物和矿产资源、利用极地地区航道等，也有助于相关国家凭借极地科研获得北极治理的话语权。国际社会极地科学研究早在 19 世纪就已展开，但在最近十几年里，极地科学研究的参与者和规模显著增加，许多国家在北极地区开展了多项科学研究。Dimensions 数据库数据显示，目前记录在案的在北极的研究资金高达 53 亿美元。③

---

① Ministry for Foreign Affairs，"Remarks by Foreign Minister Margot Wallström at Arctic Environment Forum，" https：//www. government. se/speeches/2017/01/remarks – by – foreign – minister – margot – wallstrom – at – arctic – environment – forum/.

② Naturskyddsforeningen，"Faktablad：Hot mot Arktis，" https：//www. naturskyddsforeningen. se/skola/energifallet/faktablad – hot – mot – arktis.

③ "International Arctic Research：Analyzing Global Funding Trends A Pilot Report"，https：//digitalscience. figshare. com/articles/report/International_ Arctic_ Research_ Analyzing_ Global_ Funding_ Trends_ A_ Pilot_ Report/3811224.

瑞典是北极科研的先行者，早在 18 世纪，就有瑞典探险者前往斯匹次卑尔根群岛，勘测当地水文和气象。到了现代，瑞典也在不断推进其北极科研，2007—2016 年，瑞典北极科研项目达 207 项，在北欧国家中其北极科研项目数目仅次于挪威，其北极科研成果在这几年中更是增加了 70%。此外，瑞典在其北部设有多个研究站和雷达观测设施，并在北极上空有着气象卫星，可见瑞典对北极科学研究的重视。基于对北极科研的高度重视和长期研究累积下来的科研实力，瑞典已经成为北极科研合作的佼佼者，为北极科学研究作出了巨大贡献。

对于瑞典而言，身为小国，通过强化其北极科研实力，一方面可以为其扩大北极地区合作对象、拓展北极科学外交网络提供基础，另一方面也有助于其依靠在北极地区的科学研究成果，在北极治理中拥有更多的话语权，在国际舞台发出"瑞典声音"，最终为瑞典获取北极政治、经济等多元利益提供支持。因此，这也是瑞典在其北极政策中强调加强北极科学研究的原因。

（五）应对北极社会问题

瑞典北极地区目前面临着十分严峻的社会问题。首先，瑞典北极地区长期人口外流。瑞典北极地区因历史上未得到有效开发而经济落后，包括缺乏必要的基础设施、人口稀少、社会服务落后等，这进一步使瑞典北极地区大量人口外流，瑞典北极地区的人口在 2010 年到 2020 年的 10 年里下降了2.9%。[①] 人口外流一方面导致北极地区缺乏必要的劳动力支持其发展，另一方面使北极地区陷入老龄化等问题，对北极地区发展产生了极为不利的影响。

其次，北极社会环境受到环境变化的消极影响。因北极气候变化，北极地区的动植物会发生相应变化，如浆果维生素含量、驯鹿肉的质量都会下降，原住民的食品安全遭到破坏。[②] 与此同时，北极气温升高引起的海水温度上升会使鱼类栖息地发生改变，这导致依靠渔业为生的原住民失去了生活

---

① "Projected Population Trends in the Arctic," https：//www. eea. europa. eu/data – and – maps/daviz/projected – population – trends – in – the – arctic#tab – chart_ 1.

② "Arctic Climate Change," https：//arcticwwf. org/work/climate/.

来源。而冰川冻土融化会破坏港口、道路等基础设施，原本基础设施就十分缺乏的北极地区连通性进一步变差。

此外，北极地区越来越多的经济活动虽然为北极地区的发展带来了机遇，但同时也给北极地区带来了环境和社会压力。一方面，不断增加的北极经济活动破坏了北极地区的环境。早在20世纪90年代，就曾有一艘运输石油的油轮在阿拉斯加海域漏油。挪威、瑞典和芬兰等国多次向俄罗斯控诉俄罗斯科拉半岛镍精炼厂和其他工厂释放出的烟雾中的有害物质危害到了它们的大气。① 另一方面，不断增加的经济活动侵蚀了北极地区原住民的传统生活方式。北极地区原住民长期依靠狩猎当地哺乳动物为生，他们许多传统的经济交易和文化活动都围绕着鲸鱼、驯鹿进行。但是，随着北极地区经济活动的增多而增多的人类活动，以及加速变暖的北极气候，挤压了这些动物的生存空间，进而影响到了原住民的生活。同时，北极地区的其他经济活动，如采矿、油气开发等对劳动力的需求使大量的北极居民抛弃了传统的谋生方式，选择了现代生活，这让原住民的传统文化面临着断代的风险。

面对北极地区如此严峻的社会问题，瑞典在其新、旧两版北极战略中特别强调北极地区的社会发展。寄希望于通过推动北极地区可持续发展、促进原住民、妇女和年轻人对北极治理的参与等方式来解决北极地区的社会问题。

三 瑞典北极政策实施面临的挑战

基于多重考量，瑞典将其北极政策重心放在国际合作、国家安全、气候环境、经济发展、人文社会和科学研究上，希望更好地维护其北极利益。然而在具体实施上，瑞典北极政策面临着国际层面、区域层面和国家层面的挑战。

---

① "Political and Environmental Issues," https：//www.britannica.com/place/Arctic/Political - and - environmental - issues.

（一）国际层面：大国活动左右北极总体态势

在其新北极战略中，瑞典强调要加强北极地区包括多边合作、安全合作在内的国际合作，依靠北极理事会、《联合国海洋法公约》等合作组织和国际法，来避免该地区过多的关系对立和冲突。可见，瑞典对北极地区态势稳定的重视。事实上，对于瑞典而言，无论是维护其北极地区国家安全，还是推动北极地区经济发展，或者是保护北极地区气候环境、促进北极地区人文社会进步、开展北极地区科学研究，都离不开稳定有序的北极总体态势。然而，综观北极地区总体态势演变，其是否稳定有序却不为瑞典左右，反而深受大国活动的左右。

20 世纪初，资本主义进入垄断阶段，围绕北极地区重要的战略地位和自然资源丰富的格陵兰岛、斯匹次卑尔根群岛等岛屿，大国展开了相当激烈的博弈，北极成了大国博弈之地——美国试图从丹麦手中购买格陵兰岛；挪威、英国、俄罗斯等国则围绕斯匹次卑尔根群岛主权问题进行了长期谈判和争夺，最终签订了《斯匹次卑尔根群岛条约》。在这一时期，大国之间对北极资源等的争夺，使北极总体态势以竞争为主。二战爆发后，北极地区因其得天独厚的地理优势，成为美英和苏联运输战略物资的关键通道。而其敌手德国为了切断这一通道，曾与同盟国在此地区进行了多次海战，北极地区因大国冲突成为战乱之地。

冷战期间，大国活动再次左右了北极地区的总体态势，北极成为美国和苏联博弈的关键区域之一。鉴于北冰洋独特的区位特征，即欧亚大陆与北美大陆最北端的海上直线距离仅为 2000 多千米，北极构成美苏两国将对方置于战略核打击范围内的隐蔽场所与最短路径，也一度成为全球战略核武器部署最为密集的区域。[1] 而随着美苏对峙不断加剧，双方在北极地区部署的军事装备也在不断增多和升级。在整个冷战期间，美国和苏联在北极地区的军

---

[1] 邓贝西、张侠：《试析北极安全态势发展与安全机制构建》，《太平洋学报》2016 年第 12 期，第 44 页。

事存在和对北极地区制海权的争夺使北极成为一个高度军事化的区域。而瑞典位于美苏对峙的前线，其国家安全受到严重威胁，在整个冷战期间花费了大量资源用于国防建设，冷战巅峰时期其军队人数达到了 18 万人，与之相比，目前瑞典军队人数仅有 2 万多人。[①] 在这样的背景下，瑞典尚且无法维护其北极安全乃至国家安全，遑论投入资源促进北极地区经济发展。

而冷战末期，北极局势走向缓和，直接原因就是美苏双方的关系走向缓和。1987 年，为了改善苏联同美国的双边关系及其北方地区经济态势，戈尔巴乔夫发表了著名的"摩尔曼斯克讲话"，提出了在北欧建立无核区、减少在该地区的军事活动等 6 点建议。这一讲话基本奠定了未来一段时间北极地区总体态势的基调。从 1990 年美苏两国白令海划界，到 1991 年苏联解体后美俄两国走向合作，再到 1996 年北极国家成立北极理事会，北极地区基本态势趋向缓和，瑞典外部环境获得极大改善。因此，瑞典得以缩减国防开支以充分享受"和平红利"[②]，瑞典国防开支从 20 世纪 80 年代末占国民生产总值的 3% 下降到 90 年代末的 1.4% 左右，其北极地区经济也得到了长足的发展。

近些年来，北极总体态势再度升温也与大国活动有关。2007 年，俄罗斯在罗蒙诺索夫海岭插旗以宣示主权。在俄罗斯插旗后，北冰洋沿岸国家纷纷在北极地区开始了"蓝色圈地运动"，争夺北极大陆架的主权。俄罗斯的活动，再次改变了北极地区的整体态势。乌克兰危机后，俄罗斯和美国关系显著恶化，双方在全球的竞争蔓延到北极。俄罗斯、美国及其盟国纷纷加强了在北极的军事建设，双方在北极展开了激烈的军事对峙，北极"再军事化"态势愈加严峻。瑞典也不得不随之投入大量资源用以维护其北极地区安全，在瑞典 2020 年出台的国防战略中，决定在 2021—2025 年

① David Nikel, "Sweden to Increase Defense Spending by 40% Amid Russia Fears," https://www.forbes.com/sites/davidnikel/2020/10/16/sweden – to – increase – defense – spending – by – 40 – amid – russia – fears/? sh = 7371c6767ba2.

② 和平红利，由美国总统乔治·布什和英国首相玛格丽特·撒切尔于 20 世纪 90 年代初提出，旨在描述减少国防开支后的经济收益。

增加 40% 的军费开支，这无疑将影响瑞典用于北极地区经济和人文社会发展的能力。

显而易见，北极总体态势受到美俄等大国活动的显著影响。当大国在北极地区展开竞争时，北极总体态势不可避免地走向紧张，而当大国在北极地区选择对话和合作时，北极态势又会随之走向缓和。在北极地区总体态势受大国活动显著影响的背景下，瑞典能否实现北极政策中对北极地区国际合作、国家安全等目标也受到大国活动的显著影响，这对瑞典北极政策构成了不可忽略的挑战。

（二）区域层面：来自其他北欧国家的竞争

除了来自国际层面大国活动左右北极局势的挑战，瑞典还面临来自区域层面其他北欧国家竞争的挑战。

其他北欧国家给瑞典北极政策的实施带来了"同质化竞争"的挑战，一方面，其他北欧国家北极地区与瑞典北极地区有着较为相似的区位条件。瑞典北极地区主要包括韦斯特博滕县和北博滕省，与挪威、芬兰北极地区相邻，均位于北极圈以北，有着相对一致的气候环境。与此同时，自古以来，北极地区原住民萨米人就生活在这三个北欧国家的北极地区，这使三国的北极地区又有着十分相似的社会风貌。另一方面，其他北欧国家也有利用北极地区区位优势发展北极经济的考量。就挪威而言，挪威在其 2020 年发布的《挪威政府的北极政策》（The Norwegian Government's Arctic Policy）中明确将北极地区的"价值创造和能力发展"作为其政策重点之一。① 在这部分，挪威政府着重强调了北极地区的"矿产开发""基础设施建设""旅游业"等方面的发展，这与瑞典政府 2020 版新北极战略中将"自然资源的利用、运输和基础设施、旅游业"作为北极地区可持续发展的三大领域不谋而合。在优势条件、开发策略较为一致的背景下，其他北欧国家的北极经济发展极

---

① "The Norwegian Government's Arctic Policy," https：//www. regjeringen. no/en/dokumenter/arctic_ policy/id2830120/#tocNode_ 42.

有可能同瑞典北极地区的经济形成"同质化竞争"格局，使瑞典北极地区经济发展所获得的资源被其他国家挤占。

与此同时，与其他北欧国家相比，瑞典作为国际社会在北极地区首选合作者的优势并不突出。在安全领域，尽管瑞典将加强国际合作作为其维护北极地区国家安全的关键途径之一，提出要"深化和发展同北大西洋公约的防务合作"，但瑞典并不是北约在北极地区的首选合作对象。虽然北约十分重视同瑞典在北极地区的安全合作，但瑞典的重要性显而易见无法与北约成员国，为北约作出突出贡献受北约高度认可的挪威和丹麦相提并论。重要性的不足，使瑞典从北约、美国等获得的安全资源十分受限。在科研领域，虽然瑞典强调自己有着悠久的北极科研历史，并在北极地区提供了十分重要的研究基础设施，为北极地区的科研作出了巨大贡献。但是，与北欧其他国家相比，瑞典的北极科研实力也并未处于领先地位。同为北欧国家，2007～2016 年，挪威北极科研项目数量为 1207 项，约为瑞典同时期北极科研项目数量的 6 倍。[①] 2001～2015 年，瑞典在北极科研成果发表数量方面不仅不如挪威，而且还低于丹麦。[②] 此外，同为北欧国家的挪威和丹麦分别在北冰洋拥有科研价值十分重要的斯匹次卑尔根群岛和格陵兰岛，这是在北冰洋没有海岸线的瑞典所远远不及的。其他北欧国家在不同领域的优势，对瑞典优先获取国际社会资源带来了极大的挑战。

（三）国家层面：自身实力难以支撑北极政策

一方面，作为小国的瑞典国家实力有限，所能够调配的资源不足，难以支撑其北极政策。瑞典国土面积为 45.2 万平方公里，总人口为 1040 万人，经济高度发达，其 2018 年国内生产总值为 5561 亿美元，排世界第 23 位，

---

① "International Arctic Research Analyzing Global Funding Trends A Pilot Report," https：//digitalscience. figshare. com/articles/report/International_ Arctic_ Research_ Analyzing_ Global_ Funding_ Trends_ A_ Pilot_ Report/3811224.

② "Arctic Research Publication Trends：A Pilot Study," https：//www. elsevier. com/_ _ data/assets/pdf_ file/0017/204353/Arctic－Research－Publication－Trends－August－2016. pdf.

人均国内生产总值更是居世界 16 位。① 尽管其经济高度发达，人均国民生产总值居世界前列，但国土面积狭小、人口规模有限、军备力量不足等导致其实力有限，难以支撑其北极雄心。首先，瑞典相对狭小的国土和人口规模决定了其市场规模有限，这使其经济高度依赖国际贸易，世界银行数据显示，2018 年瑞典对外贸易占其国内生产总值的 90.5% 。② 对国际贸易的高度依赖使瑞典的北极经济开发充满了不确定性，一旦贸易环境有变，其北极经济开发势必受到影响。其次，经济规模的有限导致国家所能支配的资源有限，影响了瑞典向北极地区经济和人文社会发展投入资源的能力。此外，瑞典军事规模有限也对其维护北极安全的雄心提出了挑战。瑞典目前面临着武装部队人数不足、军事装备落后、北极地区军事存在有限等问题，这些问题共同限制了瑞典在北极地区维护其国家安全的能力。

另一方面，新冠肺炎疫情对瑞典造成了沉重的消极影响，进一步打击了瑞典实现其北极政策的能力。新冠肺炎疫情暴发后，瑞典政府并未如其他国家政府一样采取强制封锁措施，反而依靠民众自觉自愿。这导致瑞典受新冠肺炎疫情影响十分严重，俄罗斯卫星通讯社报道称，经济合作与发展组织（OECD）将瑞典列为欧洲抗击新冠肺炎疫情最糟糕的国家。③

有限的实力限制了瑞典实现其北极政策的能力，而新冠肺炎疫情的冲击更是给瑞典北极政策的实现雪上加霜。

四　结语

总体而言，同 2011 版旧北极战略相比，瑞典的 2020 版新北极战略呈现

---

① "Swedish Foreign Trade in Figures," https：//santandertrade. com/en/portal/analyse－markets/sweden/foreign－trade－in－figures.

② "Swedish Foreign Trade in Figures," https：//santandertrade. com/en/portal/analyse－markets/sweden/foreign－trade－in－figures.

③ 《瑞典被称抗击新冠疫情最糟糕的国家》，俄罗斯卫星通讯社网站，http：//sputniknews. cn/covid－2019/202011231032582369/。

延续性与发展性两大特征。北极地区气候变暖的大趋势没有变，国际社会呼吁保护生态的主旋律没有变，瑞典积极推进气候治理的坚定态度也没有变——在此基础上延续对气候环境、经济发展、人文社会三大领域发展的重视。但犹如深洋表面平静之下，仍有暗流涌动：北极的开发潜力与政治意义变得更为凸显，北极国家的身份确认与话语权争夺变得更为急切，瑞典的政治敏感变得更为强烈——增加国防军事建设的投入、努力平衡保护与开发的关系。瑞典的复杂身份使其北极战略兼有特殊性与典型性。在这样背景下，展望中瑞两国的关系，中国也需要采取多种措施，加强同瑞典的民间和官方往来，促进中瑞双方在北极乃至其他领域的双边关系良性发展。

B.12
挪威北极海洋空间规划进展与启示

唐泓淏 余 静 岳 奇 董 跃 马 琛 杨湘艳 李学峰*

摘 要： 海洋空间规划是实现基于生态系统的海洋管理的重要手段，
在北极海域，虽有多国开启了海洋空间规划进程，但目前仅
有挪威完成了海洋空间规划编制工作。通过对挪威在北极海
域内的两项海洋空间规划文本进行解析，分析其编制过程，
可以发现挪威在基于极地特殊生态系统的分区方法和管理措
施、规划动态编制实施和灾害风险管理等方面的优势。对我
国的启示主要包括：应对气候变化和生态系统保护是北极海
洋空间规划核心议题；北极海洋空间规划成为维护和拓展挪
威北极权益的重要手段；国际合作是北极海洋空间规划的必
要条件；我国应积极探索参与北极海洋空间治理的合作
路径。

关键词： 北极海域 海洋空间规划 基于生态系统的管理 国际合作

海洋空间规划（Marine Spatial Planning，MSP）是通过分析、规划海域
内人类活动的时间和空间分布，在保护生态环境的基础上，兼顾社会目标和

---

* 唐泓淏，男，中国海洋大学海洋与大气学院博士研究生；余静，女，中国海洋大学海洋与大
气学院副教授；岳奇，男，博士，国家海洋技术中心副研究员；董跃，男，中国海洋大学法
学院教授，中国海洋大学海洋发展研究院高级研究员；马琛，女，中国海洋大学海洋与大气
学院博士研究生；杨湘艳，女，中国海洋大学海洋与大气学院硕士研究生；李学峰，男，博
士，国家海洋技术中心助理研究员。

经济目标，并由政治程序加以确定的公众过程，是实现海岸带综合管理的重要工具。①北极海域在地理位置、气候条件、资源环境等方面条件极为特殊，在较长的历史时期内人类活动相对较少，海洋开发利用水平明显落后。近年来，由于气候变化的影响和外界经济因素的驱动，北极生态系统及其居民面临着冰依赖物种（ice-dependent species）的消失、人类活动的加剧及生态系统服务的损失等巨大变化，北极海域的生态环境保护和人类利用活动之间的矛盾逐渐显现。通过基于生态系统的方法来管理北极日益增加的人类活动，平衡保护和开发利用已成为迫切需求。海洋空间规划将此种理念转变为管理实践，作为综合管理人类活动的工具，其目的是减少各种人类活动之间、人类活动与生态和环境保护之间的冲突和矛盾，从而实现海洋资源的可持续开发利用。②

挪威是北极理事会的初始成员国，又在北极的挪威海和巴伦支海拥有专属经济区海域，在北极地区事务中占有重要地位，因而较早地在北极海域开展了海洋空间规划工作，且已经形成了较为完善的北极海域海洋空间规划体系。本文以挪威发布的北极海洋空间规划文本为依据，对其在北极海洋空间规划编制、修订和实施方面的进展进行解析，探索其空间规划的主要特点和经验价值，提出对我国参与北极空间治理的启示。

一　北极国家海洋空间规划现状

北极海域包括北冰洋及其附属的边缘海区域，③拥有航运、资源、科研等多方面的重要价值，同时又是最容易受到全球气候变化影响的区域之一。在北极国家中，挪威、丹麦、冰岛、俄罗斯、美国和加拿大在北极地区拥有

---

① 张翼飞、马学广：《海洋空间规划的实现及其研究动态》，《浙江海洋学院学报（人文科学版）》2017年第3期。
② C. N. Ehler, *Pan-Arctic Marine Spatial Planning*: *An Idea Whose Time Has Come*, Berlin, Heidelberg: Springer, 2014: 199 – 213.
③ 白佳玉、李玲玉：《北极海域视角下公海保护区发展态势与中国因应》，《太平洋学报》2017年第4期。

领海或专属经济区海域。近年来，为实现保护海洋生态系统健康、协调用海冲突、促进海洋的可持续利用等目标，已有多个国家开启了北极海洋空间规划进程。

整体而言，北极海洋空间规划尚处于起步阶段。实际完成海洋空间规划并落地实施的只有挪威一国，挪威的两项规划定期根据海洋环境、海洋开发利用方式的变化和数据库的更新进行修订，充分体现适应性管理的特点，其他北极国家的北极地区海洋空间规划基本处于规划分析阶段。对美国而言，北极地区的经济利益是其北极政策的重点，特朗普政府上台后，已经开启了在阿拉斯加北极海域进行海岸带和海洋空间规划（Coastal and Marine Spatial Planning，CMSP）的讨论。美国学者认为在阿拉斯加实施海洋空间规划前应进行更多的基础工作以建立利益相关者之间的互信，同时强调政府领导者协调的重要性。[①] 鉴于美国在大西洋和太平洋沿岸有成熟的海洋空间规划实践和海洋管理经验，因此可以设想未来美国北极海域的海洋空间规划不会缺席。俄罗斯目前只进行了几个 MSP 试点项目，均位于俄罗斯与他国毗邻的海区（芬兰湾、波罗的海、黑海和巴伦支海）。在油气和渔业资源丰富的巴伦支海和喀拉海，俄罗斯对该地区的生态脆弱性和行业之间的冲突进行了分析，为海洋空间规划的编制做了初步准备。此外，远东地区是俄罗斯经济规划中的重点，为了促进远东地区的发展，俄罗斯已在其远东海洋区域开始实施海岸带综合管理和初始的海洋空间规划。加拿大虽然早就于 2009 年完成了波弗特海的海洋空间规划，但由于资金和政策等，尚未能实施。2016 年，丹麦出台《海洋空间规划法案》，为丹麦海洋空间规划的实施建立法律框架。2013 年 10 月，冰岛开始编制新的《国家规划战略（2015—2026）》［National Planning Strategy（2015 - 2026）］，该战略文件为 MSP 提供了背景信息，但其内容、形式仍在编制中。

由于北极地缘政治的复杂性，北极地区至今仍缺少一个像欧盟《海洋

① B. W. Collier, "Orchestrating Our Oceans: Effectively Implementing Coastal and Marine Spatial Planning in the US," *Sea Grant Law and Policy*, 6 (2013): 77.

空间规划指令》这样的总体指导性纲领文件来统筹指导北极各国和域外国家在北极海域参与编制海洋空间规划，也缺少强制性机制来推动北极地区各国海洋空间规划的编制进程。挪威对北极海域的开发最为成熟，北极地区海洋产业已经对挪威国家经济发展和社会福利作出巨大贡献，因而挪威在北极海域较早地开始管理协调其管辖海域内人类活动与海洋环境保护之间的冲突，以期实现其北极海洋经济的长久发展。由于急于获取北极地区资源开发带来的经济效益、北极地区发展相对落后和国家经济投入有限、国家综合实力不足等，其他北极沿岸国家未能及时推进以生态系统保护和海洋产业可持续发展为目标的海洋空间规划进程。

二 挪威北极海洋空间规划进程

挪威拥有的北极管辖海域面积广阔，主要包括挪威海北部、斯瓦尔巴群岛周边海域（挪威单方面建立的渔业保护区）和巴伦支海西部的挪威领海和专属经济区。根据挪威海洋管理体制，内水和 1 海里以内的领海海域归沿海地方管辖，适用于挪威《国家规划和建筑法》中的"水管理规章"[①]，并由地方当局规划管理；除此以外的领海、专属经济区和大陆架海域由挪威政府海事管理机构统一管辖。为了在管理中维持海洋生态系统结构和功能的完整性以及生物多样性和生产力，挪威政府根据大海洋生态系统（Large Marine Ecosystems，LMEs）分布情况将其管辖海域划分为 3 个海区，其中管辖范围包括北极海域的是巴伦支海和罗弗敦群岛海域、挪威海海域。

2002 年挪威环境部领导的海洋空间规划指导委员会成立，开启了制订巴伦支海 - 罗弗敦群岛地区海洋环境综合管理计划（以下简称"巴罗计划"）的进程，"巴罗计划"覆盖范围包括罗弗敦群岛沿岸领海基线 1 海里外的挪威领海和专属经济区海域，以及斯瓦尔巴群岛周围的渔业保护区

---

① 方春洪、刘堃、滕欣等：《海洋发达国家海洋空间规划体系概述》，《海洋开发与管理》2018 年第 4 期。

（挪威单方面建立）海域，总面积超过 140 万平方千米。巴罗计划编制过程经历了三个阶段（见图 1）。第一阶段中，指导委员会确定了总体目标并划定了管理区域边界，规划目标主要包括两方面：（1）提供可持续利用巴伦支海和罗弗敦群岛海域自然资源和商品的管理框架；（2）维持该地区生态系统的结构、功能和生产力。此外，指导委员会汇总了环境、资源和社会经济等领域的现状报告，总结了规划必要的现状信息。以第一阶段的现状报告为基础，在第二阶段指导委员会进行了全面的战略环境评估（Strategic Environmental Assessments），涵盖了最有可能对海洋环境产生影响的渔业、油气和海运行业，此外还评估了外部压力对海域生态环境的影响，如气候变化、长距离跨界污染、海洋酸化、沿海地区污染排放以及外来物种入侵。规划编制的第三阶段汇总了各行业和外部压力的环境影响评价结果，综合评估了跨部门的累积环境影响，识别了部门间的利益冲突并指出规划过程与规划目标间的知识差距。根据 2006 年各行业活动水平和发展趋势，指导委员会还对 2025 年不同行业预计活动水平情景下的累积影响进行了评估。[1] 以综合评估的结果为依据，指导委员会在第三阶段完成了定义海域管理目标、制订环境监测程序、识别脆弱性区域和利益冲突等海洋空间规划的主体部分（见图 1）。

2006 年挪威议会批准发布了第一份海洋空间规划白皮书——《巴伦支海和罗弗敦群岛海域海洋环境的综合管理》，这也是挪威政府在其北极管辖海域内制订的首个海洋空间规划文件。作为基于大海洋生态系统的战略规划，挪威制订的巴罗计划旨在实现整体的基于生态系统的管理。[2] 根据基于生态系统管理的国际准则，巴罗计划为管理区域内的主要人类活动（油气工业、渔业和航运）制订了总体框架，以确保巴伦支海 - 罗弗敦地区海洋

① G. Ottersen, E. Olsen, G. I. V. D. Meeren et al., "The Norwegian Plan for Integrated Ecosystem-based Management of the Marine Environment in the Norwegian Sea," *Marine Policy*, 35, 3 (2011): 389 – 398.

② S. E. Schütz, A. M. Slater, "From Strategic Marine Planning to Project Licences – Striking a Balance between Predictability and Adaptability in the Management of Aquaculture and Offshore Wind Farms," *Marine Policy*, 2019, 100: 103556.

2002年			2006年
第一阶段	第二阶段	第三阶段	
现状报告 ·有价值区域 ·环境和资源 ·环境活动 ·社会经济条件 范围界定 ·管理区域划界 ·制订目标	战略环境评估 ·渔业 ·海洋运输业 ·油气活动 ·外部压力	综合评估 ·管理目标 ·环境监测 ·人类总体影响 ·脆弱性区域和利益冲突 ·知识差距	巴伦支海–罗弗敦群岛地区海洋环境综合管理计划

图1　巴伦支海－罗弗敦群岛地区海洋环境综合管理计划技术流程

资料来源: M. Knol, "Scientific Advice in Integrated Ocean Management: The Process towards the Barents Sea Plan," *Marine Policy*, 34, 2 (2010): 252 - 260。

生态系统的健康和可持续生产。巴罗计划为实现整体的基于生态系统的管理而制订的主要措施包括：（1）实施基于区域的管理，海域内的活动和措施都要以保护海洋生态系统和环境质量为前提；（2）保护特别有价值区域和脆弱性区域（Particularly Valuable and Vulnerable Areas, PVVA）免受负面影响，尤其是石油污染的威胁；（3）减少海域的长期污染；（4）加强渔业管理；（5）通过协调和系统性的环境监测确保海洋环境的健康发展；（6）加强海域调查和科学研究，为规划的知识和数据基础提供保障。

挪威政府在完成巴罗计划之后，以其为蓝本建立了挪威海综合管理计划，于2009年5月由挪威议会批准施行，挪威海综合管理计划覆盖面积接近120万平方千米，包括了斯瓦尔巴群岛西侧的部分北极海域。挪威海综合管理计划旨在保持这一地区较高的环境价值，同时为挪威经济发展创造更多机会。挪威海综合管理计划工作的组织在很大程度上遵循了巴罗计划的方法（见图2）。在挪威传统的海洋管理模式中，海洋环境的管理责任是由几个部门分别承担的，为了解决海域内不同行业间共存而产生的冲突，就必须实现管理部门间的有效合作，因而挪威政府机构、研究所和各部分理事会的专家共同参与了挪威海空间规划的编制过程。为了以利益冲突最小化的方式来规划和开展挪威海的商业活动，挪威海综合管理计划为区域内的石油和天然气工业、渔业、海上交通运输业和自然环境保护制订了包括各类空间管理措施在内的具体管理行动，包括保护珊瑚礁和其他海洋生境、建立石油活动框架等空间管理措施。①

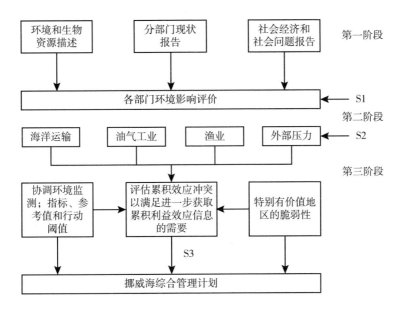

图2 挪威海基于生态系统的综合管理计划的技术流程

注：S1：利益相关者对环境影响评价（EIAs）计划的书面反馈；S2：利益相关者对环境影响评价的书面反馈；S3：利益相关者听取累积效应评估听证会。

资料来源：M. Knol，"Scientific Advice in Integrated Ocean Management：The Process towards the Barents Sea Plan," *Marine Policy*，34，2（2010）：252–260。

三 挪威北极海洋空间规划主要特点

（一）有效实施基于生态系统的管理

挪威北极的两项海洋空间规划工作首先建立在识别海域生态系统状况的

---

① http：//msp. ioc – unesco. org/world – applications/europe/norway/norwegian – sea/.

基础上，包括对海洋初级和次级生产力、底栖生物种群、经济鱼类物种、海鸟、海洋哺乳动物和生物多样性的调查和评估。据此，规划在空间措施中提出了一种生态学分区方式——特别有价值区域和脆弱性区域，将其作为影响整个海区生物多样性和生物生产的重要保护区域。在巴罗计划中，管理者根据选定的价值和脆弱性标准划定了四类特别有价值区域和脆弱性区域的大致范围，分别为边缘冰区（Marginal Ice Zone）、极锋区（Polar Front）、挪威北部近岸海区和斯瓦尔巴群岛周边海区。① PVVA 在区域生物多样性保护中具有重要的生态功能，例如分布着鱼类产卵场和冷水珊瑚栖息地等。以 PVVA 范围为基础，挪威在 MSP 中确定了人类活动的空间准则，划定了油气开发限制区和开放区，尽管 MSP 本身不是用于批准或驳回油气活动申请的法律文书，但挪威油气法规定油气开发许可证的申请必须考虑 MSP。②

为了保护海洋生态系统，挪威将保护海域内生物多样性安全作为海洋空间规划的重要目标之一，制订了基于生态系统的具体管理措施，并以定量和定性分析相结合的方式对油气开发等人类的累积影响和事故风险进行了评估。③ 此外，在 2011 年巴罗计划的首次更新中，引入了生态系统服务的概念来描述海洋生态系统的效益，为量化海域内生态系统对人类的价值奠定了基础。

（二）动态编制海洋空间规划

由于极地气候的持续变化和人类经济活动的不断增多，挪威北极海域的生态环境状况和人类活动压力也处于动态变化中，挪威十分注重北极海洋空

---

① Ministry of Climate and Environment of Norway, "Integrated Management of the Marine Environment of the Barents Sea and the Sea Areas off the Lofoten Islands," https：//www. regjeringen. no/en/dokumenter/Report – No –8 – to – the – Storting – 20052006/id456957/.

② N. J. L. A. Rodriguez, "Comparative Analysis of Holistic Marine Management Regimes and Ecosystem Approach in Marine Spatial Planning in Developed Countries," *Ocean & Coastal Management*, 137, 3（2017）：185 –197.

③ E. Olsen, S. Holen, A. H. Hoel, et al., "How Integrated Ocean governance in the Barents Sea was created by a drive for increased oil production," *Marine Policy*, 71, 9（2016）：293 –300.

间规划的时效性。以巴伦支海－罗弗敦群岛地区为例，挪威每 4 年对规划进行一次修订和更新，不断更新、补充基础数据和信息，为规划提供更好的科学依据。

挪威政府在 2011 年发布的《巴伦支海－罗弗敦群岛地区海洋环境综合管理计划的首次更新》[①] 中就对海域环境状况进行了更为深入和系统的调查，重点补充了海区内海鸟和底栖生物群落的数据，为特别有价值区域和脆弱性区域的选划提供了更有力的科学依据。针对海洋资源开发利用活动的新进展，挪威在管理计划更新中对新兴的海洋旅游业、海洋生物资源勘探、近海可再生能源开发等海洋产业也做了充分评估。为了保护和可持续利用海洋生态系统，第二轮规划提出了进一步的管理措施：（1）要求政府对挪威海域进行一般性立法，限制拖网捕捞以保护海底珊瑚和海绵生物群落；（2）进一步加强对重要海鸟种群的监测，了解种群衰退的原因；（3）对油气开发活动进行环境影响评价，并更新了 2006 年管理计划提出的油气管理框架。

2014～2015 年，挪威对巴罗计划进行了第二次更新，重点关注北极地区气温、水温上升和海冰范围缩小对规划海域生态系统的影响。同时对规划管辖海域北部（接近北极的部分，包括斯瓦尔巴群岛及其周边海域，该区域最先受到气候变化的显著影响）[②] 的主要海洋经济活动（渔业、海上运输、油气开发活动）进行了环境影响评估，以应对该海域面临的气候变化影响的挑战。在之前版本的管理计划中，使用 1967～1989 年的海冰卫星数据确定并描述了边缘冰区，然而近年来巴伦支海海冰范围的持续萎缩使以往数据失去了时效性。在新版管理计划中，挪威政府根据 1985～2014 年的海

---

① Ministry of Climate and Environment of Norway，"First update of the Integrated Management Plan for the Marine Environment of the Barents Sea－Lofoten Area—Meld. St. 10（2010－2011）Report to the Storting（white paper），" https：//www. regjeringen. no/en/dokumenter/meld. － st. －10－20102011/id635591/.

② Ministry of Climate and Environment of Norway，"Update of the integrated management plan for the Barents Sea－Lofoten area including an update of the delimitation of the marginal ice zone—Meld. St. 20（2014－2015）Report to the Storting（white paper），" https：//www. regjeringen. no/en/dokumenter/meld. － st. －20－20142015/id2408321/.

冰数据更新了边缘冰区的范围，将其作为一个特别有价值区域和脆弱性区域，并对边缘冰区内的生态状况及变化趋势、海洋开发利用活动等进行了系统分析。

2020 年 4 月 24 日，挪威政府发布最新修订的海洋空间规划文本——《挪威海域综合管理计划》，首次将挪威全部的海洋综合管理计划纳入一份文件中，明确挪威北极海洋空间规划的目标是可持续利用海洋资源和生态系统，促进海洋经济发展，同时保护生态系统的结构、功能、生产力和生物多样性。为了应对在北极海域日益增长的油气开发需求，挪威政府采取了新的空间管理措施，将巴伦支海南部的油气开发活动边界北移至新的边缘冰区（4 月中 15% 天数被海冰覆盖的海域）。①

（三）重视灾害风险管理的作用

溢油灾害对海洋生态环境的影响巨大，且具有不可逆转和难以恢复的特点。对于海洋生态系统相对脆弱的北极海域而言，灾害风险管理不容忽视。进入 21 世纪以来，俄罗斯西北部油气海上运输量持续增加（主要通过巴伦支海和挪威海运往西欧），挪威北极海域近岸油气资源的勘探和开发活动也不断增多，带来的石油污染风险严重威胁着挪威北极海域的生态安全。因此，挪威在北极海域的每一轮海洋空间规划中都将风险评估和灾害性污染影响作为重要内容，并提出多项航运管理措施，包括：（1）加强海运数据库建设，建立更完善的航运统计系统；（2）加强与俄罗斯的合作，分析和确定海域内船只运输的石油类型，并为建立不同类型石油数据库进行必要性评估；（3）在斯瓦尔巴群岛海洋保护区内，对载有重油的船舶进行通航限制；（4）加强海域内气象观测站建设。此外，挪威政府为离岸 30 海里内的国际航运制订了新的强制性路线和交通隔离计划，并将其作为优先施行的政策。为了

---

① Ministry of Climate and Environment of Norway，"Integrated Management Plans for the Norwegian Sea-Barents Sea and the Maritime Areas of the Lofoten, Norwegian Sea, North Sea and Skagerrak. (white paper)," https：//www. regjeringen. no/no/dokumenter/meld. – st. – 20 – 20192020/ id2699370/? ch ＝9#kap9 – 5.

应对油气开发活动增加所带来的威胁，在对特别有价值区域和脆弱性区域进行评估和严重石油污染风险评估的基础上，挪威决定在区域内建立一个油气开发的分区管理框架，在部分重要区域限制或禁止油气勘探和开发活动。[①]

四　挪威北极海洋空间规划的启示

（一）应对气候变化和保护生态系统是北极海洋空间规划核心议题

在外部经济压力和气候变化影响的驱动下，北极地区的生态系统和居民正面临前所未有的巨大变化。这些变化包括冰依赖物种的减少、北极地区人类开发利用活动的加剧，以及北极生态系统服务功能的损失。随着北极变暖、海冰融化、生态系统变化，同时技术不断进步，人类对自然资源的需求增加，北极海域的产业机遇也凸显出来——更短的国际航道、原始的渔场、油气勘探开发的新领域、商业旅游的新场所。自然环境变化和人类活动加剧对北极独特的生态环境和社会环境带来新的风险。为了应对这些风险，挪威将基于生态系统的管理作为其北极海洋空间规划的核心理念和方法，重点关注和评估了各类海洋产业对于海洋初级和次级生产力、底栖生物种群、经济鱼类物种、海鸟、海洋哺乳动物和生物多样性等受体和对象所造成的环境影响和生态压力。以此为依据，挪威在规划中提出了降低海洋产业累积影响和

①　Ministry of Climate and Environment of Norway, "Integrated Management of the Marine Environment of the Barents Sea and the Sea Areas off the Lofoten Islands," https://www.regjeringen.no/en/dokumenter/Report-No-8-to-the-Storting-20052006/id456957/.
Ministry of Climate and Environment of Norway, "First Update of the Integrated Management Plan for the Marine Environment of the Barents Sea-Lofoten Area—Meld. St. 10 (2010-2011) Report to the Storting (white paper)," https://www.regjeringen.no/en/dokumenter/meld.-st.-10-20102011/id635591/.
Ministry of Climate and Environment of Norway, "Update of the Integrated Management Plan for the Barents Sea-Lofoten Area Including an Update of the Delimitation of the Marginal Ice Zone—Meld. St. 20 (2014-2015) Report to the Storting (white paper)," https://www.regjeringen.no/en/dokumenter/meld.-st.-20-20142015/id2408321/.

应对环境风险的诸多措施，同时从空间上对各行业的共存进行了协调和统筹安排。因此，挪威的北极海洋空间规划有效平衡了开发利用活动与海洋环境保护之间的关系，对北极海洋生态系统的可持续利用具有重要意义。

中国作为地理上的近北极国家，北极生态环境保护和北极海洋环境变化对我国环境系统产生直接影响，包括海冰融化造成的海平面上升，北极大气环境变化对我国气候产生的影响等。同时北极气候变化也使我国参与极地资源商业开采和利用北极航道的机会增加。因此，中国有权对北极海洋空间规划中气候变化和生态系统保护的核心议题提出关切，也应当充分利用自身在极地科考和全球气候变化研究中的技术优势，与北极国家和国际组织展开广泛的科学研究合作，为参与极地空间治理积累数据基础，提升在北极区域国际合作中的科学话语权。

（二）北极海洋空间规划成为维护和拓展挪威北极权益的重要手段

北极国家维护和拓展其北极权益的传统制度手段主要是制定战略和进行国内立法，挪威就是非常典型的例子。为维护和拓展在斯瓦尔巴群岛的权益，挪威在《斯匹次卑尔根群岛条约》赋予的空间内，出台了一系列的专门法。而北极海洋空间规划的制订，使挪威又多了一项制度工具，并且和其法律制度相互配合，大大拓宽了其保障自身北极权益的空间。例如，挪威的《规划与建筑法》《自然多样性法》《文化遗产法》《污染法》《水产养殖法》《港口和水域法》《海洋资源法》等国内法是其北极海洋空间规划的编制和实施依据，但这些法律目前仅适用于挪威领海。[1] 在广阔的北极域内的专属经济区海域内，依据《联合国海洋法公约》，沿海国有对海洋科学研究、海洋环境的保护和保全事项的管辖权。挪威在北极海洋空间规划中采取了一系列措施预防、监测溢油和其他海上安全事故的发生，并对国际航道提出空间

---

[1] Ministry of Local Government and Modernisation of Norway，"Laws and Guidelines for Planning and Resource Surveillance in Coast Areas，" https：//www. regjeringen. no/no/dokumenter/lover - og - retningslinjer - for - planlegging - og - ressursutnytting - i - kystnare - sjoomrader/id2616581/? ch = 2#id0021.

调整建议，使《联合国海洋法公约》以及其国内的相关涉海法律的规则得以落实和执行。

另外，海洋空间规划有效弥补了挪威现有政策法律在保障本国北极权益方面的不足。进入 21 世纪以来，北极之所以上升为国际战略焦点地区，是因为气候变化/环境变化导致其地缘经济（航道、资源）与地缘军事意义（军事战略位置）的显现；而导致北极海域治理秩序快速变化很大的原因是其海洋空间、海洋边界的模糊性。对于各国而言，以环境资源为核心的北极权益空间不断扩张和变动，囿于国家战略和立法的稳定性和时滞性，面对北极问题，往往左支右绌，很难作出有效适时的因应。而海洋空间规划作为一种适应性管理工具，在规划实施过程中随着数据的更新会定期进行调整和修订。同时，面对快速变化的北极环境，海洋空间规划对未来环境状况进行及时评估，具有较强的前瞻性。因此，海洋空间规划在其编制和实施的实践过程中，一方面可以利用海洋空间规划相关的各类划区管理工具弥补相关战略特别是立法的不足，另一方面也可以为挪威未来政策法律体系的更新和国际议程立场及建议的选择提供科学依据。

（三）泛北极海洋空间规划具备区域国际合作的技术条件

挪威在北极海洋空间规划中强调与北极理事会和俄罗斯在海洋生态系统保护方面开展国际合作，同时积极参与国际海事组织特别敏感区域的划定。随着北极地区人类活动压力的增加和气候变化加剧，北极沿岸国家在本国管辖海域内有效管理海洋空间势在必行。未来北极人类活动将主要分布在海上交通运输业、油气资源开采、采矿业、水产养殖、渔业和城镇化等各方面。当前北极各国将在本国管辖海域范围内实施海洋空间规划，表现为一种分散的渐进式发展趋势。此外，北极地区共同利益的集聚也让北极国家将更广范围内的合作提上议程。因此，可以预计短期内北极海洋空间规划的国际合作很可能会以"跨国规划"（transnational planning）的形式出现，例如各国在管辖海域范围内对跨界航道、管道和电缆等空间权益上的协商。

气候变化给北极沿岸国家带来了需要面对的共同威胁——快速变化的生

态系统和不断加剧的人类活动威胁，在泛北极海域内合作建立海洋保护区网络近年来开始成为北极国家和国际关注的议题。芬兰政府在其 2013 年北极战略中表示希望建立一个"北极地区，特别是北极点周围海域的海洋保护区网络"，欧洲议会在 2014 年提出支持"建立北极保护区网络，特别是保护沿岸国专属经济区之外的北极点周围的国际海域"[①]，北极理事会保护北极海洋环境工作组（PAME）在 2015 年的泛北极海洋保护区网络框架中指出，需要"根据共同标准、目标或目的，确定泛北极范围内需要保护的重要海洋区域类型"[②]。挪威北极海洋空间规划中选划的"特别有价值区域和脆弱性区域"（PVVA）对于保护气候变化背景下的海洋生物多样性具有重要意义，可作为北极海洋保护区选划的重要基础。以 PVVA 中的北极"边缘冰区"（即冰层边缘附近受开阔海洋过程影响的区域，主要分布在北冰洋临近的太平洋部分、加拿大北极群岛、巴芬湾和哈德逊湾、巴伦支海和卡拉海）类型为例，北极气候变暖造成的海冰范围和厚度相应减少使北冰洋的边缘冰区发生迅速变化，由此带来的北极海洋—海冰—大气界面的变化对海冰和下层海水中的初级和次级生产者产生了直接影响，进而带动整个边缘冰区的生物地球化学过程快速响应，[③] 因而边缘冰区对于泛北极海域的保护区网络建立具有重要的研究价值，挪威"特别有价值区域和脆弱性区域"的划定和管理过程可以为泛北极区域内的边缘冰区的生物生态保护提供有效参考。

　　除了国家管辖海域范围外，北极海域内还有大面积的公海区域，海冰的逐渐消融将增加这一区域的经济开发活动，但跨部门和跨境管理的缺乏可能

① N. Wegge, "The Emerging Politics of the Arctic Ocean. Future Management of the Living Marine Resources," *Marine Policy*, 51, 1 (2015): 331 – 338.

② Arctic Council, Protection of the Arctic Marine Environment (PAME) Secretariat, Framework for a Pan-Arctic Network of Marine Protected Areas, https://oaarchive.arctic – council. org/ bitstream/handle/11374/417/MPA_ final_ web. pdf.

③ D. G. Barber, H. Hop, C. J. Mundy et al. , "Selected Physical, Biological and Biogeochemical Implications of a Rapidly Changing Arctic Marginal Ice Zone," *Progress In Oceanography*, 139, 12 (2015): 122 – 150.

会给这片公海区域带来负面的经济和环境影响。① 为了实现北极公海这一区域的跨部门和跨境管理，有必要在北极国家和国际社会广泛合作的基础上，推行泛北极的海洋空间规划进程。北极公海区域涉及资源开发利用的空间治理主要以国际海事组织、国际海底管理局、国际渔业组织等国际组织和机构主导，北极理事会作为政府间论坛，在北极公海区域难以进行具有法律效力的管理活动，主要以保护海洋环境和生物多样性为原则进行科学考察和生态系统评估。此外，未来公海油气资源、渔业和航道的开发，可能促使国际组织或各国合作在某些如油气和渔业资源丰富的"热点"海域先行进行海洋空间规划，以平衡开发和保护的关系。中国应从参与极地海洋资源开发和利用北极航道的自身需求出发，寻求与北极国家开展多种形式的双边和多边合作，在北极区域积极推进"一带一路"建设海上合作设想，在资源合作开发区域内，与北极国家开展海洋空间规划合作试点项目，实现双方在北极地区社会经济效益和环境效益的最大化。

（四）中国应积极探索参与北极海洋空间治理的合作路径

在北极各国专属经济区海域内，沿海国对其享有主权权利和管辖权。② 目前，多个国家已经开启了海洋空间规划进程，对国家管辖范围内的北极海域实施基于生态系统的管理。海洋空间规划作为一种以国家法律为依据，政府强制实施的管理手段，体现了国家对其管辖海域的实际控制和有效管理。中国作为近北极国家，在北极并无实际管辖海域，与北极沿岸国在其专属经济区内进行空间治理合作面临多种困难。在北极海洋空间规划实践中，以挪威为代表的北极沿岸国主要展现出与北极理事会（Arctic Council）、保护东北大西洋海洋环境公约（OSPAR）组织等区域性组织的海洋管理协作意愿，

---

① R. Edwards, A. Evans, "The Challenges of Marine Spatial Planning in the Arctic: Results from the ACCESS Programme," *AMBIO*, 46, 3 (2017): 486–496.

② "United Nations Convention on the Law of the Sea," http://www.un.org/Depts/los/convention_agreements/texts/unclos/closindx.htm.

以及与其他北极沿岸国乃至发展中国家的信息共享和技术交流。^① 因而，中国应主要从科学和技术层面参与北极海洋空间规划进程。第一，中国应充分发挥科学考察的技术优势，与挪威等北极沿岸国开展广泛的北极科考合作，为中国参与北极区域的空间治理积累宝贵的科学数据和资料，也为北极沿岸国海洋空间规划提供最新的科学依据。第二，中国应抓住"全球海洋空间规划（MSPglobal）"加速推广的历史机遇，在政府间海洋学委员会框架下加快推广中国海洋空间规划的技术和经验，及早促成并参与 MSPglobal 的区域试点项目，增强中国在国际空间治理中的科学话语权。第三，中国应以建设"冰上丝绸之路"合作平台为重塑北极合作机制的路径，秉承"尊重、合作、共赢"的基本理念，参与北极地区资源开发利用，加强航道开发和基础设施建设，从环境保护、基础设施建设等低敏感度领域着手，提升环境保护和污染治理能力，获得北极国家的技术认可，^② 逐步加强与北极域内外国家的合作，^③ 通过深入的双边和多边合作深化中国与北极国家的共同利益，使其在海洋空间规划等空间治理进程中更多考虑中国在北极的航行、科考和资源开发利用等权益。第四，中国应积极参与北极理事会等国际组织在北极海域的划区管理工作。北极理事会《附属机构观察员》（Observer Manual For Subsidiary Bodies）手册规定："正式观察员可以参与北极理事会工作组层面的事务。"在北极海域，北极理事会下属的工作组已进行了大海洋生态系、高生态和文化意义区域（areas of heightened ecological and cultural significance）等海洋划区管理工作，《生物多样性公约》附属机构也完成了北极地区 13 个生态与生物重要性区域的选划。然而中国作为北

---

① Ministry of Climate and Environment of Norway, "Update of the Integrated Management Plan for the Barents Sea – Lofoten Area including an Update of the Delimitation of the Marginal Ice Zone—Meld. St. 20（2014–2015）Report to the Storting（white paper），" https：//www. regjeringen. no/en/dokumenter/meld. – st. – 20 – 20142015/id2408321/.

② 秦树东、李若瀚：《新时期中国参与北极治理：身份、路径和方式》，《华东理工大学学报（社会科学版）》2019 年第 5 期。

③ 谢晓光、程新波、李沛坤：《"冰上丝绸之路"建设中北极国际合作机制的重塑》，《中国海洋大学学报（社会科学版）》2019 年第 2 期。

极理事会观察员国之一，目前在北极理事会工作组中的科研人员数量极少，对国际组织在北极海域的划区管理工作参与度也相当低。为了加强中国参与北极空间治理的能力，获取更多北极海域的基础数据，中国应更多地参与国际组织在极地的环境保护、划区管理的工作，培养一批参与极地海洋空间规划的人才。

在国家管辖海域外的北极公海，尚无国家进行海洋空间规划研究，北极理事会等国际组织也仅在海洋保护区、大海洋生态系、公海渔业资源管理等方面进行了研究和合作。为了提前预防中北冰洋公海区域无管制的捕鱼活动，北冰洋沿岸五国与包括中国在内的其他受邀请国家或地区在2018年10月3日签署了《防止中北冰洋不受管制公海渔业协定》，该协定成为国际法秩序下北极公海的第一个空间治理协定。[1] 中国应以更积极的态度参与北极公海区域的国际规则制定，尤其是当前正在进行的"在《联合国海洋法公约》框架下就养护和可持续利用国家管辖外区域海洋生物多样性（BBNJ）拟订一份具有法律约束力的国际文书"的政府间谈判，在公海生物遗传资源的获取与惠益分享、公海海洋保护区的管理模式等议题中维护中国的利益。

《中国的北极政策》白皮书在结束语中指出，北极治理需要各利益攸关方的参与和贡献，中国作为近北极国家，可以考虑抓住机遇，从加强生态环境和生物多样性保护、促进北极地区可持续发展的角度，积极探索与北极国家开展海洋环境保护、科研、海洋经济等领域合作的路径，特别是利用海洋空间规划制订中的"公众参与"路径，结合自身立场和需求，适当介入到北极沿岸国的北极海洋空间规划的进程中去，发挥一定的影响力。

五　结语

极地治理的关键是极地经济活动与生态及环境保护的平衡。海洋空间规

---

[1] 孟令浩：《〈防止中北冰洋不受管制公海渔业协定〉的检视与中国的应对》，《海南热带海洋学院学报》2019年第3期。

划通过对海上人类活动时间和空间的分配，得以实现经济效益、社会效益和环境效益的平衡，这与极地治理的需求不谋而合。通过海洋空间规划的实践，可在充分考虑极地生态、环境和开发现状的基础上对未来的开发和保护作出安排，既可使极地的生态和环境得以维持，又能实现极地资源的开发和航道的开辟，从而为极地治理提供有效的实施工具。在北极海域这一特殊区域内，挪威进行的海洋空间规划工作具有重要的借鉴意义。《中国的北极政策》白皮书提出，中国是北极事务的重要利益攸关方，中国在地缘上是"近北极国家"。当前，大多数北极域内国家对域外国家参与北极事务持开放和包容的态度。我国应以尊重北极各国主权、主权权利及合法管辖权为前提，① 与北极国家开展经济、科研和环境保护合作等多领域合作，推进北极科学考察进程，积累北极海洋的基础信息数据，为参与北极海洋空间治理奠定科学基础。

---

① 朱燕、王树春、费俊慧：《中俄共建冰上丝绸之路的决策变迁考量》，《边界与海洋研究》
2019 年第 2 期。

B.13
大变局背景下的丹麦北极政策转型[*]

陈奕彤　朱孟伟[**]

摘　要：　距2011年丹麦政府所颁布的《2011—2020年丹麦王国北极战略》已过去十年，在这十年中，美俄在北极地区的角力不断升级，北极转向大国竞争的舞台成为公认的事实。在此大变局背景之下，各国均采取行动调整本国北极战略，以获得在北极地区的利益。作为北极国家的丹麦，在战略更新的关键节点显得十分被动。即便目前丹麦在北极地区的定位尚不明确，但仍有诸多有利因素能够促进其改变自身尴尬处境。

关键词：　丹麦　北极政策　北极治理

一　引言

2019年5月的第11届北极理事会部长级会议上，时任美国国务卿蓬佩奥称"北极已经成为权力和竞争的舞台"。美俄两国在北极地区不断升级的军事力量，在大国竞争的语境下探讨北极治理问题已经成为国内外学者所共同肯定的事实。在大变局的背景下，与北极利益密切相关的北极国家和非北

　　*　本文系科技部国家重点研发计划项目"新时期我国极地活动的国际法保障和立法研究"（项目编号：2019YFC1408204）、自然资源部北海海洋技术保障中心"新时期海洋科技发展对海洋维权的挑战与应对"的阶段性成果。
　**　陈奕彤，中国海洋大学法学院讲师、硕士生导师，中国海洋大学海洋发展研究院研究员；朱孟伟，中国海洋大学法学院国际法学专业硕士研究生。

极国家均对其北极战略作出及时调整，明确定位，然而丹麦作为北冰洋沿岸国家却在这场大变局中显得十分被动。

回顾丹麦近年来在北极地区的大动作，2011 年丹麦颁布十年北极政策《2011—2020 年丹麦王国北极战略》，该十年政策涉及军事、经济、外交、气候四个方面，战略重点在于维护北极的和平安全，表现出对环境、能源、原住民生活及区域合作等领域的重视。2008 年，作为北冰洋沿岸五国之一的丹麦参与了《伊卢利萨特宣言》的讨论协商；2017 年，丹麦凭借着北冰洋沿岸五国的地位参与到《防止中北冰洋不管制公海渔业协定》的协商当中。丹麦除上述较大的北极活动外，再无其他举措。

与美国、俄罗斯、加拿大和挪威相比，作为北冰洋沿岸国家的丹麦同样具有得天独厚的地理优势，却无法充分利用该优势在北极扩大话语权，反而在北极局势中夹缝生存。于内无法充分利用格陵兰岛独特的地理位置提升话语权，于外被动参与北极事务难以获得存在感。丹麦北极政策转型迫在眉睫，如何找准战略定位扩大优势成为转型的首要问题。

2020 年，丹麦在北极地区有了一些转型期的举动，有意识地转变当前定位模糊所带来的尴尬处境。2020 年 8 月，美国、加拿大、法国、丹麦在加拿大北极地区进行海军战备演练；① 同年 8 月，丹麦国防部在格陵兰指定政治顾问以成为丹麦及格陵兰之间确保安全政策的纽带；② 同年 10 月，丹麦外交大臣杰普·科福德（Jeppe Kofod）与俄罗斯外交部部长谢尔盖·拉夫罗夫（Sergey Lavrov）进行会见，就发展北极地区双边关系及合作进行了讨论；③ 同年 10 月美国总统国家安全顾问奥布莱恩（Robert C. O'Brien）、格陵兰总理基尔森（Kim Kielsen）与丹麦外交大臣杰普·科福德举行视频会议，随即，美国同格陵兰签署了一项维护图勒空军基地的新协议，美国和格陵兰之

① Murray Brewster, "Allies Testing Naval Readiness in Canada's Arctic," https：//www.cbc.ca/news/politics/operation－nanook－nato－1.5674013.

② Hilde-Gunn Bye, "Denmark Steps up in Greenland, Sends Political Advisor to Nuuk," https：//www.highnorthnews.com/en/denmark－steps－greenland－sends－political－advisor－nuuk.

③ "Лавров и глава МИД Дании обсудят развитие двусторонних связей и сотрудничество в Арктике," https：//tass.ru/politika/9670791.

间迅速发展的合作模式进一步加强。① 仅就 2020 年来说，丹麦对内对外均有举动，对内巩固对格陵兰的把控，对外既缓和与俄罗斯的紧张关系，又紧密与美国的盟友关系，但是效果寥寥或尚不明晰。

在大变局下夹缝生存的丹麦面临着北极政策转型的瓶颈期。围绕丹麦北极政策转型这一主题，本文将集中讨论丹麦进退失据的原因所在。通过观察和研究丹麦近几年在北极事务上的国内动向和国际交往，可以对丹麦北极战略转型的态度及方向有更深入的了解，从而为我国参与北极事务并与丹麦开展双边合作提供借鉴。

二 丹麦北极战略转型的背景

（一）格陵兰寻求独立的内部努力

丹麦凭借格陵兰岛的地理位置获得北极国家的地位。格陵兰岛有着天然的地理优势，是美俄两国必争的北极军事战略前沿阵地。格陵兰岛在丹麦的北极战略中具有至关重要的地位，格陵兰期望逐步实现完全自治的态度同样是丹麦在进一步制定北极政策的过程中所无法忽视的问题。

在讨论格陵兰对于自治或者独立的态度时，首先应当对格陵兰岛的历史沿革进行简单回顾。1721 年格陵兰岛正式成为丹麦－挪威联盟的殖民地，1841 年丹麦－挪威联盟解散，格陵兰岛成为丹麦的殖民地，1933 年丹麦与挪威关于格陵兰岛归属问题提交国际联盟下属的常设法院进行仲裁，丹麦获得格陵兰岛全部主权。二战期间美国一度代管格陵兰岛。② 回顾这段历史，格陵兰岛作为原住民因纽特人的居所，在被殖民以及被接管的时间里，原住民始终是以被殖民者的角色出现在这段历史当中，这使格陵兰岛原住民至今

---

① Martin Breum, "US, Greenland Reach Agreement on Thule Air Base Contract, Long a Source of Dispute," https://www.arctictoday.com/us-greenland-reach-agreement-on-thule-air-base-contract-long-a-source-of-dispute/.
② 郭培清、王俊杰：《格陵兰独立问题的地缘政治影响》，《现代国际关系》2017 年第 8 期。

对于丹麦很难产生心理上的归属感以及信赖感，因此一再争取自治或独立。冷战后半期，从 20 世纪 60 年代开始，格陵兰精英反对丹麦领导的现代化和一体化计划，有些人认为殖民结构仍然存在，从 1985 年脱离欧共体至 2009 年《格陵兰自治法》的生效，格陵兰自治的道路逐步宽广。

根据 2009 年正式生效的《格陵兰自治法》，除外交、国防和安全政策以及汇率和货币政策归属于丹麦管辖范围外，其余事务均由格陵兰管辖。即便拥有较大的自治权限，格陵兰依旧希望以独立的身份参与到国际政治舞台，而外交就是展示其独立身份的最好举动，虽然格陵兰的外交事务由丹麦管控，但是由于该自治法在外交方面的规制存在着模糊性，因此格陵兰仍享有一定的外交权利。根据 2009 年《格陵兰自治法》第四章第十二条第一款关于外交事务的规定方面，格陵兰政府有权利在已接管的领域进行谈判，第二款则指出格陵兰政府有权决定仅与格陵兰有关的方面进行谈判缔结条约。根据第四章第十四条，若有的国际组织允许国家和国家联盟之外的实体以自己的名义获得成员资格，只要格陵兰政府提出要求，在符合格陵兰宪法地位的条件下，各国政府可决定提出或支持格陵兰的入会申请。《格陵兰自治法》中对于格陵兰外交权利的规定存在着一定的模糊性，而格陵兰政府需要通过外交途径展现"准独立"身份，提高国际影响力，扩大独立道路。近几年格陵兰政府外交动作频频，着力于与美国加强外交关系，并同中国进行频繁的贸易往来。

除加强外交这一独立的关键点外，增加经济收入也是格陵兰政府所重视的途径之一。在该自治法案中，丹麦政府承诺每年向格陵兰自治当局提供 3.4396 亿丹麦克朗的补贴，金额以 2009 年价格和工资水平为准，格陵兰政府享有资源开发的权利，但是资源的开发将在丹麦给予格陵兰的年度补贴中扣除。虽然格陵兰岛拥有丰富的矿产资源及渔业资源，但是由于格陵兰岛地理位置的特殊性，产业的单一导致经济不发达，这也导致了格陵兰无法完全从经济上独立于丹麦。格陵兰始终致力于刺激经济加快独立的脚步，2020 年 12 月格陵兰执政联盟的主要政党前进党（Siumut）的代表选举 45 岁的埃里克·詹森（Erik Jensen）为该党的新主席，他在当选后明确表示，他将继续寻求格陵兰脱离丹麦独立，并在原则上寻求与所有有意愿的国家进行贸易，包括美国和中国。① 对于格陵兰来说，实现经济的独立是更进一步迈向主权国家地位的先决条件。面对丰富的矿产资源，亟待资本力量的注入以及劳动力资源的大幅增长是格陵兰解决经济问题的关键。格陵兰政府通过加强贸易往来不断促进资本的注入，假设格陵兰资源开发所带来的经济收入能够完全覆盖丹麦所给予的经济补贴，格陵兰的独立进程将会更近一步。对于丹麦政府来说，这是新北极政策制定过程中所必须直面的问题。

（二）中美俄三国影响下的外部地缘环境变化

北极地缘政治在气候变化和资源争夺等诸多因素的影响下，面临着新的转型节点。徐庆超在《北极安全战略环境及中国的政策选择》一文中，结合新冠肺炎疫情这一新因素对北极地区的地缘环境进行想象和推演，新冷战的进行、中美俄战略大三角、中国与北极脱钩这三种形式或将以不同方式、不同阶段展现在北极地区。② 近年来，中美俄三国均有出台针对北极地区的政策或战略文件，中美俄战略大三角的态势已经初见端倪，大国在北极地区的角力不可避免地打乱了丹麦处理国际、国内事务的节奏。这首先表现在美俄两国在北极地区的军事竞争已经明显地影响到了丹麦包括格陵兰以及法罗群岛在内的海外领地。

丹麦作为北极国家得益于格陵兰岛的地理位置，而格陵兰岛这个人烟稀少的岛屿对于现如今的北极地缘政治环境来说，其优越的地理位置仍是大国竞争中不容小觑的存在。俄罗斯作为北极最大的国家，军事力量强大，在北极冰层上下都部署着先进的军事装备，几乎成为北极地区最为强劲的军事存在。美俄同为世界强国，相较于俄罗斯在北极这个制高点存在着强大的军事力量，美国明显棋慢一步，而俄罗斯极高威慑力的军事存在给美国带来极大

---

① Martin Breum, "New Political Leader in Greenland: 'We are on the Path towards independence'," https: //www. highnorthnews. com/en/new – political – leader – greenland – we – are – path – towards – independence.

② 徐庆超：《北极安全战略环境及中国的政策选择》，《亚太安全与海洋研究》2021 年第 1 期。

的军事压力。迫于俄罗斯愈发不可遏制的军事力量，美国在特朗普执政时期，一改之前对北极的冷淡态度，先后出台多个战略文件，致力于提升美国在北极的军事实力。由于美俄两国在北极的军事抗衡，格陵兰就成为美国作战的前沿阵地。

首先，美国为防止俄罗斯进一步扩张军事部署对其形成军事围堵态势，同时为加快进军北极的进程，始建于 1961 年的图勒空军基地成为争夺北极影响力的重要据点，这使该空军基地再次在北极竞争中苏醒。2017 年，美国耗资 4000 万美元升级图勒空军基地雷达设备。美国还对该基地的预警系统——全球六大预警系统之一，进行改进和升级。基地配备超过 3500 条天线，可以监视 4800 多公里的空间，覆盖了俄罗斯的大部分领土。① 被称为五角大楼"洲际导弹之眼"的图勒空军基地在大变局之下有了新的意义。近年来，美国各部门发布多个北极战略报告，在提高防务能力和作战能力方面提出极高的要求，特朗普政府更是在总统备忘录中表示美国将投入财政力量打造一支强劲的破冰船队。②

面对美国的军事雄心，俄罗斯同样升级军事基础设施以为对抗。2020年 4 月俄罗斯纳格尔斯科耶空军基地（Nagurskoye Air Base）投入使用，根据同年 8 月俄罗斯公布的卫星图片来看，该空军基地被进一步扩建。③ 而俄罗斯军事基地扩建的举动也必将迫使美国再次提升北极军事实力形成反击，以此对冲俄罗斯在军事上对图勒空军基地形成的压力。在美俄两国一来一回的军事升级过程中北极军事态势的紧张程度势必呈螺旋状上升，而格陵兰作为北极军事的前沿阵地，必然会受到影响。

---

① " $40 Million Upgrade for Thule Radar Unifies Missile Shield Sites," https：//missiledefenseadvocacy. org/missile – defense – news/40 – million – upgrade – for – thule – radar – unifies – missile – shield – sites/.

② National Security & Defense，"Memorandum on Safeguarding U. S. National Interests in the Arctic and Antarctic Regions," https：//www. whitehouse. gov/presidential – actions/memorandum – safeguarding – u – s – national – interests – arctic – antarctic – regions/.

③ "Image Shows Russia Extending Runway at Arctic Base, Could Support Fighter Jets, Bombers," https：//uaf. edu/caps/resources/policy – documents/us – memorandum – on – safeguarding – natl – interests – in – the – arctic – and – antarctic – regions – 2020. pdf.

新的格局在北极地区出现，美俄博弈的趋势只会愈演愈烈，国际社会从军事、政治到经济方面将不可避免地受到影响，丹麦在这次大变局中扮演何种角色成为丹麦政府战略转变的关键。

三 丹麦在北极治理中的尴尬角色

（一）定位模糊的丹麦和特质鲜明的其他北极国家

美国在近年来出台的多个北极战略中将中俄两国称为"重要竞争对手"。在北极地区，美俄两国军事上的不断升级，中美两国经济政治影响力的争夺以及中俄两国的高调合作成为北极地区的常态，中美俄战略大三角的地缘政治环境已经在这个冰封之地初见端倪。

特朗普在任时期的美国在北极地区的战略行动十分明确，即提高军事实力增强军事威慑、紧密同盟关系强化基于规则的北极秩序，遏制中俄两国在北极地区的影响力。除前文所述的针对俄罗斯强大的军事力量进行军事升级外，美俄两国的竞争关系还体现在航道问题的分歧上。俄罗斯对北方海航道进行高强度的管控，对军事船舶及商用船舶都实行高要求的通航标准。俄罗斯依据《联合国海洋法公约》第234条，制定、修改与北方海航道相关的规定，通过法律对北方海航道加强管控。近年来，俄罗斯首先对北方海航道范围进行明确界定，其次修改《北方海航道破冰船领航和引航员引航规章》，在一片国际争议中将强制引航制度修改为许可证制度，看似放宽限度但实质上对于北方海航道的管控依然没有松懈，对于外国军舰更是实行通行许可制度。[1] 美国就俄罗斯对北方海航道的过度把控打出了航行自由制度的老牌。2020年英美两国在巴伦支海进行军事演习时，美国再次重申了对于航行自由制度的态度。[2] 美

---

① Paul Goncharoff, "Russia's Arctic North Sea Route," http：//www. russiaknowledge. com/2019/03/09/russias – arctic – north – sea – route/.

② The Maritime Executive, "US Norway UK Carry out FONOP Mission off Russia's Arctic Coast," https：//maritime – executive. com/article/u – s – norway – uk – carry – out – fonop – mission – off – russia – s – arctic – coast.

俄两国对于航道的主张均表现了强硬态度,美国一再派出驱逐舰进行试探,根据俄罗斯对于北方海航道的规定,对未经许可的军舰驶入北方海航道将进行武力击沉,两国剑拔弩张的态度,将导致北极军事化程度进一步提升。

俄罗斯在北极问题上表现得十分积极主动,除前文所述的不断增强军事实力外,俄罗斯近年来在经济上也展现出大力发展北极经济,与他国紧密合作的态度。2020年1月,俄罗斯政府批准了多项法令,内容涉及向希望参与北极地区项目的企业和投资者提供新的经济利益和补贴。① 2020年1月,俄罗斯发布了一项2100亿欧元的北极石油激励计划,俄罗斯北极地区的新税制旨在为该地区的油气钻探带来前所未有的投资热潮。② 2020年开年就颁布了两项刺激北极地区经济发展的文件,表现出俄罗斯对北极地区经济增长的决心。

中国在北极地区也有着鲜明的主张和目标。2018年中国在颁布的《中国的北极政策》白皮书中明确表示,中国在北极地区的政策目标包括:认识北极、保护北极、利用北极和参与治理北极,维护各国和国际社会在北极的共同利益,推动北极的可持续发展。③ 在《中国的北极政策》白皮书颁布以前,北极国家出于对本国利益的考量,其学者及媒体对于中国参与北极治理的立场和出发点存在着诸多顾虑。《中国的北极政策》白皮书的出台,明确了中国参与北极事务的立场和决心,也大大减少了北极国家对中国行为的担忧与顾虑。

除中美俄等大国有着明确的北极目标和决心外,与丹麦同样身处北极舞台的同类型国家挪威、芬兰、冰岛、加拿大等都展现出了对北极大国竞争现状的态度和立场,并且有着清楚的战略定位。

挪威作为北极地区的一个小国,凭借尽管存在诸多争议的《斯匹次卑

---

① "Стратегия России в Арктике," https：//www. vestikavkaza. ru/material/291107.

② "Moscow Outlines a €210 Billion Incentive Plan for Arctic Oil," https：//www. arctictoday. com/ moscow – outlines – a – e210 – billion – incentive – plan – for – arctic – oil/.

③ 《〈中国的北极政策〉白皮书(全文)》,中华人民共和国国务院新闻办公室网站,http：// www. scio. gov. cn/zfbps/32832/Document/1618203/1618203. htm。

尔根群岛条约》对斯匹次卑尔根群岛进行实际管控，通过对北极科学考察进行规制管理获得在北极地区不可忽视的影响力。作为坚定的美国盟友，挪威与美国在军事层面上的来往十分紧密。从 2018 年"三叉戟接点"联合军演，到不断加强在挪俄边境的军事防御，美国在挪威的驻军规模不断增加，甚至挪威扩建北极重要港口以供美国核潜艇进入。挪威与美国高级政治层面的频繁往来，建立了牢固的盟友关系，也展示了挪威在北极大国竞争舞台中的立场与选择。

芬兰、瑞典则表现得较为中立，似乎无意卷入中美俄三国大国竞争的新局势中。芬兰与俄罗斯仅在经济层面等建立合作，2020 年 6 月，芬俄两国商务代表进行会面，双方讨论了俄罗斯在 2021—2023 年担任北极理事会主席国之前于北极地区开展俄芬经济合作的问题。① 芬兰、瑞典将希望放在北欧的联盟身上。2020 年 9 月 24 日，芬兰、挪威、瑞典北欧三国的国防部部长于北部军事基地 Porsangmoen 会面并签署了一项协议，该协议的目标是促进北欧三国的防务合作。② 此外，芬兰在低政治领域积极参与北极治理，在外交上与中俄两国积极构建友好关系。2020 年芬兰与俄罗斯多次讨论北极地区合作事宜，涉及清洁、信息和太空技术，以及包括在北极水域自主导航在内的智能交通等诸多领域。③ 此外，双方还讨论了俄罗斯和芬兰在领土上的北极地区开展联合基础设施项目的融资和实施方案。④ 在教育方面，北极大学在芬兰的秘书处办公室非常重视与中国的教育和科研交往。总体上说，芬兰的外交政策比较稳健和开放，与丹麦等部分北极国家对中国参与北极治理存在诸多顾虑不同，芬兰能够客观对待中国在北极治理中所扮演的角色。

① "Representatives of Russia and Finland Discuss Cooperation in the Arctic Region," https：//arctic. ru/international/20200622/949048. html.

② "It is Time to Strengthen Nordic Security, Say Ministers as They Sign Landmark Defense Deal," https：//thebarentsobserver. com/en/security/2020/09/it－time－strengthen－nordic－security－say－ministers－they－sign－landmark－defense.

③ Aleksey Kudenko, "Prospects of Russian-Finnish Cooperation in the Arctic Discussed in Moscow," https：//arctic. ru/international/20200319/933969. html.

④ "Representatives of Russia and Finland Discuss Cooperation in the Arctic region," https：//arctic. ru/international/20200622/949048. html.

冰岛的北极战略将环境问题及资源问题视为重点，在北极公海渔业谈判中冰岛发挥了重要的作用。在中北冰洋渔业谈判中，冰岛积极拉动非北极国家参与，实现了谈判机制的创新。此外，冰岛一直致力于推进国际合作，冰岛自 2013 年发起的北极圈论坛，积极吸纳北极域内外国家广泛参与北极治理活动，中国于 2019 年承办北极圈论坛的分论坛会议。① 可以看出，冰岛非常欢迎北极域外国家参与北极事务，希望借此稀释北冰洋沿岸五国尤其是美俄对北极治理的把控权，积极推动北极治理的全球化，对中国的态度也较为友好。

加拿大北极战略的核心是主权问题，即关于西北航道以及其相关水域的界定问题，加拿大以直线基线将西北航道划为其内部水域，其主权性质依据来源于历史所有权，即从 19 世纪晚期在该地区就适用加拿大法律进行管辖。这一立场受到美国及欧盟的诸多指责，美国及欧盟认为西北航道构成国际海峡。而关于加拿大北极水域地位的问题始终悬而未决，气候变暖导致亚洲的海洋国家对北极航行产生了兴趣，在这个大环境下，加拿大的立场始终是通过把控西北航道，强调自己对西北航道的主权、管辖权以获得北极地区的影响力。

在军事部署方面，加拿大始终认为北极地区是一个和平稳定、低冲突的区域，其北极战略也淡化了该地区发生军事对抗的可能性。目前加拿大依旧未拥有新型破冰船，可以看出加拿大对于作战能力尚无发展意向。在哈珀政府及特鲁多政府出台的北极政策发展报告中均表明加拿大的外交政策是致力于建立和维护北极地区基于规则的国际秩序，即北极国家与非北极国家在既定的法律框架下合作。淡化北极军事存在的加拿大以合作和协作作为其提高北极影响力的手段与方式。

相较于上述国家，丹麦作为北冰洋沿岸国家，无论是在地理位置上还是资源储备上均具有诸多优势，但由于前述的原因，其在北极治理中定位模

---

① Atle Staalesen, "As Arctic Talks Move to China, Leaders Downplay Divides," https：//thebarentsobserver. com/en/arctic/2019/05/arctic－talks－move－china－leaders－downplay－divides.

糊，难以将优势进行充分的利用，从而造成现在的困境。

首先，丹麦凭借着格陵兰岛的地理位置获得北极国家的身份，并且十分在意其北冰洋沿岸国家的地位。在北极治理中地理位置这一绝佳的优势却因为格陵兰岛的独立问题，丹麦政府并不像加拿大和俄罗斯那样借助北冰洋沿岸国的身份，去高调地宣称自己的航道优势，无法拿出在北极地区具有影响力的比较优势。

其次，丹麦拥有着北冰洋沿岸国这一特殊地位，但与冰岛积极牵头北极域内外交流论坛，推进域外国家参与北极治理互动相比，丹麦少有与域外国家合作参与北极事务的活动；与挪威、芬兰相比，丹麦也显得并不是特别积极参与和欢迎国际合作，少有与外来者合作的新闻，相关科研界、学术界、航运和商界的二轨外交和论坛也非常少。相比之下，格陵兰出于对本地区经济增长以及国际政治影响力的考量，显得对国际合作更为积极。

（二）角色转型

从近年来丹麦同中美俄三国的互动中可以推测出，丹麦对于目前北极地缘政治环境有着清醒的认识。丹麦及格陵兰的真实意愿依旧是将自身的利益绑在与美国的同盟关系上，在美方通过打丹麦牌、格陵兰牌以对抗中俄两国北极存在的施压下，丹麦政府以及格陵兰政府依然有意愿选择与中俄两国进行回报丰厚的经济往来。在大变局背景下，未来几年随着特朗普卸任、北极欧洲国家有意建立同盟关系等诸多因素下，丹麦仍有在夹缝生存中进行角色转型的机遇。

1. 增强对格陵兰的防务管控

在2011—2020年的十年北极战略中，丹麦政府表现出一贯的温和态度，军事上以和平安全的北极作为主题。随着北极地缘政治形势的转变，格陵兰岛成为北极防务上炙手可热的新关键，加强对格陵兰岛的控制成为丹麦战略转型的基础环节。美国与格陵兰的关系是影响丹麦北极战略转型的关键因素，美国自二战以来数次提出购买格陵兰岛，加之格陵兰日益希望独立的想法，在防务上丹麦或许可以展现出对格陵兰岛的强硬态度。丹麦政府新的北

极战略可以声明以坚持维护国家主权为中心，包括维护自治属地在内的一切主权。《格陵兰自治法》承认丹麦政府有权力经手格陵兰的国防事务，丹麦可以以此作为加强格陵兰防务的合法根据。

在外交关系上，格陵兰政府实质上离不开美国在格陵兰岛的军事部署，丹麦包括格陵兰在内在军事上担忧俄罗斯的外部威胁，美国在图勒空军基地的部署无论其出发点为何，对于丹麦及格陵兰政府来说都是对俄罗斯军事威胁的最好制衡举措。购岛风波后美丹两国关系看似一定程度上受到影响，但是实质上美丹两国的盟友关系很难破裂。对于丹麦来说，与美国加强同盟关系是其所期望的，图勒空军基地的存在能够抵御俄罗斯带来的威胁，而美国对格陵兰岛更进一步的控制却触及了丹麦敏感的高压线。

增强对格陵兰的军事部署或许对于丹麦政府来说是最佳的选择。从法理层面加强军事部署符合《格陵兰自治法》的规定，丹麦国防军驻在格陵兰，对外可以抵御俄罗斯所带来的军事威胁，对内可以与格陵兰当地原住民更加紧密地合作，在防御、救援等领域应对北极风险，维护主权，共同执行作战任务，在加强合作的同时提高对格陵兰的进一步管控。提高丹麦在格陵兰的驻军规模，同时还可以对冲美国日益提升的军事管控风险，增强美丹双方在格陵兰的军事合作，丹麦国防军协助盟友美国在图勒军事基地的军事活动，在美国与格陵兰政府合作之间提高存在感。

2. 拓宽合作广度

芬兰、瑞典在面对美俄在北极地区的大国竞争上，选择了新的具有可行性的道路，有意加强北欧五国的联系和往来。北欧五国在新的北极地缘政治竞争时代中命运紧密相连，北欧五国的北极地位相似且具有相似的战略追求。对丹麦来说，加强与芬兰、挪威、瑞典、冰岛在政治上的互信，联合军事行动进行北极防御，紧密同盟关系将北欧五国在北极联成一体，以加强在北极地区的存在。

在合作内容的角度上，丹麦应拓宽合作领域，积极推动北极国际科学合作。目前丹麦也已经有意向推动北极地区的科学合作，2016 年 5 月 14 日，中国国家海洋局与格陵兰政府签订《中华人民共和国国家海洋局与格陵兰教育、文化、研究和宗教部科学合作谅解备忘录》，表现出格陵兰政府在科学文化方面合作的积极意向。

作为北极地区的欧洲国家，丹麦有能力搭建起北极独特的交流平台，近年来部分老牌欧洲国家如英国、法国，以及韩国、日本等亚洲沿海国家都对北极地区产生了兴趣，丹麦有能力利用自身独特的地理优势为非北极国家与北极国家搭建交流平台，扩大交流范围，在科学考察、环境保护、资源开发等方面积极合作。利用格陵兰岛独特的地理优势，可开展海洋科考合作，包括海空搜救合作和石油污染安全合作。

为世界提供公共产品需要自身为之付出较高成本，丹麦尚不具有独立提供国际公共产品的能力，但是在目前的环境中其仍有机会"搭便车"，与其他国家共同打造独特的交流平台，吸引北极域外国家，积极维护北极地区以国际法为基础的秩序，以提高本国在北极地区的影响力。

3. 提高格陵兰岛原住民的信赖感

格陵兰岛有着丰富的自然资源，但由于人口稀少，资源得不到开发。据统计，2021 年格陵兰岛人口不到 5.7 万人，人口增长率仅为 0.16%，人口密度仅为每平方公里 0.026 人，居世界最后面。①

在教育方面，整个格陵兰岛仅有一所创建于 1987 年的格陵兰大学，教育资源十分匮乏。这导致格陵兰难以留住高素质人才，人才的流失进一步导致经济问题得不到解决。

除人口、教育这些亟待解决的问题以外，格陵兰还面临着其他紧迫的社会问题，包括高酗酒率、艾滋病感染率和失业率，此外，格陵兰还有世界上最高的自杀率。而这些问题仅靠格陵兰政府是难以解决的。对于丹麦政府来说，这是紧密与格陵兰关系的契机。格陵兰目前虽然需要经济上的援助，但是社会问题更是与原住民的幸福感直接挂钩。丹麦政府可以在教育、就业方面为格陵兰提供机会，派遣人才进行援助，提高

---

① Greenland Population 2021 （Live），https：//worldpopulationreview.com/countries/greenland - population.

格陵兰原住民的幸福感，加强他们对丹麦的信赖感，以此紧密丹麦与格陵兰之间的关系。

四 结语

不同于芬兰、挪威、冰岛、加拿大等同等地位的北极国家有着清楚的角色定位，丹麦在北极舞台上始终迫不得已地扮演着尴尬角色，其北极政策的目标也变得愈发难以实现。即便丹麦的北极政策存在许多问题，无法很好地适应当今的北极地缘政治环境，但是丹麦对于当前北极局势有着清醒的认识。随着未来诸多有利因素的推进，丹麦或许有机会通过转变自身定位在夹缝生存中改变自身尴尬的处境。中国应当利用好丹麦北极角色转变的机会，与之建立友好关系，共同促进北极地区的和平与繁荣。

B.14
俄罗斯诺里尔斯克柴油泄漏
事故及其影响探析[*]

王金鹏　张乌丹[**]

摘　要：　北极开发利用活动的发展，叠加气候变化的影响，使北极生态环境保护面临着复杂的局面。俄罗斯诺里尔斯克柴油泄漏事故正体现了在气候变化背景下北极地区资源勘探开发和基础设施建设与北极生态环境保护之间存在的潜在冲突。该事故源于俄罗斯北极资源开发相关基础设施的监管和维护不力，给俄属北极地区造成了严重的环境污染，也促进了俄罗斯制定相关专门法律规制溢油事故的预防与应急处置，以及在北极战略中更加强调兼顾经济发展与环境保护。我国在投资俄罗斯相关资源能源项目和基础设施建设时，应关注其可能带来的环境污染隐患，并加强对我国通过北极航道的船舶排放和倾废的管控，推进在北极生态环境保护方面的国际合作。

关键词：　俄罗斯　北极　诺里尔斯克柴油泄漏　气候变化

---

* 本文为科技部国家重点研发计划项目"新时期中国极地活动的国际法保障和立法研究"（项目编号：2019YFC1408204）的阶段性成果。

** 王金鹏，男，中国海洋大学法学院讲师，中国海洋大学海洋发展研究院研究员；张乌丹，女，中国海洋大学国际法专业硕士研究生。

北极地区生态脆弱，是一个对环境污染非常敏感的地区，它的人口以及文化依赖于该地区的生态环境状况。北极的环境污染不仅威胁着北极地区的生态状况，还会对全球环境产生影响。① 北极环境的变化使人类在此活动的可操作性增加，经济利益正在助推北极地区成为人类新的开发地。② 北极开发利用活动的发展，叠加气候变化的影响，使北极生态环境保护面临着复杂的局面。北冰洋沿岸国家在各自北极地区的开发与环境保护方面有不同的政策着力点。俄罗斯近年来着力加强北极地区的油气与矿产资源开发以及基础设施建设，推动北方海航道航运活动的开展，试图使北极地区成为俄罗斯经济增长的重要支点。能源资源开发和北方海航道建设成为俄罗斯北极地区发展的两个重点。但北极气候变化日益加剧，世界气象组织指出北极的升温速度大约是全球平均水平的两倍。同时，俄罗斯北极地区地广人稀，基础设施差，一旦出现环境污染或生态破坏事故，会造成严重的后果。2020年发生在俄罗斯诺里尔斯克（Norilsk）的严重的柴油泄漏事故为国际社会敲响了警钟。本文旨在分析2020年俄罗斯诺里尔斯克柴油泄漏事故的原因、应急处置和损害赔偿等方面，并探讨该泄漏事故对俄罗斯法律规则完善以及相关北极战略平衡经济发展与环境保护的影响，最后基于对俄罗斯诺里尔斯克柴油泄漏事故的反思，提出我国与俄罗斯开展北极资源和航道开发合作时应关注的方面以及我国参与北极事务的国际合作与治理的建议。

一 诺里尔斯克柴油泄漏事故概述

诺里尔斯克是俄罗斯克拉斯诺亚尔斯克边疆地区（Krasnoyarsk Krai）的一个城市，人口约18万人，位于北极圈以北250英里，是围绕世界领先的镍和钯的生产商诺里尔斯克镍业公司（Norilsk Nickel）而建造的。克拉斯诺亚尔斯克边疆地区位于西伯利亚中部，是俄罗斯联邦主体之一，面积约234

---

① 刘惠荣、杨凡：《国际法视野下的北极环境法律问题研究》，《中国海洋大学学报（社会科学版）》2009年第3期。

② 白阳：《开发北极须算环境经济账》，《人民日报》2013年9月10日，第22版。

万平方千米，占俄罗斯国土面积的 13%，人口仅约 300 万人。诺里尔斯克位于克拉斯诺亚尔斯克边疆地区北部，位于泰梅尔半岛上，铜镍等矿藏丰富，是俄罗斯主要的有色金属工业基地之一。随着俄罗斯在俄属北极地区资源勘探开发活动的开展，诺里尔斯克市成为全世界最大的冶金工业城市之一，也是世界上环境污染较为严重的城市之一。由于严重的空气与雾霾污染，诺里尔斯克居民的平均寿命和健康程度都低于俄罗斯的全国平均水平。[1]

2020 年 5 月 29 日，诺里尔斯克市 CHPP - 3 发电厂的一个储油罐突然倒塌，造成约 2.1 万吨柴油的泄漏。[2] 泄漏的柴油扩散 7.5 英里后污染了安柏那亚河（Ambarnaya River），使该河流变成红色，污染面积达到 350 平方千米。[3] 该发电厂由诺里尔斯克 - 塔伊米尔（Norilsk-Taimyr）能源公司负责运营。诺里尔斯克镍业公司是该能源公司的母公司。俄罗斯国家环境监测部门称约有 1.5 万吨柴油泄漏进入水体，约 6000 吨柴油进入土壤环境。[4] 泄漏的柴油从事故现场流淌了 12 千米，顺着安柏那亚河到达了皮亚西诺湖（Lake Pyasino），威胁了发源于此并最终流入北冰洋的皮亚西纳河（Pyasina River），泄漏的柴油甚至渗入了附近为当地居民供水的水库。泄漏事故使诺里尔斯克成为地球上污染最严重的地方之一。俄罗斯渔业机构评估称要使污染水域的生物多样性完全恢复到发生事故前至少需要 10 年时间。

俄罗斯自然资源与生态部自然资源监管局（Federal Service for Supervision of Natural Resources，Rosprirodnadzor）前副局长奥列格·米特沃（Oleg Mitvol）表示，"北极地区从未发生过这样的事故"。该事故也被认为是俄罗斯现代

---

① 奚源：《环境伦理视阈下的北极资源开发研究》，《北京理工大学学报（社会科学版）》2017 年第 4 期。

② "Cleanup Effort Underway to Mop up Massive Arctic Oil Spill," https：//tass. com/emergencies/1164173.

③ Olivia Rosane, "20000 Ton Oil Spill in Russian Arctic Has 'Catastrophic Consequences' for Wildlife," https：//www. ecowatch. com/oil - spill - russia - arctic - wildlife - 2646152380. html.

④ Reuters Staff, "Putin Backs State of Emergency in Arctic Region over Fuel Spill in River," https：//www. reuters. com/article/us - russia - pollution - idUSKBN23A2HL.

历史上第二严重的溢油事故，仅次于 1994 年的科米输油管原油泄漏（Komi
Pipeline Crude Oil Spill）。① 俄罗斯紧急情况部第一副部长亚历山大·丘普里
扬表示，"在人类历史上，从未发生过如此数量的液体柴油泄漏事件。"俄
罗斯总统弗拉基米尔·普京在 2020 年 6 月 3 日宣布诺里尔斯克进入紧急状
态，并在讨论柴油泄漏事故的会议上对地方当局在事故发生两天后才从社交
媒体获悉事故表示震惊，训诫了该地区州长亚历山大·乌斯（Alexander
Uss）。② 绿色和平组织认为该事故的影响可与 1989 年阿拉斯加发生的埃克
森·瓦尔迪兹（Exxon Valdez）石油泄漏事故相比较。绿色和平组织弗拉基
米尔·楚普罗夫（Vladimir Chuprov）估算该事故对水域环境的损害为 14 亿
美元。而其中的部分损失源于采取应急处置措施的延迟。③ 俄罗斯紧急情况
部叶夫根尼·辛尼切夫（Evgeny Zinichev）也指出，该电厂曾试图独自控制
泄漏，在事故发生后的两天内没有将事故报告给紧急情况部。④

　　对于事故的原因，诺里尔斯克镍业公司第一副总裁兼首席运营官谢尔
盖·迪亚琴科（Sergey Dyachenko）曾在声明中称，"事故可能是由于冻土的
融化引起的"。他在视察现场后声称，事故发生排除"储油罐操作疏忽"的
可能性，诺里尔斯克镍业公司有一整套检查标准，每两年检查一次储油罐，
通常会将可能存在问题的储油罐标记为需维修。⑤ 但是有报道指出，诺里尔
斯克柴油泄漏事故是由于储油罐被腐蚀造成孔洞而造成的，诺里尔斯克镍业
公司存在过失。俄罗斯自然资源与生态部自然资源监管局曾于 2014 年要求

① Ivan Nechepurenko, "Russia Declares Emergency After Arctic Oil Spill," https：//www. nytimes.
　com/2020/06/04/world/europe/russia – oil – spill – arctic. html.
② 《俄罗斯诺里尔斯克发生柴油泄漏事故 普京批准该市进入联邦紧急状态》，http：//
　www. xinhuanet. com/world/2020 – 06/04/c_ 1126071155. htm。
③ "Putin Calls Fuel Spill Unprecedented for Russia, Greenpeace Sees $1. 4 Billion Damage,"
　https：//www. cnbc. com/2020/06/19/putin – calls – fuel – spill – unprec edented – for –
　russia. html? &qsearchterm = oil%20spill.
④ Mary Ilyushina, "Putin Declares Emergency over 20000 Ton Diesel Spill," https：//www. cnn. com/
　2020/06/03/europe/russia – putin – oil – spill – norilsk – intl/index. html.
⑤ Sanya Mansoor, "Russia Declares Emergency Following Spill of 20000 Tons of Oil in the Arctic
　Circle," https：//time. com/5848129/russia – emergency – oil – spill/.

该公司清洁储油罐的外表面并于 2015 年重新涂抹防腐涂料。但该公司没有采取这些措施。绿色和平组织称诺里尔斯克镍业公司以冻土融化为借口逃避责任，认为该公司一直没有意识到风险，疏于管理，因此有义务对其基础设施加强监管。① 诺里尔斯克柴油泄漏事故发生后，诺里尔斯克－塔伊米尔能源公司负责人被指控违反环境法规和存在过失被审前拘留。② 美国华盛顿大学教授德米特里·斯特雷莱茨基（Dmitry Streletskiy）认为："事故原因很可能是气候变化和基础设施相关因素的结合。"在 2020 年的前 4 个月，北亚和西伯利亚的气温平均比正常高出 4℃。2020 年 5 月下旬，西伯利亚的温度比华盛顿特区高，记录的温度比平均温度高 4.4℃。美国伍兹霍尔海洋学研究所科学家克里斯托弗·雷迪（Christopher Reddy）也认为，气温升高意味着更多的船舶将很快驶入欧洲和亚洲之间的俄罗斯北方海航道，这些船舶由柴油和其他燃料提供动力。气温升高还意味着永久冻土融化的风险增加，这会导致土壤移动和坍塌，使俄罗斯储油罐等基础设施面临的风险越来越大。③

二 诺里尔斯克柴油泄漏事故的应急处置

溢油事故的发生往往意味着要采取应急处置措施以避免事故的进一步恶化和污染区域扩大，并采取措施清理已经被污染的区域以恢复环境与生态，以及实现对事故造成的人身、财产与环境损害的赔偿。此外，溢油事故发生后也要及时调查事故发生的原因，相应地采取措施预防未来再次发生此类事故。

（一）诺里尔斯克柴油泄漏事故应急处置的过程

严重的诺里尔斯克柴油泄漏事故给俄罗斯采取应急处置和污染清理

① "Norilsk Oil Spill: Tensions Rise as Nornickel Disputes Extent of Damage," https://www.mining-technology.com/features/norilsk-oil-spill-nornickel-disputes-damage/.

② "Head of CHPP-3 Plant Workshop Detained in case of Fuel Spill in Norilsk," https://tass.com/emergencies/1163729.

③ Christopher Reddy, "A Dangerous Leak of Diesel Fuel in the Arctic," https://edition.cnn.com/2020/06/09/opinions/dangerous-leak-of-diesel-fuel-arctic-reddy/index.html.

措施带来极大的挑战。在泄漏事故发生后，俄罗斯采取了紧急应对措施。诺里尔斯克镍业公司动员了 250 名人员和 72 个设备项目进行清理工作。截至 2020 年 6 月 3 日，已在发电厂附近收集了总计 262 吨柴油，清除了总计 800 立方米的污染土壤。① 由于河流太浅无法进行航行，加之处于偏远地区道路很少，港口、道路和机场数量有限，可用于容纳引进的设备、物资、应急人员和科学家的地方也很少，俄罗斯清理泄漏柴油的进展并不顺利。诺里尔斯克镍业公司和应急处置专家收集了受污染的土壤和柴油。至 2020 年 6 月中旬，诺里尔斯克镍业公司称花费了 50 亿卢布进行清理工作，已收集了 90% 河流上的柴油和 70% 受污染的土壤，并计划在 2020 年至 2021 年花费 135 亿卢布对其他的储油罐进行安全检查。2020 年 6 月 19 日，俄罗斯总统普京在电视讲话中说，"事故对环境和水生物多样性造成的影响是严重的。恢复生态需要相当长的时间。诺里尔斯克镍业公司的员工必须全面消除所造成的损失，还要尽量全面恢复被破坏的生态环境"。普京还表示："据我所知，俄罗斯还没有从水体中清除如此巨大的污染的经验。因此这确实要求紧急情况部、自然资源与生态部自然资源监管局和相关地方部门集中力量，请专家、学者、生态学家，以及事故当地的企业参与进来。"② 普京还要求检查俄罗斯所有类似的石油储存设施。

回顾诺里尔斯克柴油泄漏事故的应急处置，俄罗斯自然资源与生态部、紧急情况部、能源部和相关公司在消除柴油泄漏和相关处置工作中发挥了重要作用。③ 自然资源与生态部是俄罗斯联邦的环境管理部门，下设专门的联

① Holly Ellyatt, "Russia Declares State of Emergency after Massive Oil Spill in the Arctic Circle," https：//www. cnbc. com/2020/06/04/russia – oil – spill – in – the – arctic – circle – state – of – emergency – declared. html.

② 《普京：诺里尔斯克柴油泄漏事故造成的局面已得到扭转》，界面网，https：//www. jiemian. com/article/4556982. html。

③ "АЛЕКСАНДР НОВАК：'МИНЭНЕРГО РОССИИ И КОМПАНИИ ТЭК АКТИВНО СОДЕЙСТВУЮТ МЧС РОССИИ В ЛИКВИДАЦИИ РАЗЛИВА ТОПЛИВА В НОРИЛЬСКЕ'," https：//minenergo. gov. ru/node/18005.

邦环境应急响应中心（FEERC）。俄罗斯自然资源与生态部自然资源监管局是主要负责自然资源领域的监管和监测的行政机构。在事故发生后，俄罗斯在自然资源与生态部下成立了一个跨部门委员会，以防止由于柴油泄漏而导致自然生态系统的进一步退化，全面研究事故后果，在有关部门、实验室和公共组织的参与下持续对水质进行监测。① 俄罗斯还使用卫星数据对污染的扩散进行监测。在污染清理方面，俄罗斯自然资源与生态部自然资源监管局建议诺里尔斯克镍业公司安装吸附剂设施，在整个水面铺设薄膜，用吸附剂处理河岸污染，收集残留的柴油。诺里尔斯克镍业公司在自然资源监管局的监督下，将这些收集的柴油通过安装的临时管道输送到处置场所。② 俄罗斯紧急情况部成立于1994年，作为俄罗斯专门应对突发事件的部门，是俄罗斯处理突发事件的组织核心，拥有专门的应急救援队伍。③ 俄罗斯能源部则积极协助紧急情况部消除燃油泄漏。俄罗斯天然气工业股份公司和俄罗斯石油运输公司的有经验的团队和相关设备也参与到柴油泄漏事故的应急处置中，提供了包括集油和抽油设备、挖掘机等设备。④ 能源部还代表俄罗斯总统确定了从2020年7月开始对北极地区的426家企业进行计划外的检查。但是截至2021年3月，污染清理工作尚未完成。俄罗斯监狱管理局负责人卡拉什尼科夫（Alexander Kalashnikov）表示，监狱管理局已与诺里尔斯克市政府达成了相关协议，探讨让罪犯参与清理北极地区的可能性。⑤

---

① "Продолжается работа по ликвидации последствий аварии в Красноярском крае," http：//www. mnr. gov. ru/press/news/prodolzhaetsya_ rabota_ po_ likvidatsii_ posledstviy_ avarii_ v_ krasnoyarskom_ krae/? sphrase_ id = 347052.

② "Росприроднадзор будет работать в Норильске до полного восстановления экосистемы," http：//www. mnr. gov. ru/press/news/rosprirodnadzor_ budet_ rabotat_ v_ norilske_ do_ polnogo_ vosstanovleniya_ ekosistemy/? sphrase_ id = 339204.

③ 罗楠、何珺、张丽萍、艾志：《俄罗斯环境应急管理体系介绍》，《世界环境》2017年第6期。

④ "Дмитрий Кобылкин：'Необходимо принять исчерпывающие меры по ликвидации послед ствий аварии в Норильске и исключить повторение на других объектах'," http：//www. mnr. gov. ru/press/news/dmitriy_ kobylkin_ neobkhodimo_ prinyat_ ischerpyvayushchie_ mery_ po_ likvidatsii_ posledstviy_ avarii_ v_ nor/? sphrase_ id = 339150.

⑤ 林辉智：《俄罗斯考虑派囚犯清理北极柴油泄漏事件》，https：//www. zaobao. com. sg/realtime/world/story20210312 - 1130870。

（二）俄罗斯相关国内法规和参与的国际协定分析

《俄罗斯联邦宪法》对俄罗斯的环境保护进行了概括性的规定。该法第72条规定了自然利用、环境保护、确保生态安全是联邦和联邦主体的共同管辖事项，规定了人人有权享有绿色环境，人人有义务保护自然和环境，妥善管理自然资源。① 2002年施行的《俄罗斯联邦环境保护法》是俄罗斯关于环境保护的专门法律，规定石油运输和储存设施的设计、建造和运行应防止对环境造成负面影响。该法还规定了环境监测的实施，以及因污染环境、破坏自然生态系统给环境造成损害应承担的赔偿责任和相关赔偿程序与赔偿数额等方面的内容。② 诺里尔斯克柴油泄漏事故的应急处置体现了《俄罗斯联邦环境保护法》相关规定的要求。

除了国内法外，俄罗斯签署的相关多边协定也与诺里尔斯克柴油泄漏事故的应急处置相关。为了加强石油污染预防准备，2013年俄罗斯、加拿大、丹麦、芬兰、冰岛、挪威、瑞典和美国签署了《北极海洋油污预防与应对合作协定》。认识到北极地区恶劣和偏远的条件对油污事故防备和应对带来的挑战，该协定规定了发生油污事故时，缔约方必须采取迅速有效的行动并进行合作，以尽量减少此类事故可能造成的损害。该协定规定，加强各方在北极地区油污事故预防和应对方面的合作、协调和互助，以保护海洋环境免受污染。各利益攸关方在油污事故预防和应对方面应当具有专门知识。协定规定了缔约方应及时交流油污预防和应对方面的信息、数据和经验，定期开展联合培训和演习等相关内容。该协定还规定应根据所涉及的风险，确定预先部署的最低限度的油污预防与应对设施及其使用方案，定期组织油污应对演习和相关人员的培训，协调应对油污事故的机制安排，提高调动必要资源的能力。各缔约方采取必要的法律或行政措施，为参与应对油污事故的船

---

① 《俄罗斯联邦宪法》，http：//www.calaw.cn/article/default.asp？id＝589。

② "РОССИЙСКАЯ ФЕДЕРАЦИЯ ФЕДЕРАЛЬНЫЙ ЗАКОН ОБ ОХРАНЕ ОКРУЖАЮЩЕЙ СРЕДЫ，" http：//www.consultant.ru/document/cons_doc_LAW_34823/.

舶、飞机和其他设备抵达其领土，以及清理后离开其领土提供便利。[①] 2020 年 7 月俄罗斯自然资源与生态部会见了芬兰、挪威、日本使馆，以及芬兰劳模集团公司（Lamor Corporation）、芬兰 Savaterra Oy 公司等外国公司的代表，感谢了这些国家和外国公司"表现出协助消除克拉斯诺亚尔斯克边疆地区环境污染的意愿"，讨论了在该地区为减少事故对自然造成的损害而正在采取的措施，并考虑了在这种情况下可能需要的外国合作伙伴的建议。[②] 这些外国公司为诺里尔斯克柴油泄漏事故的应急处置和污染清理提供了技术和服务。

（三）诺里尔斯克柴油泄漏事故相关损害赔偿

俄罗斯自然资源与生态部自然资源监管局评估诺里尔斯克柴油泄漏事故造成的损失高达 1477 亿卢布。[③] 2020 年 7 月俄罗斯自然资源与生态部自然资源监管局要求诺里尔斯克镍业公司赔偿 1480 亿卢布，但诺里尔斯克镍业公司称这个数额要求未考虑到其已采取的柴油收集和污染修复工作，认为其应赔偿 214 亿卢布。[④] 2021 年 2 月俄罗斯法院裁定，诺里尔斯克镍业公司必须向联邦政府预算支付 1455 亿卢布（约合 19.7 亿美元）的水体损害赔偿金，另外还要向地方政府实体支付 13 亿卢布（约合 1800 万美元）。这些赔偿是俄罗斯 2021 年应从诺里尔斯克镍业公司征收的矿产开采税的两倍以上。2021 年 3 月诺里尔斯克镍业公司已全额支付赔偿。[⑤]

---

① "Agreement on Cooperation on Marine Oil Pollution Preparedness and Response in the Arctic," https：//oaarchive. arctic - council. org/handle/11374/529.

② "Зарубежные компании готовы помочь в ликвидации последствий аварии в Норильске," http：//www. mnr. gov. ru/press/news/zarubezhnye_ kompanii_ gotovy_ pomoch_ v_ likvidatsii_ posledstviy_ avarii_ v_ norilske/? sphrase_ id = 350458.

③《因诺里尔斯克柴油泄漏事故，俄政府或开出最大环保罚单》，观察者网，https：// www. guancha. cn/internation/2020_ 07_ 13_ 557417. shtml。

④ Yuliya Fedorinova, "Mining Giant Ordered to Pay ＄2 Billion Fine for Fuel Spill in Arctic," https：//www. bloomberg. com/news/articles/2021 - 02 - 05/russian - court - orders - nornickel - to - pay - 2 - billion - fuel - spill - fine.

⑤《因"人类历史上最大石油泄漏事故"，俄矿业巨头被罚 20 亿美元巨额》，搜狐网，https：//www. sohu. com/a/455309830_ 120785197。

三 诺里尔斯克柴油泄漏事故的影响

从俄罗斯诺里尔斯克柴油泄漏事故的发生与应急处置来看，俄罗斯在北极资源能源设施的监管、环境保护措施的采取，以及事故应急处置方面存在一些问题。气候变化的加剧增加了北极地区发生污染事故的可能性，而北极地区的特殊环境以及基础设施的不完善也增加了污染事故应急处置的难度。诺里尔斯克柴油泄漏事故对俄罗斯的北极环境保护措施、北极地区的资源能源开发产生了一些影响。俄罗斯出台专门立法明确北极地区溢油事故的预防与应对，在国家北极战略中也更加强调在经济社会建设的同时保护北极环境。

（一）出台专门立法明确溢油事故的预防与应急处置

俄罗斯于 2020 年 12 月 30 日通过了《在俄罗斯联邦内水、领海和毗邻海域及大陆架预防和应对石油与石油相关产品泄漏的法令》（第 2366 号法令）。① 该法令确定在俄罗斯内水、领海和大陆架内进行石油和石油相关产品泄漏应急处置行动的基本规则，确定由俄罗斯自然资源与生态部制订一种赔偿计算方法以全额赔偿石油和石油相关产品泄漏所造成的对水生生物资源、公民人身财产和法人财产的损害，支持实施预防和消除石油和石油相关产品泄漏所采取的措施。该法令规定石油公司必须在 2024 年 1 月 1 日之前制订石油和石油相关产品泄漏的预防和响应计划。石油和石油相关产品泄漏的预防和响应计划中应包括：关于石油和石油相关产品主要活动的信息；漏油的潜在来源；估计石油和相关产品最大泄漏量；预测的分布区域；相关应急救援服务或应急救援队；清理石油和相关产品最大泄漏量的期限；临时储

---

① "Об организации предупреждения и ликвидации разливов нефти и нефтепродуктов на континентальном шельфе Российской Федерации, во внутренних морских водах, в территориальном море и прилежащей зоне Российской Федерации," https：//docs. cntd. ru/document/573292847.

存和运输收集到的石油和石油相关产品的安排等。法令还规定在采取措施防止石油和石油产品泄漏时，运营主体必须为其实施提供财务支持，在发生石油和石油产品泄漏的情况下，运营主体应启动相关措施和程序。

第 2366 号法令第 5 条特别规定了其针对的对象不仅包括运输石油和相关产品的船舶、码头设施等，还包括输油管道、储存石油和相关产品的仓库和储油罐等设施。从中可见，导致俄罗斯诺里尔斯克柴油泄漏事故的储油罐也在该法令规制的范围内。此外，该法令还规定在批准石油和石油相关产品泄漏的预防和响应计划之前，应进行全面的演练，以确认运营主体已明确需要控制和消除的石油和石油相关产品泄漏的最大估计数量。该法令已于 2021 年 1 月 1 日生效。

（二）在北极战略中更加强调兼顾经济发展与环境保护

《2020 年前俄罗斯联邦北极地区国家政策原则及远景规划》(Fundamentals of the State Policy of the Russian Federation in the Arctic for the Period up to 2020 and Beyond) 确定了俄罗斯在其北极地区国家政策的基本方针，包括主要目标、紧急优先事项、实现机制和维护俄罗斯国家安全的措施体系，以及社会和经济发展战略规划等。其中指出，扩大俄罗斯北极地区的资源基础，使其能够满足国家在油气资源、生物资源和其他战略能源资源方面的需求，确保在经济活动增加和全球气候变化的情况下，消除经济活动的生态后果，保护北极地区环境。[①] 而在 2020 年俄罗斯发布了《2035 年前俄罗斯联邦国家北极基本政策》，该政策指出俄罗斯应加强在北极地区勘探油气资源和矿产资源的能力，加强北极地区港口建设，增建铁路、机场、公路、光纤通信线路等基础设施。[②] 为了落实《2035 年前俄罗斯联邦国家北极基本政策》，2020 年普京签署总统令，颁布俄罗斯国家支持北极地区发展优惠制一揽子法案，明确了"北极大经济区"建设的内涵、思路、管理机制、

---

① Paul Arthur Berkman, Alexander N. Vylegzhanin, Oran R. Young, *Baseline of Russian Arctic Laws*, Cham: Springer, 2019, pp. 258 - 267.

② 《俄罗斯发布〈2035 年前国家北极基本政策〉》，《科技前沿快报》2020 年第 5 期。

优先发展项目,以及税收、边境管理措施。鉴于北极地区地广人稀、基础设施差的状况,俄罗斯希望通过建设经济增长中心、大型项目,带动整个地区经济发展。在法案中将克拉斯诺亚尔斯克边疆地区实施北极最大的"东方石油"(Vostok Oil)项目列为确定优先发展事项之一。但同时,新政策首次提出了提高俄北极地区居民生活质量,保护北极环境以及少数民族传统生活方式,把北极地区生活水平提高到全俄平均水平。① 从中可见,克拉斯诺亚尔斯克边疆地区仍将是俄罗斯资源能源产业发展的重要地区,而俄罗斯也更加强调在开发北极地区资源能源的同时保护北极环境。

《2020 年前俄罗斯联邦北极地区国家安全发展战略》 (Strategy for Development of the Arctic Zone of the Russian Federation and the National Security up to 2020)指出影响俄罗斯北极地区社会经济发展的关键因素有以下几个方面:极端的气候条件,包括低温、强风和北极海域冰层;北极地区局部的工业和经济发展;人口密度低;远离主要工业中心,资源使用量大,经济活动和基本生活依赖于俄罗斯其他地区的燃料、食品和必需品的供应;气候和生态系统的稳定性较低。在油气资源和其他矿产资源开发领域,该战略指出应发展能源基础设施,发展自然资源管理、近海矿产资源以及预防和消除冰雪条件下的燃油泄漏等方面的新技术和新工艺。该战略还指出,在北极地区社会经济发展过程中,俄罗斯应减少和防止对北极地区环境的不利影响。② 从中可以看出,在气候变化的背景下,俄罗斯将继续加大对北极地区的开发,同时着力预防相关活动对北极地区环境产生不利影响。2019 年为了提升俄罗斯在基础设施、燃料和能源设施等工业安全领域的监管,完善违反安全要求的法律责任机制,俄罗斯总统普京批准了新版的《能源安全准则》。该准则指出,俄罗斯应及时应对能源安全的挑战和威胁,开发能源安全风险管理系统。该风险管理系统具体包括对能源安全状况进行监测、评估

---

① 杨莉:《俄罗斯北极地区发展政策绵密出台》,中国国际问题研究院网,https://www. ciis. org. cn/yjcg/sspl/202009/t20200918_ 7374. html。

② Paul Arthur Berkman, Alexander N. Vylegzhanin, Oran R. Young, *Baseline of Russian Arctic Laws*, Cham: Springer, 2019, pp. 287 – 304.

和长期预测；防止能源安全威胁、降低其发生的可能性和最大限度地减少其发生的后果；确定能源安全的目标，制定确保能源安全的措施，评估能源安全措施的有效性等方面。[①] 2020 年 6 月由俄罗斯政府批准并正式发布《2035年前俄罗斯联邦能源战略》，指出优化能源基础设施的空间分布，在东西伯利亚、远东和俄罗斯联邦北极区将形成油气矿产资源中心、油气化工综合体，扩大能源资源运输基础设施。[②] 俄罗斯诺里尔斯克柴油泄漏事故则体现了北极地区能源基础设施、矿产资源开发布局可能对环境的负面影响，以及促进相关活动监管和适应气候变化的重要性。

四　结语

俄罗斯诺里尔斯克柴油泄漏事故体现了在气候变化背景下北极地区资源勘探开发和基础设施建设与北极生态环境保护存在的潜在冲突。北极的战略地位和资源能源对俄罗斯具有重要意义。俄罗斯试图将其北极地区建设为经济增长的重要区域，克拉斯诺亚尔斯克边疆地区也成为俄罗斯矿产资源和能源行业发展的重要地区。长期的矿产资源开发、企业和政府部门疏于对相关设施的监管，以及气候变化的加剧，成为诺里尔斯克柴油泄漏事故发生的主要原因。气候变化使俄罗斯北方海航道的价值日益凸显。俄罗斯一方面加强对北方海航道的实际管控，另一方面着力推动航道开发。而俄罗斯也试图通过北方海航道的开发利用带动北极地区经济发展，促进俄罗斯在航道沿岸的产业布局和基础设施建设，以及北极地区油气矿产资源的开发。在此趋势下，北极生态环境保护面临着更大的挑战。北极生态环境较为脆弱，环境恢复力较差。一旦发生严重石油泄漏等事故，由于在偏远冰雪环境处置污染难度较大，可能会因为难以及时采取有效的应急处置措施导致污染事故造成非

---

① "Доктрина энергетической безопасности Российской Федерации," https：//minenergo. gov. ru/node/14766.

② "ЭНЕРГЕТИЧЕСКАЯ СТРАТЕГИЯ РОССИЙСКОЙ ФЕДЕРАЦИИ НА ПЕРИОД ДО 2035 ГОДА," https：//minenergo. gov. ru/node/1026.

常严重的后果。而且，北极独特的气候条件会使自然条件下石油降解更为缓慢，可能对生态环境产生更长久的有害影响。俄罗斯等北冰洋沿岸国家在推进北极地区资源勘探开发和经济发展的同时，应更加注意采取相关措施预防可能对北极生态环境造成的有害影响，并做好环境应急预案和相关能力建设。俄罗斯在诺里尔斯克柴油泄漏事故后通过专门立法规定溢油事故的预防与应急处置，以及在北极战略中更加强调兼顾经济发展与环境保护正体现了这一点。此外，加强监管和交通基础设施建设，增强在发生石油泄漏事故时的运输能力对于泄漏事故的应急处置也尤为重要。

国际合作对于应对北极地区未来可能发生的石油泄漏等污染事故也尤为重要。诺里尔斯克柴油泄漏事故发生后，芬兰 Savaterra Oy 公司等其他北冰洋沿岸国的公司也为污染处置提供了服务。而一旦泄漏的石油流入北冰洋或者在北冰洋上的船舶或海上平台发生泄漏事故，也会对北冰洋产生严重影响。2013 年《北极海洋油污预防与应对合作协定》被认为是北冰洋沿岸国家采取相关措施的第一步。此外，俄罗斯、芬兰、加拿大、挪威等北冰洋沿海国家均是《国际防止船舶造成污染公约》（MARPOL 73/78）、《1969 年国际油污损害民事责任公约的 1992 年议定书》（《1992 责任公约》）和《1971 年设立油污损害赔偿基金公约的 1992 年议定书》（《1992 年基金公约》）的缔约方。① 各国应遵循相关国际条约预防污染，并在污染事故发生后承担相关赔偿责任。

我国是北极事务的重要利益攸关方，也正在与俄罗斯扩大和深化北极合作。2017 年，《中华人民共和国与俄罗斯联邦关于进一步深化全面战略协作伙伴关系的联合声明》提出加强中俄在北极地区的合作，支持双方有关部门、科研机构和企业在北极航道开发利用、能源资源勘探开发、生态保护等方面开展合作。2019 年，《中华人民共和国和俄罗斯联邦关于发展新时代全面战略协作伙伴关系的联合声明》中也指出"推动中俄北极可持续发展合作，在遵循沿岸国家权益基础上扩大北极航道开发利用以及北极地区基础设

---

① Erik Franckx, "Legal Regime of Navigation in the Russian Arctic," *Journal of Transnational Law & Policy*, 2009, 18（2）：327 – 342.

施、资源开发、旅游、生态环保等领域合作"。我国共建"冰上丝绸之路"的倡议得到了俄罗斯的支持。目前我国船运公司的船只持续探索在东北航道的常态化运行，参与北极航道的商业开发与利用。① 我国也已投资了俄罗斯北极地区的一些重要资源和能源项目。例如，亚马尔液化天然气项目是目前中俄之间最大的能源合作项目，中国石油天然气集团公司全价值链参与该项目运作。② 俄罗斯在北极地区机场、铁路和港口等基础设施面临的融资和技术方面的需求，也为我国企业参与相关项目提供了机会。

在北极地区气候变化日益加剧的背景下，我国在投资俄罗斯相关资源能源项目和基础设施建设时，应关注其可能带来的环境污染隐患，并可与俄罗斯就相关项目和设施建设所涉环境保护事项开展合作。首先，我国企业在对俄罗斯北极地区相关项目或企业进行投融资时，应审查项目或企业的环境监管措施、预防与应急方案，促进相关合作项目或企业在预防和应对环境污染方面的能力建设，并进行必要的合同约定，避免未来发生污染事故后承担巨额赔偿所带来的损失。其次，随着我国船只日益参与北极航道的商业开发与利用，我国应加强对船舶排放、海洋倾废、大气污染等各类海洋环境污染源的管控，并与北冰洋沿岸国家开展必要的合作。我国相关船舶公司应更加注重采取相关预防措施，避免因发生船舶污染事故继而承担在相关国际法和相关沿岸国国内法下的法律责任。最后，在我国参与北极事务的国际合作与治理方面，我国可在北极气候变化应对和环境保护方面发挥更大作用。北极气候变化对我国的气候系统和生态环境有着直接的影响。近年来我国提高《巴黎协定》下国家自主贡献力度，明确了"碳达峰"的时间表。我国可与北冰洋沿岸国家就应对北极气候变化展开更为积极的合作，共同推动北极气候与环境变化的监测和评估，加强北极气候变化和生态环境研究，推进在北极生态系统和物种保护方面的国际合作。

---

① 孙凯：《北极"新开发时代"》，新华网，http：//www.xinhuanet.com/globe/2020－08/18/c_139296 695.htm。

② 胡丽玲：《冰上丝绸之路视域下中俄北极油气资源开发合作》，《西伯利亚研究》2018 年第4 期。

附 录
Appendix

B.15
2020北极地区发展大事记

1月

2020 年 1 月 4 日 俄罗斯公布《至 2022 年适应气候变化第一阶段国家行动计划》（The National Action Plan for the First Phase of Adaptation to Climate Change for the Period up to 2022），该文件概述了俄罗斯联邦和地区当局为 "减少人口、经济和自然环境对气候变化影响的脆弱性" 而采取的措施。该计划要求，到 2021 年第 3 季度，俄罗斯远东和北极发展部、经济发展部和其他各部负责制订一个有关北极气候变化适应措施的系统计划。

2020 年 1 月 9 日 挪威石油局发布《大陆架 2019》（Shelf 2019），这份报告回顾了挪威石油产业在 2019 年的表现。报告指出，在 2019 年，挪威石油部门共钻探 57 口勘探井，颁发了 83 个新的生产许可证，共有 17 个新油田被发现。挪威目前共有 87 个新油田投入生产，到 2024 年挪威石油峰值产量将超过 1.175 亿桶。

2020 年 1 月 15 日　俄罗斯总理德米特里·梅德韦杰夫（Dmitry Medvedev）签署了一项决议，拨款 1270 亿卢布建造一艘核动力破冰船，根据合同条款，破冰船计划于 2027 年投入使用。

2020 年 1 月 21 日　芬兰总理桑娜·马林（Sanna Marin）在瑞士达沃斯举行的世界经济论坛上就芬兰政府应对气候变化议题发表讲话，指出应对气候变化"关乎气候，关乎我们的未来"。马林认为，气候变化是人类面临的最大风险，但同时，应对气候变化对企业来说是一个很大的机会，可以创造新的就业机会，创造新的福祉。

2020 年 1 月 22 日　韩国外交部召开"韩国北极俱乐部"（Arctic Club in Korea）会议，以加强与北极圈内 7 个国家的北极合作。在第一次活动上韩国北极合作代表权世荣与北极圈内 7 个国家的大使举行了商务午餐会。"韩国北极俱乐部"会议每季度由韩国代表与 7 个北极圈国家（美国、俄罗斯、加拿大、挪威、芬兰、丹麦和瑞典）的驻韩大使举行会议，以更好地提高韩国政府北极合作政策的有效性。

2020 年 1 月 23 日　为了减少海上运输中的硫排放，国际海事组织（IMO）要求从 2020 年 1 月 1 日开始在船舶运输中规定从使用重质燃料油转换为使用极低硫燃料油（VLSFO）。这种新型燃料油可能会因意外而产生一种对北极环境有害的污染物——黑碳，为此引发了争议和质疑。

2020 年 1 月 30 日　俄罗斯发布了一项 2100 亿欧元的北极石油投资激励计划，计划主要包括提供对北极石油进行重大投资的激励措施以及有关配套运输和基础设施等发展事项。这项计划旨在鼓励各国石油公司对北极石油进行重大投资，为北极地区的投资、具体油田的开发创造有利条件，从而加速北极航线的开发。

2月

2020 年 2 月 3 日　俄罗斯外交部部长拉夫罗夫（Sergey Lavrov）针对斯瓦尔巴群岛问题向挪威外交大臣伊内·埃里克森·瑟雷德（Ine Eriksen

Søreide）致函，称其一直对两国在斯瓦尔巴群岛问题上的合作感到满意，但明确表达了俄方对挪威在斯瓦尔巴群岛的管理措施的不满。挪方回应称斯瓦尔巴群岛的所有活动都在挪威法律和法规的框架内进行。

2020 年 2 月 5 日　美国副助理国务卿迈克尔·墨菲（Michael Murphy）在国土安全委员会听证会上发言称，美国不想失去与俄罗斯在北极地区的积极合作，但认为俄罗斯是其北极地区军事存在的挑战。

2020 年 2 月　新加坡外交部政务部长陈振泉（Sam Tan）指出，北极地区的北方航道实现全年通航只是时间问题，北方航道给新加坡带来挑战和机遇。为了保护新加坡的商业利益、维护经济增长，新加坡必须努力成为东南亚地区的海上枢纽。同时对于北方航道沿线的开发，新加坡能够提供港口建设的专业知识以及参与基础设施项目。

2020 年 2 月 10 日　美国公布特朗普政府提出的共计 4.8 万亿美元的2021 年美国预算草案，内容包括为数项与北极有关的项目提供资金。其中包括为海岸警卫队提供 5.55 亿美元资金，投入建造第二艘新的极地破冰船，以更好地绘制阿拉斯加海域和航道地图。

2020 年 2 月 20 日　俄罗斯远东和北极发展部提议将科米共和国和卡累利阿共和国境内的乌辛斯克（Usinsk）、因塔（Inta）以及乌斯季 – 齐利马区（Ust-Tsilemsky）三个近北极地区，以及克拉斯诺亚尔斯克边疆区东北部的埃文基（Evenki）区的部分乡村纳入俄罗斯北极地区的范围。

3月

2020 年 3 月 2 日—18 日　北约为期两周的冬季演习"寒冷反应 2020"（Cold Response 2020）从挪威博德（Bodø）到芬马克郡珀桑莫恩（Porsangmoen）境内举行，来自美国、英国、德国、法国、荷兰、比利时、丹麦、芬兰、瑞典和挪威 10 个国家近 16000 名士兵参加了本次演习，俄罗斯对此密切关注。

2020 年 3 月 12 日　丹麦国防学院成立"北极安全研究中心"（The

Center for Arctic Security Studies），该机构由 2 名军事分析家和 3 名学者组成，负责研究北极地区的安全问题，以便使丹麦政府及其军队更好地应对最新情势，以防范该地区出现的新威胁。

2020 年 3 月 19 日 俄罗斯总统弗拉基米尔·普京签署了一项《北极地区矿物开采税和增值税法案》，该法案对在特定区域内的矿产开发者提供了改用增值税和矿物开采税的优惠税率的权利，实施税收优惠政策，旨在鼓励在俄罗斯北极地区的矿床的勘测和评估以及碳氢化合物的勘探和生产。

4月

2020 年 4 月 1 日 从即日起，挪威贸易、工业和渔业部（NFD）将管理斯瓦尔巴群岛（The Svalbard archipelago）的所有国有地产，并在斯瓦尔巴建立地方办事处。这是挪威政府部门首次在奥斯陆以外建立地方办事处，旨在实现挪威在斯瓦尔巴的政策目标并增加朗伊尔城的就业。

2020 年 4 月 2 日 俄罗斯位于北极地区的无线"军事互联网"网络建设工程完成。这项网络建设工程将俄罗斯位于北冰洋岛屿和大陆海岸上的自治基地相互连接起来，并与大陆相连接，可靠的数据传输将有助于俄罗斯加强在重要战略方向防御的能力。

2020 年 4 月 2 日 在斯瓦尔巴群岛北部水域，挪威海岸警卫队的巡逻船发现了俄罗斯拖网渔船"博雷"（Borey）号正在非法捕鱼。该渔船船长和船主很快同意了缴纳罚款和没收捕获物的处罚，因此不必强行押送该船到挪威北部港口。俄罗斯外交部向挪威驻莫斯科大使馆发出了一份正式照会，抗议对"博雷"号采取的行动。

2020 年 4 月 3 日 俄罗斯国防部宣布，S－300PS 防空导弹系统已经在俄罗斯拉普捷夫海（Laptev Sea）沿岸最新的军事基地提克西（Tiksi）投入使用。提克西军事基地隶属于俄罗斯北方舰队第 3 防空师，该基地的主要目的是保卫俄罗斯北极领空和北方海域的安全。投入使用的 S－300PS 防空导弹系统可以保护大型军事和工业场所免受远程巡航导弹和弹道导弹袭击，其

预警和跟踪系统主要部署在位于拉普捷夫海和东西伯利亚海之间科捷利内岛
（Kotelny Island）上新建的基地。

2020 年 4 月 17 日 挪威政府发布了《长期国防计划》（Long-Term
Defense Plan）。该计划重申了挪威对增加国防开支和联合部队现代化的承
诺。同时，该计划也强调了在国家复原力方面的持续努力，当前的新冠肺炎
疫情使其成为挪威国防和安全的一项关键要求。

2020 年 4 月 23 日 格陵兰岛自治政府宣布美国已同意向格陵兰岛提供
1210 万美元的经济支持，并发表了一份声明称，大部分援助美国将以咨询
和顾问服务的形式提供，主要用于促进格陵兰岛能源和旅游业发展。此举引
起了丹麦中央政府的警惕和愤怒。

2020 年 4 月 23 日 俄罗斯国家原子能公司（Rosatom）下属的破冰船运营
商 Atomflot 在摩尔曼斯克（Murmansk）与位于符拉迪沃斯托克（Vladivostok）
的红星造船厂（Far East Zvezda）通过远程视频的方式签署了协议，将共同
建造世界最大的重型核动力破冰船"领袖"（Lider）号。这艘破冰船计划在
2027 年交付。

5月

2020 年 5 月 12 日 美国阿拉斯加州参议员丹·沙利文（Dan Sullivan）
提出了《严峻的北极战略》提案并获得了国会批准，这份提案要求美国政
府行使航行自由的权利来保护美国在北极的利益。在关于北极战略港口需求
的分析中，该提案认为美国需要一个战略港口来保护美国在该地区的利益，
并且港口所在的阿留申群岛是通往亚太的门户。在军事通信上，该提案认为
北方司令部第一项短期优先项目是利用低地球轨道卫星系统建立极地通信
系统。

2020 年 5 月 13 日 俄罗斯副总理尤里·特鲁特涅夫（Yury Trutnev）在
其主持的国家北极发展委员会会议中，与参会者讨论了引入"北方航道运
输走廊"（Northern Sea Transport Corridor）这一新概念的计划。这份计划将

俄罗斯的北方海航道（NSR）向西扩展到巴伦支海，向东扩展至堪察加半岛。

2020 年 5 月 22 日 俄罗斯外交部北极国际合作大使尼古拉·科尔丘诺夫（Nikolay Korchunov）表示，过去 5 年内，北约国家在高纬度地区的军事活动增加了一倍。科尔丘诺夫还指出，俄罗斯正在北极理事会所规定的框架内与美国进行建设性的互动，并指出重点是将这种关系扩大到多边和双边合作的其他领域。

2020 年 5 月 29 日 俄罗斯位于克拉斯诺亚尔斯克边疆区（Krasnoyarskiy Kray）诺里尔斯克市（Norilsk）的诺里尔斯克镍业公司（Nornickel）储油库发生了 2 万多吨的柴油泄漏事故。此次泄漏导致周围 20 多千米的河流覆盖着一层厚厚的柴油，水体检测出的污染物浓度比最高允许的数值高出数万倍，并且有约 6000 吨柴油泄漏到冻土带中，另外约 15000 吨柴油流入当地水道。在泄漏事故发生后，现场还发生了火灾，受灾最严重的是达尔迪坎（Daldykan）和安巴纳亚（Ambarnaya）地区的河流。

6月

2020 年 6 月 1 日 美国陆军工程兵团（United States Army Corps of Engineers，USACE）批准了美国诺姆（Nome）港口深海扩建计划。该计划预计耗资 6.18 亿美元，将使港口西堤的长度增加约一倍，并增加一个近 1400 英尺高的防波堤，同时在深水区设有 3 个大型船坞。诺姆港口深海扩建计划完成后，诺姆港将成为美国在北极地区的第一个港口。

2020 年 6 月 3 日 俄罗斯拉沃奇金航空航天公司（The Lavochkin Science and Production Association）的负责人弗拉基米尔·科尔米科夫（Vladimir Kolmykov）称，将制造三颗用于探测北极的"北极 – M 号"（Arktika – M）遥感卫星。该遥感卫星主要用于获取极地气象和水文数据，该系列的首颗气象卫星预计在 2020 年底发射。第二颗卫星目前正在组装过程中，预计 2023 年发射。

2020 年 6 月 5 日 俄罗斯莫斯科国立大学自然资源管理经济中心与北极发展项目办公室发布了联合项目报告《巴伦支地区极地指数》（The Polar Index of the Barents Region）。该报告使用经济、社会与环境领域的参数，计算巴伦支地区国家与公司的年度排名，从宏观经济层面衡量北极的可持续发展。

2020 年 6 月 8 日—9 日 俄罗斯远东和北极发展部的代表在北极理事会可持续发展工作组（The Sustainable Development Working Group，SDWG）的视频会议中向北极理事会提交了 7 个新项目，建议可持续发展工作组联合执行。俄罗斯提出的项目得到了北极理事会大多数成员国的支持。7 个项目分别为：（1）北极人口统计指数（AIM）；（2）原住民语言和文化遗产数字化；（3）北极：领土、环境和文化；（4）北极地区氢能的利用与示范（AHEAD）；（5）北极生物安全；（6）北极地区的可持续融资；（7）天然气水合物及其在北极可持续发展和气候变化中的作用。

2020 年 6 月 9 日 美国发布了《关于保护美国在北极和南极地区国家利益的备忘录》（Memorandum on Safeguarding United States National Interests in the Arctic and Antarctic Regions）。在该备忘录中特朗普总统要求审查美国南北极破冰能力的需求，并在 2029 年建立新的破冰舰队。目前，该备忘录中的许多内容已经开展，其中包括建造至少 3 艘重型破冰船。

2020 年 6 月 9 日 俄罗斯远东和北极发展部的专家与科学家计划重建永久冻土变化监测系统，用以监测俄罗斯北极地区的永久冻土状态并预测其退化的风险，该重建项目将在 2020 年底前启动。

2020 年 6 月 10 日 美国在格陵兰岛自治政府首府努克（Nuuk）重新开设领事馆。美国曾于 1940 年在格陵兰努克开设领事馆，在 1953 年关闭。

2020 年 6 月 10 日 俄罗斯总理米舒斯京（Mikhail Mishustin）批准了能源部提交的新版《2035 年前俄罗斯能源战略》（ES－2035）。《2035 年前俄罗斯能源战略》每五年更新一次。新版能源战略是在 2014 年的基础上根据当前国内外形势变化而制定的，主要内容包括：一是俄罗斯国内对能源需求的稳步上升要求俄罗斯首先要满足能源的国内供给；二是加大出口及稳固俄罗斯在世界能源市场格局中的地位仍是俄罗斯能源政策的主要组成部分。该战略的计划目标是,到2024年,俄罗斯国内液化天然气产量翻两番,并通过北方海航道优化能源出口。

2020年6月17日 中国首颗极地观测遥感小卫星"京师一号"(BNU-1)在入轨9个月以后,开始启动北极观测任务。此次任务的主要目标是使用遥感设备跟踪冰架漂移和冰山融化率。

2020年6月24日 挪威石油和能源大臣蒂娜·布鲁(Tina Bru)表示,挪威计划在北极地区进行石油勘探的大规模扩张,希望通过此举维持就业和创造价值。

2020年6月25日 美国特朗普政府发布了阿拉斯加石油储备计划(National Petroleum Reserve-Alaska)的最终管理计划。该计划的内容包括大幅度增加对阿拉斯加北部联邦土地上的石油开发力度,预计将增加约700万英亩的土地用于石油开发。

2020年6月27日 俄罗斯正式将科考船"尼古拉·斯科索夫"(Nikolay Skosyrev)号列入俄罗斯海军的水文部门。该船的主要任务是在北部水域进行水文勘测和海上航行。"尼古拉·斯科索夫"号长59米,重达1000吨,是20多年来俄罗斯北方舰队中首艘此类船型。除此之外,还有另外7艘这种类型的船只正在建造中。

7月

2020年7月15日 中国科考船"雪龙2号"从上海港出发向北航行,计划航程为1.2万海里。船上的研究人员将对北极生态系统的生物多样性进行研究,其中包括位于楚科奇高原、加拿大盆地和北冰洋中部水域的酸化和污染问题。

2020年7月21日 俄罗斯副总理尤里·特鲁特涅夫在莫斯科举办的新闻发布会上宣布成立俄罗斯北极发展基金,在国家的支持下北极发展基金将北极项目税收的50%用于俄罗斯北部地区的开发。

2020 年 7 月 27 日　特朗普政府任命詹姆斯·德哈特（James Dehart）为美国首位北极事务协调员，德哈特曾任挪威奥斯陆使团副团长一职三年，是阿富汗战争外交方面的资深人士，具有丰富的大国外交及军事经验。

8月

2020 年 8 月 5 日　加拿大魁北克 Chantier Davie 造船厂成立破冰船研究中心，该研究中心旨在领导加拿大北极航运的前沿研究和创新。作为加拿大国家造船战略的一部分，Chantier Davie 造船厂被选中作为加拿大新破冰船建造的合作伙伴。

2020 年 8 月 6 日　美国将 700 名海军陆战队员撤出挪威，撤离行动完成后，挪威将只剩下约 20 名美国海军陆战队员。自 2017 年以来，美国海军陆战队一直轮流驻扎在挪威。从 2020 年秋末开始，美国将从挪威撤军，只在演习期间访问挪威。

2020 年 8 月 13 日　加拿大、丹麦、美国、法国共同参与了由加拿大军方举办的年度北方军事演习"北极熊（NANOOK）行动"，该演习始于 2007 年，此次演习范围更广阔，而且集中在炮战和舰艇追踪领域。

9月

2020 年 9 月 8 日　挪威"托尔·海尔达尔"号护卫舰（KNM Thor Heyerdahl）行驶在巴伦支海，同行的还有美国海军阿利·伯克级驱逐舰"罗斯"号（USS Ross）、英国皇家海军油料补给舰"春潮"号（RFA Tidespring）以及护卫舰"萨瑟兰"号（HM Sutherland），由丹麦巡航机支援。舰队航行到瓦朗厄尔峡湾（the Varanger fjord）以东属于俄罗斯专属经济区的水域时引发争议。

2020 年 9 月 17 日　美国能源部部长丹·布劳埃莱特（Dan Brouillette）与参议院能源与自然资源委员会主席丽莎·默科夫斯基（Lisa Murkowski）

宣布，重建能源部下设的北极能源办公室（AEO）。北极能源办公室的工作计划是加强和协调在能源、科学以及国家安全领域的工作，特别是对关于北极地区核动力系统的活动进行协调。

2020 年 9 月 25 日　俄罗斯远东和北极发展部为 2021—2024 年俄罗斯在北极地区的经济发展起草新的国家北极发展计划，该计划将获得超过 226 亿卢布的联邦资金。该计划旨在吸引并实施投资项目、创造就业机会，以及为北极地区引入劳动力资源，确保俄罗斯北极地区社会经济发展管理有序，并为俄罗斯北极地区小型原住民群体的社会经济可持续性发展创造有利条件。

10月

2020 年 10 月 9 日　俄罗斯外交部部长谢尔盖·拉夫罗夫在莫斯科与丹麦外交大臣杰普·科福德（Jeppe Kofod）举行联合记者会时表示，俄罗斯希望在格陵兰岛首府努克设立外交机构，并将任命一位名誉领事。丹麦外交大臣表示，丹麦不会反对俄罗斯在格陵兰岛任命名誉领事的请求。会上双方进一步讨论了两国发展北极地区双边关系与合作问题。

2020 年 10 月 13 日　俄罗斯联邦安全委员会副主席德米特里·梅德韦杰夫在俄罗斯联邦安全委员会会议上明确表示，在即将到来的北极理事会主席国任期内，俄罗斯将把国家安全问题作为优先事项之一。

2020 年 10 月 21 日　俄罗斯总理米哈伊尔·米舒斯京视察了在摩尔曼斯克正式列装的世界最大核动力破冰船"北极"（Arktika）号。米舒斯京出席了当地举行的北海航线发展会议并表示，俄罗斯必须积极增强在北极地区的存在，以确保国家安全和自身经济利益。

2020 年 10 月 26 日　俄罗斯总统弗拉基米尔·普京签署一项总统令，批准了《2035 前俄罗斯联邦北极地区发展和国家安全保障战略》，该战略提出了解决北极经济发展、科技发展、环境保护、社会发展和军事安全以及边境保护等问题的一揽子措施，并且将分三个阶段实施。该战略指出，实施该战略旨在保障俄罗斯在北极地区的国家利益。

2020 年 10 月 26 日 美国土地管理局（The Bureau of Land Management）批准了康菲石油公司（Conoco Phillips）在《阿拉斯加国家石油储备计划》（National Petroleum Reserve-Alaska，NPR – A）的大型石油项目计划《Willow 总体发展规划》（the Willow Master Development Plan）。该项目将开发 5.9 亿桶的石油储量，并在 30 年内每天生产 16 万桶石油。

2020 年 10 月 29 日 英国驻丹麦大使艾玛·霍普金斯（Emma Hopkins）和法罗群岛渔业部部长雅各布·维斯特加德（Jacob Vestergaard）共同签署了《英国—法罗群岛渔业框架协议》。这是英国脱欧后，继《英国—挪威渔业协定》成功签署后的第二个双边渔业协议。该协议规定，英国和法罗群岛将就水域和配额问题举行年度谈判。

11月

2020 年 11 月 10 日 英国和格陵兰签署了双边渔业协定。两国在该协定中对共享渔业资源的管理问题进行讨论和安排。对英国脱欧后，英国船只是否可以进入格陵兰水域，该协定没有明确表态，但双方都期望有更多的协定出台。

12月

2020 年 12 月 2 日 挪威发布新的《挪威政府的北极政策》白皮书（The Norwegian Government's Arctic Policy），该政策以倡议和声明的形式，主要聚焦包括挪威北极外交政策、区域发展政策以及国内政治方面等要点。

2020 年 12 月 4 日 中国空间技术研究院与中山大学将联合研制并发射一颗极地卫星，目前卫星平台和载荷的设计已基本完成，预计 2022 年发射升空。这将是中国首颗北极航道监测科学试验卫星。

2020 年 12 月 4 日 中国海洋大学与俄罗斯圣彼得堡国立大学联合主办的"第九届中俄北极论坛"成功召开。会议分为四个主题：北极科学教育、医疗、环保以及后疫情时代的经济发展问题。来自中俄两国的学者就两国在以上领域的合作展开讨论。

2020 年 12 月 7 日　美国联邦法院第九巡回上诉法院裁定否决特朗普政府对北极阿拉斯加海上油田计划的批准。裁定理由是美国海洋能源管理局（Bureau of Ocean Energy Management）2018 年批准的"Liberty"号油田开发计划违反环境法。

2020 年 12 月 8 日　丹麦防务情报局（The Danish Defence Intelligence Service）发布年度《危险评估报告》（Intelligence Risk Assessment），对未来一年丹麦最关心的问题进行专题研究，该报告的专栏包括丹麦与北极、丹麦与包括俄罗斯和中国在内的国家之间的关系，以及丹麦对恐怖主义的应对等内容。报告中表示，如今在北极地区，美国、俄罗斯和中国之间的国家竞争，尤其是美俄之间的竞争，以及该地区军事力量的变化与相关活动可能会威胁到北冰洋沿岸国家的合作。

2020 年 12 月 10 日　法罗群岛与俄罗斯和格陵兰分别签署了 2021 年的渔业协定，对法罗群岛水域内多个鱼种的捕捞配额作出新的协议安排。

2020 年 12 月 11 日　挪威渔业大臣英格布里格森（Ingebrigtsen）表示，自 2021 年 1 月 1 日起，挪威可能会禁止英国和欧盟船只在其水域捕鱼，因英国与欧盟在英国脱欧问题上长期僵持不下，有关北海共同鱼类资源管理的谈判一直受阻。

2020 年 12 月 16 日　阿拉斯加原住民组织和环保组织提出动议，寻求禁令以暂时阻止特朗普政府在北极国家野生动物保护区沿海地区的土地实施石油租赁计划。

2020 年 12 月 17 日　美国通过的《2021 财年国防授权法案（NDAA）》中授权为 6 艘北极破冰船提供资金，破冰船的数量将比原计划增加 3 艘，以取代目前服役的 2 艘破冰船；还授权向太空部队拨款 4600 万美元，用于提高在北极地区的卫星发射能力。

Abstract

The Arctic Region has not been spared from the COVID – 19 pandemic that swept the world in 2020. Since the outbreak of the epidemic, the Arctic countries have been on track and normalized the control of the epidemic. The pandemic has had an impact on the development of the Arctic region, affecting the security, economy, and science of the Arctic countries to varying degrees.

The general report in this volume compares and summarizes the epidemic preparedness efforts of Arctic countries. Following the outbreak, the Arctic Council issued the Arctic senior official briefings and countries adopted travel restrictions and other epidemic preparedness efforts. The COVID – 19 pandemic has had far-reaching educational, economic, military, and scientific implications for the Arctic. While vaccinations are already underway, the Arctic is still facing a shortage of vaccines. The epidemic has exposed a series of problems in the Arctic region in terms of vaccination and economic, educational, military, scientific and technological resilience, and has brought new development opportunities for some new industries such as online education, logistics, and networking. In the post-epidemic era, Arctic countries should focus on the outstanding problems of Arctic governance under the challenges of the epidemic, strengthen cooperation in health, science and other related fields, and jointly promote the development and prosperity of the Arctic region.

Effective governance of the Arctic plays a vital role in both Arctic region and global development. Norway's recent activities in the Spitsbergen archipelago and sea affect the rights and interests of other States parties and stakeholders of the *Spitsbergen Treaty*. The Arctic Economic Council has evolved in recent years and its organizational framework has become more robust, with clearer directions and areas of focus, which should be of concern to China. With the spread of the COVID – 19 pandemic to the Arctic region, the issue of public health and safety in the Arctic has come to the fore. The policies and practices of four countries— Russia, the United States, Canada and Norway—in the development of Arctic oil and gas resources highlight the complex situation of oil and gas development.

The Arctic has become a new arena of competition between China, the United States and Russia. The U. S. and Russia are both Arctic countries and world powers with global influence, and the security game between the two countries in the Arctic plays an important role in the peace and stability of the Arctic. As an important participant in Arctic affairs, an important actor in Arctic governance, an important constructor of Arctic order, and an important sustainer of Arctic security, NATO's strategies and practices have a unique impact on the evolution of the Arctic landscape. Against the backdrop of major changes, the strategic choices of Arctic states such as Sweden, Norway and Denmark are also worthy of attention. China should take advantage of the existing opportunities to strengthen cooperation with the Arctic countries and jointly maintain peace and development in the Arctic region.

Keywords: Arctic Law; Arctic Governance; Arctic Strategy; Arctic Policy

Contents

I General Report

Abstract: Since the COVID − 19 pandemic began spreading globally, the Arctic has not been spared. Following the outbreak, the Arctic Council has issued senior official briefings and the Arctic countries have adopted travel restrictions and other prevention efforts. The COVID − 19 pandemic has had far-reaching educational, economic, military, and scientific implications for the Arctic region. While vaccinations are already underway, the Arctic is still facing a shortage of vaccines. The epidemic has exposed a series of problems in countries and the Arctic region in terms of vaccination and economic, educational, military, scientific and technological resilience, and has brought new development opportunities for some new industries such as online education, logistics, and networking. In the post-epidemic era, Arctic countries should focus on the outstanding problems of Arctic governance under the challenges of the epidemic, strengthen cooperation in health, science and other related fields, and jointly promote the development and prosperity of the Arctic region.

Keywords: Arctic Region; COVID −19 Pandemic; Vaccines

II Governance

Abstract: The opportunities and challenges brought by the Arctic issue to the Arctic region and the world cannot be ignored, and its effective governance plays a crucial role in the development of the Arctic and the world. In the face of the increasingly complex global Arctic problem, the traditional Arctic governance model led by Arctic countries and Arctic Council has become inadequate. Global Arctic governance often fails, which also challenges China's participation in Arctic governance. Based on a detailed review of the development process of the Arctic governance system, this paper evaluates the development status of the Arctic issue from eight aspects: the dispute over route sovereignty, the dispute over rules, the role of the Arctic Council, the shipping management system, the game of resources and energy, the participation in scientific research and environmental protection, economic development and military security. Furthermore, it puts forward countermeasures and suggestions for China's participation in Arctic governance, including promoting the improvement of Arctic governance mechanism, actively responding to geopolitical threats, taking Sino Russian cooperation as a key entry point, making rational use of the Arctic, creating a diversified Arctic international environment, and promoting the construction of a community with a shared future in the Arctic, with a view to helping China's participation in Arctic affairs degree process.

Keywords: Arctic; Arctic Issues; Arctic Governance

B.3   Arctic Oil and Gas Exploitation in the Context of Climate

Change: Status Quo and Prospects   *Li Haomei* / 054

Abstract: Due to the impact of climate warming and the retreat of ice and snow in the Arctic, economic development activities in the Arctic have increased. This paper focuses on the policies and practices of Arctic oil and gas exploitation in Russia, the United States, Canada and Norway. The development of Arctic oil and gas resources is facing more complicated situation. Russia plans to promote the economic development of the Arctic, but the United States' energy development policy in Alaska vacillates. Canada's new Arctic policy seeks to balance multiple interests while Norway actively explores offshore oil and gas exploration and development. Economic growth, sovereignty and security, environmental challenges, domestic politics and economic benefits are the main factors affecting the development of oil and gas resources in the Arctic. Arctic countries pay more attention to the coordinated development of economy, security, society, ecology and traditional way of life, and pay more attention to the role of scientific and technological innovation in Arctic development policies.

Keywords: Climate   Change; Arctic   Oil   and   Gas   Resources; Sustainable Development

Ⅲ   Law

B.4   Recent Activities of Norway in Spitsbergen and Its Influence

—*An Investigation Based on the One Hundred Year History*

of the Treaty of Spitsbergen   *Liu Huirong, Ma Dantong* / 069

Abstract: The Spitsbergen Treaty concluded in 1920 established Norway's territorial sovereignty and certain jurisdiction over Spitsbergen Islands. In order to strengthen its sovereignty and jurisdiction, Norway has recently carried out a series of activities, which are mainly reflected as follows: in response to the diplomatic and security challenges of the Arctic, Norway has issued the "Long Term Defense Plan", increased its defense budget, attached importance to military cooperation with NATO, and continued to strengthen law enforcement activities in the Svalbard fisheries protection area; Actions taken in response to the development of the northern region include the establishment of the Svalbard local office, strengthening the construction and development of regional environment, energy, science and new enterprises, and strengthening the construction of green energy; In order to deal with the activities carried out by COVID −19, the main task is to formulate a compulsory epidemic prevention policy and strictly restrict the personnel entering and leaving the Spitsbergen Islands, especially foreign nationals. These activities have affected the relevant rights and interests of other parties to the Svalbard treaty and stakeholders, involving geopolitics, security, economy, resources and environment, etc. in particular, the management of fisheries protection areas in the waters around Spitsbergen Islands and the ownership of resources development on the continental shelf have aroused doubts from stakeholders about the expansion of Norway's jurisdiction, Norway's latest epidemic prevention policy has damaged the rights and interests of other States parties, such as the right of entering and the right of scientific research. The actions taken by Norway under the background of a series of domestic laws and policies directly or potentially strengthen Norway's sovereignty over Spitsbergen Islands. Under the situation of wide influence and constant disputes, Norway should strengthen the consultation and cooperation with relevant countries.

Keywords: Spitsbergen Treaty; The Spitsbergen Archipelago; Norway; Russia

B.5　The Role of the Arctic Economic Council in Arctic
　　　Economic Governance　　　　　　*Liu Huirong, Xia Xiaojie* / 092

Abstract: As climate change and the increasing ability of humans to explore the region scientifically, creating more and more potential business opportunities

and the economic value of the Arctic has become increasingly prominent. The Arctic Economic Council was established under the auspices of the Arctic Council to promote economic development in the Arctic. As an emerging international actor in the Arctic, the Arctic Economic Council was originally positioned as a "basic forum" for promoting economic development and cooperation in the Arctic. After several years of development, not only its organizational framework is more and more sound, its development direction and focus areas are more and more clear. In order to better cope with the arctic economic governance problem of resource development and other economic and social development, at the same time for our country to participate in the arctic economic governance to clarify ideas, we should understand the economic council the actual role of economic and social development in the arctic, clear the economic governance in the arctic countries and establish on the basis of mutual trust mutual understanding, international economic cooperation order.

Keywords: Arctic Economic Council; The Arctic Governance; Arctic Economic Development; International Cooperation

B.6 Arctic Public Health Security Law and Policy
in the Post-Epidemic Era   *Li Yuda, Bai Jiayu* / 114

Abstract: With the spread of COVID -19 epidemic to the Arctic region, public health security in the Arctic has become a prominent issue, which involves complex issues such as industry development and resource development in the Arctic region. Countries around the Arctic govern health issues in their territories in accordance with their own laws and policies. Relevant international organizations have also issued a series of documents and implemented actions to maintain the order of health security in the region. In order to better respond to the threat to public health security in the Arctic, it is necessary to take the concept of a community with a shared future for mankind as the value guide, promote the legalization of the regional system in the Arctic region, and explore the global system. Improving the public health environment in the Arctic for sustainable development; It also advocates multilateralism and strengthens international cooperation.

Keywords: COVID－19; Arctic Public Health Security; The Surround-Arctic Nations

B.7 The Delimitation of Extend Continental Shelf in the Arctic Ocean   *Dong Limin* / 136

Abstract: The continental shelf mechanism stipulated in the United Nations Convention on the Law of the Sea (UNCLOS) is the basic international legal framework for the delimitation of the extend continental shelf in the Arctic Ocean. To determine the outer limit of the continental shelf beyond 200 nautical miles, an application needs to be submitted to the Commission on the Limits of the Continental Shelf (CLCS). The committee assumes two functions, respectively, for review and suggestion, and to provide advisory opinions. Other countries have the right to submit comments on the submission of the outer continental shelf submitted by coastal countries, and the CLCS shall discuss these comments. Russia, Canada, Norway and Denmark have submitted applications for the delimitation of the extended continental shelf in the Arctic region to the CLCS, and Norway's application has been approved. At present, many countries have submitted comments on the submission of the extended continental shelf of the Arctic Ocean, but they are mainly concentrated in the coastal countries of the Arctic Ocean, especially the countries that have maritime disputes with the applicant country. Spain has submitted a commentary on the submission of Norway's extended continental shelf, and its concern is limited to the reservation of the right to the continental shelf of Spitsbergen as a signatory to the Spitsbergen Treaty.

Keywords: UNCLOS; Extended Continental Shelf; CLCS

Ⅳ Security

B.8 The New Situation and Future Trend of the US-Russia

Arctic Security Game *Sun Kai*, *Zhang Xiandong* / 151

Abstract: After the Ukraine crisis, the United States and Russia set
launched a new round of "militarization" in the Arctic region, which intensified
the security game between the two countries in the Arctic region. The United
States and Russia are both Arctic countries and world powers with global
influence. The security game between the two countries in the Arctic region has
an important impact on the peace and stability of the Arctic. This paper will sort
out the relevant military activities of the United States and Russia in the Arctic
region, summarize the new situation of the security game between the United
States and Russia in the Arctic region, and then analyze the impact of the United
States and Russia in the Arctic security game, look into the future trend of the two
countries in the Arctic security game, and put forward countermeasures and
suggestions on how to maintain the peace in the Arctic region.

Keywords: United States; Russia; Arctic Security

B.9 NATO Strategic Adjustment and Arctic Security

Pattern Transformation *Wu Hao* / 174

Abstract: NATO is an important participant in Arctic affairs, an important
actor in Arctic governance, an important builder of Arctic order, and an important
maintainer of Arctic security. Its strategies and practices have a unique impact on the
evolution of the Arctic regional pattern. Under the background of the in-depth
evolution of the international pattern and under the coupling influence of complex
factors within the alliance system, NATO is facing new development issues and

experiencing new strategic adjustment and shift in recent years. In recent years, strategic attention and power projection in the Arctic region have been increasing, strategic exchanges have become increasingly close, strategic competition has evolved dynamically, and the risk of system collapse has increased. The multi-dimensional situation changes that are taking place in the Arctic Region, NATO is facing the dilemma of development and the ongoing strategic adjustment, just form a kind of strategic and timing connection and traction between the two objects. NATO's strategic adjustment and shift will have a profound impact on the international relations, the security pattern in the Arctic Region, and the framework of relations between China, the United States and Russia in the Arctic Region.

Keywords: NATO; Arctic; Arctic Governance; Strategic Adjustment

V Country

B.10 From Trump to Biden: New Developments in US Arctic Policy

Huang Wen / 195

Abstract: The Trump administration has continuously strengthened the strategic presence of the United States in the Arctic region through the development of Arctic resources and energy, and enhancing Arctic operational capabilities. It is highly vigilant and strictly guarded against China's participation in Arctic affairs and Sino − Russian Arctic cooperation. After taking office, Biden faced an increasingly complex Arctic political environment and began to adjust the US Arctic policy practices to further enhance the ability to operate in the Arctic. As an important Arctic power, the adjustment of the US Arctic policy will have an important impact on the geopolitical situation and China's participation in Arctic affairs.

Keywords: Biden Administration; Arctic Policy; US Diplomacy

北极蓝皮书

B.11 Sweden's Arctic Policy: Focus, Considerations
and Challenges
—*Starting from Sweden's 2020 New Arctic Strategy*

Guo Peiqing, Tang Pengwei / 206

Abstract: In 2020, the Swedish government issued a new Arctic strategy. Comparing the old and new Arctic strategy, we can be aware of that Sweden's Arctic policy focuses on strengthening international cooperation, maintaining national security, promoting scientific research, promoting economic development, protecting the climate and environment, and improving social conditions in the Arctic region. The reasons of Sweden regarding these six parts as the focus of its Arctic policy are multiple, which including maintaining its own security and stability, obtaining Arctic economic benefits, coping with Arctic climate warming, enhancing Arctic scientific research ability and improving Arctic social problems. However, the implementation of its Arctic policy is faced with challenges such as the big powers' activities influence the Arctic overall situation at the international level, the competition of other Nordic countries at the regional level, and the difficulty of its own strength to support its Arctic policy at the national level.

Keywords: Sweden; Arctic Policy; International Cooperation

B.12 Progress and Enlightenment of Marine Spatial Planning
in Norwegian Arctic Sea Area

Tang Honghao, Yu Jing, Yue Qi, Dong Yue,
Ma Chen, Yang Xiangyan and Li Xuefeng / 227

Abstract: Marine spatial planning is an important tool to achieve ecosystem-based marine management. In the Arctic sea area, although many countries have started the process of marine spatial planning, only Norway has completed the preparation of marine spatial planning. This paper analyzes the two texts of Norway's Marine Spatial Planning in the Arctic sea area, compares the process of planning formulation, and points out Norway's advantages in zoning methods and management measures based on the polar special ecosystem, dynamic planning formulation and implementation, and disaster risk management. According to this, we summarize the Enlightenment of Norwegian arctic ocean space planning to China, which mainly includes: climate change and ecosystem protection are the core issues of Arctic marine spatial planning; Arctic marine spatial planning has become an important means to protect and expand Norway's Arctic rights and interests; international cooperation is a necessary condition for Arctic Ocean space planning; China should actively explore the cooperation path of participating in Arctic ocean space governance.

Keywords: Arctic Sea Area; Marine Spatial Planning; Ecosystem-based Management; International Cooperation

B.13   The Transformation of Denmark's Arctic Policy in the
Context of Great Change   *Chen Yitong, Zhu Mengwei* / 245

Abstract: Ten years have passed since the Danish government issued the "Arctic Strategy of the Kingdom of Denmark 2011 −2020" in 2011. During this decade, the Arctic has become an arena of competition between the three countries, China, the U. S. and Russia, as the Arctic has escalated. Against this backdrop of great change, each country has taken action to adjust its Arctic strategy to gain benefits in the Arctic region. Denmark, also an Arctic country, is very passive at this critical point of strategic renewal. Even though Denmark's position in the Arctic region is still unclear, there are still many favorable factors that can contribute to changing its awkward situation.

Keywords: Denmark; Arctic Policy; Arctic Governance

北极蓝皮书

B.14　Analysis on Russia's Norilsk Diesel Oil Spill and Its Impacts

Wang Jinpeng, Zhang Wudan / 259

Abstract：The development of Arctic exploitation and utilization activities, combined with the impact of climate change, makes the Arctic ecological and environmental protection face a complicated situation. Russia's Norilsk diesel oil spill is a manifestation of the potential conflicts between the exploration and development of resources and infrastructure construction in the Arctic region and the Arctic ecological environment protection in the context of climate change. The accident originated from the inadequate supervision and maintenance of the infrastructure related to the development of mineral resources in Russian Arctic Region, which caused very serious environmental pollution in Arctic region. It promoted Russia to formulate relevant special legislation to regulate the prevention and emergency response of oil spill accidents, as well as emphasizing on balancing economic development and environmental protection in relevant national strategies. When investing in relevant resource and energy projects and infrastructure construction in Russian Arctic Region, China should pay attention to the potential environmental pollution hazards, and strengthen the management and control of China's ship emissions and dumping through the Arctic shipping routes, and promote international cooperation on the protection of the Arctic environment.

Keywords：Russia；Arctic；Norilsk Diesel Oil Spill；Climate Change

Ⅵ　Appendix

社会科学文献出版社

皮 书

智库报告的主要形式
同一主题智库报告的聚合

❖ 皮书定义 ❖

皮书是对中国与世界发展状况和热点问题进行年度监测，以专业的角度、专家的视野和实证研究方法，针对某一领域或区域现状与发展态势展开分析和预测，具备前沿性、原创性、实证性、连续性、时效性等特点的公开出版物，由一系列权威研究报告组成。

❖ 皮书作者 ❖

皮书系列报告作者以国内外一流研究机构、知名高校等重点智库的研究人员为主，多为相关领域一流专家学者，他们的观点代表了当下学界对中国与世界的现实和未来最高水平的解读与分析。截至2021年，皮书研创机构有近千家，报告作者累计超过7万人。

❖ 皮书荣誉 ❖

皮书系列已成为社会科学文献出版社的著名图书品牌和中国社会科学院的知名学术品牌。2016年皮书系列正式列入"十三五"国家重点出版规划项目；2013~2021年，重点皮书列入中国社会科学院承担的国家哲学社会科学创新工程项目。

权威报告·一手数据·特色资源

皮书数据库
ANNUAL REPORT(YEARBOOK)
DATABASE

分析解读当下中国发展变迁的高端智库平台

所获荣誉

- 2019年，入围国家新闻出版署数字出版精品遴选推荐计划项目
- 2016年，入选"'十三五'国家重点电子出版物出版规划骨干工程"
- 2015年，荣获"搜索中国正能量 点赞2015""创新中国科技创新奖"
- 2013年，荣获"中国出版政府奖·网络出版物奖"提名奖
- 连续多年荣获中国数字出版博览会"数字出版·优秀品牌"奖

成为会员

通过网址www.pishu.com.cn访问皮书数据库网站或下载皮书数据库APP，进行手机号码验证或邮箱验证即可成为皮书数据库会员。

会员福利

- 已注册用户购书后可免费获赠100元皮书数据库充值卡。刮开充值卡涂层获取充值密码，登录并进入"会员中心"—"在线充值"—"充值卡充值"，充值成功即可购买和查看数据库内容。
- 会员福利最终解释权归社会科学文献出版社所有。

社会科学文献出版社 皮书系列
SOCIAL SCIENCES ACADEMIC PRESS (CHINA)

卡号：551534525288

密码：

数据库服务热线：400-008-6695
数据库服务QQ：2475522410
数据库服务邮箱：database@ssap.cn
图书销售热线：010-59367070/7028
图书服务QQ：1265056568
图书服务邮箱：duzhe@ssap.cn

S 基本子库
SUB DATABASE

中国社会发展数据库（下设 12 个子库）

整合国内外中国社会发展研究成果，汇聚独家统计数据、深度分析报告，涉及社会、人口、政治、教育、法律等 12 个领域，为了解中国社会发展动态、跟踪社会核心热点、分析社会发展趋势提供一站式资源搜索和数据服务。

中国经济发展数据库（下设 12 个子库）

围绕国内外中国经济发展主题研究报告、学术资讯、基础数据等资料构建，内容涵盖宏观经济、农业经济、工业经济、产业经济等 12 个重点经济领域，为实时掌控经济运行态势、把握经济发展规律、洞察经济形势、进行经济决策提供参考和依据。

中国行业发展数据库（下设 17 个子库）

以中国国民经济行业分类为依据，覆盖金融业、旅游、医疗卫生、交通运输、能源矿产等 100 多个行业，跟踪分析国民经济相关行业市场运行状况和政策导向，汇集行业发展前沿资讯，为投资、从业及各种经济决策提供理论基础和实践指导。

中国区域发展数据库（下设 6 个子库）

对中国特定区域内的经济、社会、文化等领域现状与发展情况进行深度分析和预测，研究层级至县及县以下行政区，涉及省份、区域经济体、城市、农村等不同维度，为地方经济社会宏观态势研究、发展经验研究、案例分析提供数据服务。

中国文化传媒数据库（下设 18 个子库）

汇聚文化传媒领域专家观点、热点资讯，梳理国内外中国文化发展相关学术研究成果、一手统计数据，涵盖文化产业、新闻传播、电影娱乐、文学艺术、群众文化等 18 个重点研究领域。为文化传媒研究提供相关数据、研究报告和综合分析服务。

世界经济与国际关系数据库（下设 6 个子库）

立足"皮书系列"世界经济、国际关系相关学术资源，整合世界经济、国际政治、世界文化与科技、全球性问题、国际组织与国际法、区域研究 6 大领域研究成果，为世界经济与国际关系研究提供全方位数据分析，为决策和形势研判提供参考。

法律声明

　　"皮书系列"（含蓝皮书、绿皮书、黄皮书）之品牌由社会科学文献出版社最早使用并持续至今，现已被中国图书市场所熟知。"皮书系列"的相关商标已在中华人民共和国国家工商行政管理总局商标局注册，如LOGO（　）、皮书、Pishu、经济蓝皮书、社会蓝皮书等。"皮书系列"图书的注册商标专用权及封面设计、版式设计的著作权均为社会科学文献出版社所有。未经社会科学文献出版社书面授权许可，任何使用与"皮书系列"图书注册商标、封面设计、版式设计相同或者近似的文字、图形或其组合的行为均系侵权行为。

　　经作者授权，本书的专有出版权及信息网络传播权等为社会科学文献出版社享有。未经社会科学文献出版社书面授权许可，任何就本书内容的复制、发行或以数字形式进行网络传播的行为均系侵权行为。

　　社会科学文献出版社将通过法律途径追究上述侵权行为的法律责任，维护自身合法权益。

　　欢迎社会各界人士对侵犯社会科学文献出版社上述权利的侵权行为进行举报。电话：010-59367121，电子邮箱：fawubu@ssap.cn。

社会科学文献出版社